DIANZI YUANQIJIAN SHIBIE YU JIANCE
WANQUAN ZHANGWO

电子元器件识别与检测
完全掌握

孙立群 编著

U0315548

化学工业出版社

·北京·

本书根据电子元器件的特点，循序渐进地讲解了各种电子元器件的识别与检测方法。为了让内容更加贴近工作，书中采用了大量的实物照片，真实展现了典型的电子元器件的识别与检测方法、更换技巧等知识，具有很强的实用性和可操作性。

本书语言通俗、图文并茂、内容由浅入深，引导读者轻松入门并快速掌握电子元器件的识别与检测。

本书可供电子行业技术人员、电子爱好者及家电维修人员学习使用，也可作为职业类学校相关专业的参考教材。

图书在版编目(CIP)数据

电子元器件识别与检测完全掌握/孙立群编著. —北京:化学工业出版社,2014.6（2018.2重印）

ISBN 978-7-122-20261-1

Ⅰ.①电… Ⅱ.①孙… Ⅲ.①电子元件-识别②电子元件-检测 Ⅳ.①TN760

中国版本图书馆CIP数据核字（2014）第066459号

责任编辑：李军亮 　　　　　　装帧设计：尹琳琳
责任校对：吴　静

出版发行：化学工业出版社（北京市东城区青年湖南街13号　邮政编码100011）
印　　　刷：三河市延风印装有限公司
装　　　订：三河市宇新装订厂
787mm×1092mm　1/16　印张17　字数426千字　2018年 2 月北京第1版第6次印刷

购书咨询：010-64518888(传真：010-64519686)　售后服务：010-64518899
网　　址：http://www.cip.com.cn
凡购买本书，如有缺损质量问题，本社销售中心负责调换。

定　　价：48.00元

前　言

电子元器件是组成电子产品的最小单元，其性能往往决定着电子产品质量。在电子产品的生产以及维修环节，都需要对电子元器件进行检测，因此准确掌握电子元器件的检测方法和技巧，是技术人员所必须要掌握的技能。

笔者曾于2011年出版了《图解电子元器件检测快速精通》一书，出版后深受读者欢迎，至今印刷多次，有许多热心读者打来电话或发来邮件，对本书给予了很高的评价，但同时也指出一些不足。笔者经过认真考虑，并根据读者提的意见，结合这几年笔者的积累，在保留《图解电子元器件检测快速精通》一书精华部分的基础上，对内容做了进一步的完善修订，从而编写了本书。

本书从电子行业从业人员和电子爱好者的实际需要出发，详细介绍了电子元器件的检测方法，在内容上力求简洁实用、通俗易懂、图文并茂、点面结合，以达到举一反三、融会贯通的目的，书中采用大量的实物照片，对典型的电子元器件的识别与检测方法、更换技巧等知识做了详细的介绍，不仅能为初学者打下坚实的基础，而且可帮助电子行业技术人员快速识别与检测电子元器件，具有极高的实用性、可操作性。

本书介绍了各种电子元器件的检测方法，重点介绍了利用简单工具尤其是利用万用表检测元器件的方法，本书主要分三部分：

第一部分主要包括电阻器、电容器、二极管、三极管、场效应管、晶闸管、电感、变压器、电流互感器、熔断器的识别、检测方法，这些元器件属于基本元器件，应用广泛，掌握它们的检测技巧是分析电路和排除故障的基础。

第二部分主要介绍了开关、继电器、电声器件、传感器、晶振（石英振荡器）、电机、温控器、IGBT、定时器、磁控管、显示器等器件的识别、检测方法，这些元器件虽然没有基本元器件那么重要，但也广泛应用在不同电路中，正因如此，掌握它们的检测技巧是提高维修技能的阶梯。

第三部分主要介绍典型的稳压器、运算放大器、电压比较器、电源模块等集成电路的识别与检测方法，掌握这些元器件的检测技巧是成为维修高手的关键。

参加本书编写的还有宿宇、李杰、赵宗军、聂学、张燕、王明举、陈鸿、王书强、李佳琦、李盾、孙昊、王忠富、刘众、傅靖博、邹存宝、毕大伟、张国富、杨玉波、赵月茹、李瑞梅、郭立祥等。

由于时间仓促，书中难免有不妥之处，敬请读者给予批评指正。

编者

目　录

第十二章　集成电路的识别与检测 ——————————— 227

电阻、电容的识别与检测

第一章

电阻（电阻器的简称）、电容（电容器的简称）是最基本的电子元件，也是应用范围最广的电子元件。

 电阻的识别与检测

一、电阻的作用

电阻的作用就是阻止电流，也可以说它是一个耗能元件，电流经过它就产生热能。电阻在电路中通常起分压限流、温度检测、过压保护等作用。它与电压、电流的关系是：$R = U/I$。其中，R 是电阻、U 是电压、I 是电流。

二、电阻的命名

电阻的命名包括普通电阻命名和敏感电阻命名两部分。

1. 普通电阻的命名

根据我国国家标准，普通电阻器产品的命名（型号）由 4 部分组成，各部分的含义如下：

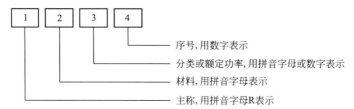

普通电阻材料部分字母代号及含义如表 1-1 所示。

表 1-1　普通电阻材料部分字母代号及含义

字母代号	含　义	字母代号	含　义
T	碳膜	Y	氧化膜
P	硼碳膜	S	有机实芯
U	硅碳膜	N	无机实芯
H	合成膜	X	线绕
I	玻璃釉膜	C	沉积膜
J	金属膜		

普通电阻分类部分字母代号及含义如表 1-2 所示。

比如，RTX2 表示为 2 号小型碳膜电阻

2. 敏感电阻的命名

根据我国国家标准，敏感电阻器产品的命名也是由 4 部分组成，各部分的含义如下：

表 1-2　普通电阻分类部分字母或数字代号及含义

数字/字母代号	含　义	数字/字母代号	含　义
1	普通型	G	高功率
2	普通型	L	测量
3	超高频型	T	可调
4	高阻型	W	微调
5	高阻型	C	防潮
7	精密型	Y	被釉
8	高压型	B	不燃性
9	特殊型		

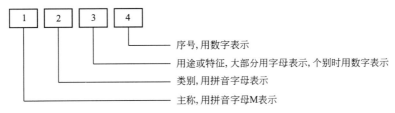

序号，用数字表示

用途或特征，大部分用字母表示，个别时用数字表示

类别，用拼音字母表示

主称，用拼音字母M表示

敏感电阻类别部分字母代号及含义如表 1-3 所示。

表 1-3　敏感电阻类别部分字母代号及含义

字母代号	含　义	字母代号	含　义
Y	压敏电阻	S	湿敏电阻
Z	正温度系数热敏电阻	Q	气敏电阻
F	负温度系数热敏电阻	C	磁敏电阻
G	光敏电阻	L	力敏电阻

敏感电阻材料部分字母代号及含义如表 1-4 所示。

表 1-4　敏感电阻材料部分字母代号及含义

字母代号	含　义	字母代号	含　义
T	碳膜	Y	氧化膜
P	硼碳膜	S	有机实芯
U	硅碳膜	N	无机实芯
H	合成膜	X	线绕
I	玻璃釉膜	C	沉积膜
J	金属膜		

敏感电阻用途或特征部分字母和数字代号及含义如表 1-5、表 1-6 所示。

表 1-5　敏感电阻用途或特征部分数字代号及含义

数字代号　　电阻	0	1	2	3	4	5	6	7	8	9
负温度系数热敏电阻	特殊用	普通用	稳压用	微波测量用	旁热式	测温用	控温用		线性型	
正温度系数热敏电阻		普通用	限流用		延迟用	测温用	控温用	消磁用		恒温用
光敏电阻	特殊用	紫外光	紫外光	紫外光	可见光	可见光	可见光	红外光	红外光	红外光
力敏电阻		硅应变片	硅应变梁	硅杯						

说明：表中的"普通"是指没有特殊的技术和结构要求，而不是指普通型电阻。

表 1-6　敏感电阻用途或特征部分字母代号及含义

字母代号 电阻	W	G	P	N	K	L	H	E	B	C	S	Q	Y
压敏电阻	稳压用	高压保护	高频用	高能用	高可靠型	防雷用	灭弧用	消煤用	补偿用	消磁用			
湿敏电阻						控湿用				测湿用			
气敏电阻						可燃性							烟敏
磁敏元件	电位器								电阻器				

比如，正温度系数热敏电阻 MZ73A-1 中的 M 表示敏感电阻，Z 表示正温度系数热敏电阻，7 表示用于消磁，3A-1 表示序号；再比如，负温度系数热敏电阻 MF53-1 中的 M 表示敏感电阻器，F 表示负温度系数热敏电阻，5 表示用于测温，3-1 表示序号。

三、电阻的主要参数

电阻的主要参数包括标称阻值、额定功率和允许偏差三个。

1. 标称阻值

标称阻值通常是指电阻表面上标注的阻值。在实际应用中，电阻的单位是欧姆（简称欧），用"Ω"表示。为了对不同阻值的电阻进行标注，还使用千欧（kΩ）、兆欧（MΩ）等单位。其换算关系为：$1MΩ=1000kΩ$；$1kΩ=1000Ω$。

2. 额定功率

额定功率是指电阻在交流或直流电路中，在特定条件下（在一定大气压下和产品标准所规定的温度下）工作时所能承受的最大功率。电阻的额定功率值有 1/8W、1/4W、1/2W、1W、2W、3W、4W、5W、10W 等多种，其中常见的是 1/8W 和 1/4W 的电阻。

3. 允许偏差

一只电阻的实际阻值不可能与标称阻值绝对相等，两者之间会存在一定的偏差，我们将该偏差允许范围称为电阻器的允许偏差。允许偏差小的电阻器，其阻值精度就越高，稳定性也好，但其生产成本相对较高，价格也贵。通常，普通电阻的允许偏差为 ±5%、±10%、±20%，而高精度电阻的允许偏差为 ±1%、±0.5%。

四、典型电阻的识别

典型电阻包括普通电阻、可调电阻、热敏电阻、压敏电阻、熔断电阻、光敏电阻等。

1. 普通电阻

普通电阻在电路中通常用字母"R"表示，电路表示符号如图 1-1 所示，常见的普通电阻的实物如图 1-2 所示。

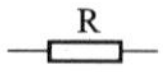

图 1-1　普通固定电阻在电路中的表示符号

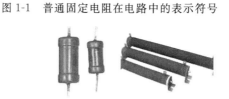

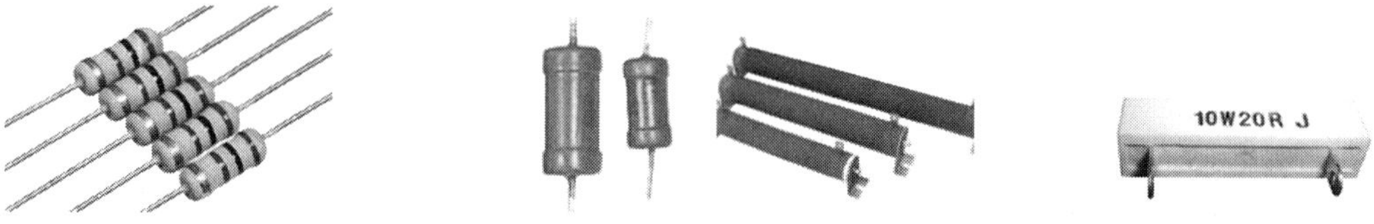

(a) 碳膜电阻　　　　　　　　(b) 金属膜电阻　　　　　　　　(c) 水泥电阻

图 1-2　普通电阻的实物

2. 可调电阻

旋转可调电阻的滑动端时它的阻值是变化的。若通过螺丝刀等工具进行调整的可调电阻就被称为可调电阻或微调电阻，而通过旋钮进行阻值调整的则称为电位器。可调电阻在电路中通常用 VR 或 RP 表示，常见的可调电阻（电位器）实物外形如图 1-3 所示，电路符号如图 1-4 所示。

图 1-3　常见可调电阻（电位器）的实物外形

图 1-4　可调电阻的电路符号

3. 热敏电阻

热敏电阻就是在不同温度下阻值会变化的电阻。热敏电阻有正温度系数和负温度系数两种。所谓的正温度系数热敏电阻就是它的阻值随温度升高而增大；负温度系数热敏电阻的阻值随温度升高而减小。正温度系数热敏电阻主要应用在彩电、彩显的消磁电路或电冰箱压缩机启动回路。负温度系数的热敏电阻主要应用供电限流回路或温度检测电路中。常见的热敏电阻实物外形如图 1-5 所示，电路符号如图 1-6 所示。

(a) 消磁电阻　　　　　(b) 启动器　　　　　(c) 限流电阻　　　　(d) 温度检测电阻

图 1-5　常见的热敏电阻实物外形

图 1-6　热敏电阻的电路符号

4. 压敏电阻

压敏电阻 VSR 是一种非线性元件，就是在它两端压降超过标称值后阻值会急剧变小的电阻。此类电阻主要用于市电过压保护或防雷电保护。常见的压敏电阻实物和电路符号如图 1-7 所示。

(a) 实物外形　　　　　　　　　　　(b) 电路符号

图 1-7　常见的压敏电阻

5. 熔断电阻

熔断电阻也叫保险电阻，它既有过流保护的作用，又有电阻限流的作用。熔断电阻通常安装在供电回路中，起到限流供电和过流保护的双重作用。当流过它的电流达到保护值时，它的阻值迅速增大到标称值的数十倍或熔断开路，切断供电回路，以免故障扩大，实现过流保护功能。因此，此类电阻过流损坏后除了应检查过流的原因，还必须采用同规格的电阻更换。常见的熔断电阻实物外形和电路符号如图1-8所示。

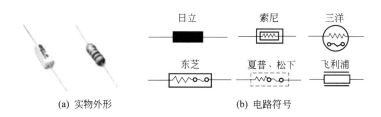

图 1-8　常见的熔断电阻

6. 光敏电阻

光敏电阻是应用半导体光电效应原理制成的一种特殊的电阻。当光线照射在它的表面后，它的阻值迅速减小。当光线消失后，它的阻值会增大到标称值。光敏电阻广泛应用在各种光控电路，如灯光开关控制、灯光调节等电路。典型的光敏电阻实物外形和电路符号如图1-9所示。

(a) 实物外形 　　(b) 电路符号

图 1-9　光敏电阻

7. 湿敏电阻

湿敏电阻是利用湿敏材料吸收空气中的水分而导致本身电阻值发生变化这一原理而制成的。当它吸收空气内的水分后阻值会发生变化。湿敏电阻具有体积小、灵敏度高等优点，广泛应用在粮库、蔬菜大棚、楼宇等场所进行湿度控制。常见的湿敏电阻实物外形如图1-10所示。

图 1-10　湿敏电阻实物外形

(a) 实物外形 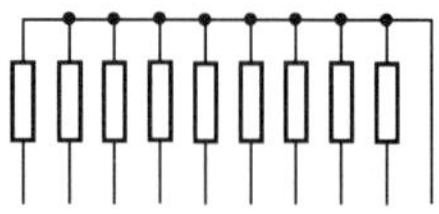　　　　(b) 电路符号

图 1-11　单列排电阻

8. 排电阻

排电阻由多个阻值相同的电阻构成，它和集成电路一样，有单列和双列两种封装结构，所以也叫集成电阻。典型的单列排电阻实物外形和电路符号如图1-11所示。

9. 贴片电阻

随着电路板越来越小型化，贴片电阻应用的越来越多，贴片普通电阻主要有矩形片状、圆柱贴片两种。而贴片微调电阻和普通微调电阻的外形相似，就是体积小许多，如图1-12所示。

(a) 矩形片状电阻　　　(b) 圆柱形贴片电阻　　(c) 贴片微调电阻

图 1-12　贴片电阻

五、阻值的标注

固定电阻通常采用直标法、数字标注法、色环标注法三种标注方法。

1. 直标法

它就是直接在电阻表面标明其阻值，如 100Ω、$1.2\text{k}\Omega$、$10\text{M}\Omega$ 等。

2. 数字标注法

它就是在电阻表面用三位数表示其阻值的大小，三位数的前两位是有效数字，第三位数是 10 的指数，如 100 表示阻值为 10Ω，101 表示阻值为 100Ω；当阻值小于 10Ω 时，用 "R" 代替小数点，如 5R6 表示阻值为 5.6Ω，R47 表示阻值为 0.47Ω。

3. 色环标注法

色环标注法简称色标法，它就是利用颜色表示元件的各种参数值，并直接标志在产品表面上的一种方法。通常可调电阻、碳膜电阻采用了该标注方法。各种颜色表示的数值如表 1-7 所示。

 提示

在色环中，紧靠电阻体引脚根部一端的色环为第 1 色环，以后依次排列。

表 1-7　电阻表面色环与数字的关系

颜色	数字	乘数	允许误差/%	颜色	数字	乘数	允许误差/%
银色	—	10^{-2}	± 10	黄色	4	10^4	—
金色	—	10^{-1}	± 5	绿色	5	10^5	± 0.5
黑色	0	10^0	—	蓝色	6	10^6	± 0.2
棕色	1	10^1	± 1	紫色	7	10^7	± 0.1
红色	2	10^2	± 2	灰色	8	10^8	—
橙色	3	10^3	—	白色	9	10^9	$+5\sim -20$

碳膜电阻多采用 4 色环标注阻值，第 1 道色环表示的是十位数，第 2 道色环表示个数，第 3 道色环表示应乘的位数，第 4 道色环表示误差率。

金属膜电阻多采用 5 色环标注阻值，第 1 道色环表示百位数，第 2 道色环表示十位数，第 3 道色环表示个数，第 4 道色环表示应乘的位数，第 5 道色环表示误差率。

根据表 1-7、图 1-13(a) 中电阻表面的色环所表示它的阻值为 220Ω，允许误差 $\pm 5\%$；图 1-13(b) 中电阻表面的色环表示它的阻值为 17.5Ω，允许误差 $\pm 1\%$。

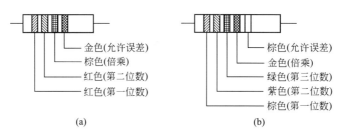

图 1-13　电阻色环标注示意图

提示

　　部分熔断电阻仅有 1 道色环，不同的颜色的色环代表不同的阻值和特性。比如，色环为黑色，说明它的阻值为 10Ω，并且在通过的电流达到 0.85A 时，1min 内它的阻值会迅速超过标称值的 50 倍；色环为红色，说明它的阻值为 2.2Ω，当它通过的电流达到 3.5A 时，2s 内阻值就会迅速超过标称值的 50 倍；色环为白色，说明它的阻值为 1Ω，并且在通过的电流达到 2.8A 时，10s 内它的阻值会迅速超过标称值的 400 倍。

六、电阻的串/并联

1. 电阻的串联

　　参见图 1-14(a)，一个电阻的一端接另一个电阻的一端，称为串联。串联后电阻的阻值为这两个电阻阻值之和，即 $R_1 + R_2 = R$。比如，R_1、R_2 是 $2.2k\Omega$ 的电阻，那么 R 的阻值为 $4.4k\Omega$。

2. 电阻的并联

　　参见图 1-14(b)，两个电阻的两端并接，称为并联。并联后电阻的阻值为两个电阻相乘再除以它们的之和，即 $R = R_1 \times R_2 / (R_1 + R_2)$。比如，$R_1$、$R_2$ 是 $10k\Omega$ 的电阻，那么 R 的阻值为 $5k\Omega$。

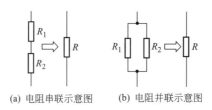

(a) 电阻串联示意图　　(b) 电阻并联示意图

图 1-14　电阻串/并联示意图

七、普通电阻的检测

　　采用万用表测量普通电阻应使用合适的电阻挡，测量方法有在路测量和非在路测量两种。非在路测量就是将电阻从电路板上取下或悬空一个引脚后进行测量，判断它是否正常的方法；在路测量就是在电路板上直接测量所怀疑电阻的阻值，判断它是否正常的方法。

1. 在路检测

怀疑电路板上的小阻值电阻阻值增大或开路时，可采用指针万用表的 R×1 挡或数字万用表的 200Ω 挡在路测量。

提示

由于电路还有三极管、二极管等其他元器件与被测电阻并联，所以检测的结果有时会小于该电阻的标称值，因此出现阻值异常的情况下，还要通过非在路测量的方法进行确认。

参见图 1-15(a)，需要判断电路板上的 150Ω 限流电阻是否正常，需要用指针万用表在路测量时，首先将指针万用表置于 R×10 挡，表笔接在电阻的引脚或引脚焊点上，表针指示（停留）的位置是 15，说明该电阻的阻值为 150Ω。若测量的数值过大，说明该电阻阻值增大或开路。

参见图 1-15(b)，需要判断电路板上的 33Ω 限流电阻是否正常时，需要用数字万用表在路测量时，将数字万用表置于 200Ω 挡，表笔接在电阻的引脚或引脚焊点上，屏幕上显示的数值为 33.3，说明该电阻的阻值为 33.3Ω。若阻值过大，说明电阻异常。

(a) 指针万用表检测   (b) 数字万用表检测

图 1-15 固定电阻在路检测示意图

2. 非在路检测

当在路检测电阻的阻值异常或对准备更换的备用电阻都需要进行非在路检测，检测方法如图 1-16(a) 所示。

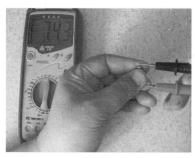 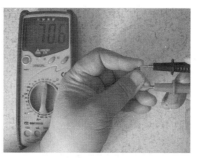

(a) 正确检测   (b) 错误检测

图 1-16 固定电阻非在路检测示意图

首先选择合适的电阻挡位，随后将万用表的表笔接在被测电阻两端，若检测的阻值与标称值相同，说明该电阻正常；若阻值大于标称值，说明该电阻的阻值增大或开路。固定电阻一般不会出现阻值变小的现象。

注意

　　检测大阻值电阻，尤其是阻值超过几十千欧的电阻时，不能用手指同时接触被测电阻的两个引脚，以免人体的电阻与被测电阻并联后，导致检测值低于标称值。当手指接触图 1-16（a）所示电阻的引脚后，阻值就会减小，如图 1-16（b）所示。另外，若被测电阻的引脚严重氧化，应在检测前用刀片、锉刀等工具将氧化层清理干净，以免误判。

八、可调电阻的检测

　　检测可调电阻时，首先测两个固定端间的阻值是否为标称值，再分别测固定端与可调端间的阻值，并且两个固定端与可调端间阻值的和等于两个固定端间的阻值，说明该电阻正常；若阻值大于标称值或不稳定，说明该电阻变值或接触不良。下面以 4.7kΩ 可调电阻为例介绍可调电阻的检测方法，测量方法如图 1-17 所示。

　　首先，测两个固定脚间的阻值等于标称值，如图 1-17(a) 所示；随后，再分别测固定脚与可调脚间的阻值，如图 1-17(b)、(c) 所示。若两个固定脚与可调脚之间的阻值相加后等于两个固定脚间的阻值，说明该电阻正常；若阻值大于正常值或不稳定，说明该电阻变值或接触不良。

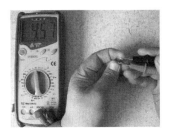 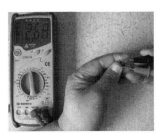 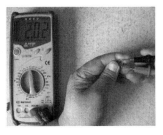

(a) 两个固定端间阻值　　　　　(b) 一个固定端与可调端间阻值　　　　　(c) 另一个固定端与可调端间阻值

图 1-17　可调电阻检测示意图

九、压敏电阻的检测

　　将万用表置于 200MΩ 电阻挡，两个表笔接压敏电阻的引脚，就可以测出压敏电阻的阻值，如图 1-18 所示。

(a) 在路检测　　　　　　　　　　(b) 非在路检测

图 1-18　压敏电阻检测示意图

由于压敏两端并联了滤波电容，所以初始测量时会有一定的阻值，待充电结束后，阻值应为无穷大。若阻值较小，说明它已损坏。一般情况下，压敏电阻击穿损坏后表面多会出现裂痕或黑点。

十、热敏电阻的检测

检测热敏电阻通常需要在室温状态下和加热后分别测量它的阻值。确认被测的热敏电阻的室温阻值正常后，用电烙铁为它加热后若阻值下降（负温度系数热敏电阻）或增大（正温度系数热敏电阻），说明它正常，否则说明它的热敏性能下降。

当室内温度不同时，所测的数值有所不同，加热后的阻值大小与电烙铁温度和加热时间长短有关。

1. 正温度系数热敏电阻的检测

下面以 12Ω 的彩电消磁电阻为例介绍正温度系数热敏电阻的非在路测量方法。

室温状态下，将万用表置于 200Ω 挡，测量该电阻的阻值为 13Ω，如图 1-19（a）所示。若阻值较大，则说明它开路，晃动时会发出响声。确认室温状态下的阻值正常后，用电烙铁为它加热，使它表面的温度升高，如图 1-19 所示。随后，再用 2M 挡测量它的阻值迅速增大，接近无穷大，说明它的热敏性能正常，如图 1-19（c）所示。否则，说明它的热敏性能下降，需要更换。

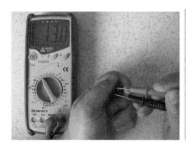 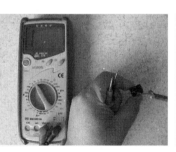 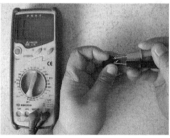

(a) 室温下检测　　　　　　(b) 加热　　　　　　(c) 加热后检测

图 1-19　消磁电阻检测示意图

若判断电路板上的消磁电阻是否开路时，可采用在路测量阻值的方法进行判断。电冰箱 PTC 型启动器、变频空调 300V 供电限流电阻采用的也是正温度系数的热敏电阻，所以也可以采用该方法确认它是否正常。

2. 负温度系数热敏电阻的检测

下面以电磁炉功率管温度传感器和空调器室内盘管温度传感器为例介绍负温度系数热敏电阻的测量方法。

（1）功率管温度传感器

电磁炉功率管温度传感器的检测如图 1-20 所示。

室温状态下，用 200kΩ 电阻挡测量该热敏电阻的阻值为 61.9kΩ；用电烙铁为它加热后，再测量它的阻值迅速减小为 53.8kΩ。室温状态下，若阻值过小，说明它漏电；阻值过大，说明它开路；若加热后阻值不能下降，说明它的热敏性能差。

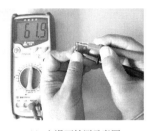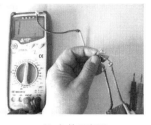

(a) 室温下检测示意图   (b) 加热示意图   (c) 加热后检测示意图

图 1-20　功率管温度传感器检测示意图

注意

不同品牌的电磁炉功率管温度传感器采用的负温度系数热敏电阻的阻值不尽相同，更换时要注意，不要换错。

（2）空调室内盘管温度传感器的测量

室温状态下，用 200kΩ 挡测量的该传感器的阻值为 9.8kΩ，确认室温状态下的阻值正常后，将其放入盛有热水的玻璃杯内为它加热，再测量它的阻值迅速减小为 6.83kΩ，如图 1-21 所示。若室温下阻值过大或过小，并且加热后阻值不能正常减小，则说明它损坏。

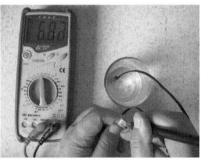

(a) 室温下测量   (b) 加热后测量

图 1-21　空调器室内盘管温度传感器检测示意图

提示

不同品牌的空调器室内盘管温度传感器采用的负温度系数热敏电阻的阻值可能有所不同，使用中要加以区别。

十一、电阻的更换

电阻损坏后，最好采用相同阻值、功率的同类电阻更换，比如，正温度系数的热敏电阻损坏后不能用同阻值的负温度系数的热敏电阻更换；再比如，熔断电阻损坏不能采用阻值相同的普通电阻更换。而普通电阻的更换要求相对差一些，一般情况下允许用功率大一些的电阻更换功率小一些的电阻，但不允许用小功率电阻更换大功率电阻，并且手头没有阻值、功率合适的电阻更换时，可采用采用串联、并联的方法进行代换。

方法与技巧

　　更换可调电阻时除了要应采用同阻值、同规格的可调电阻更换，而且应先将更换的可调电阻调到原电阻的位置或中间位置，这样安装后再需要调整的范围较小。

注意

　　由于熔断电阻具有过流保护功能，所以采用间接代换时，必须要考虑更换串联、并联用的熔断电阻的额定功率是否符合要求，比如，1Ω/1W 的熔断电阻损坏后，可用 2 只 0.47Ω/0.5W 的熔断电阻串联后更换，也可采用 2 只 2Ω/0.5W 的熔断电阻并联后更换，绝对不能采用 2 只 0.47Ω/1W 的电阻串联或 2 只 2Ω/1W 的熔断电阻并联代换，这样可能会丧失或降低过流保护功能。

第二节 电容的识别与检测

一、电容的作用

　　电容的主要物理特征是储存电荷，就像蓄电池一样可以充电（charge）和放电（discharge）。电容在电路中通常用字母"C"表示，它在电路中主要的作用是滤波、耦合、延时等。电容在电路中的符号如图 1-22 所示。

$$c \;\substack{+\\ \top\\ \bot} \qquad c \;\substack{\top\\ \bot}$$

(a) 有极性电容　　　(b) 无极性电容

图 1-22　电容的电路符号

二、电容的特性

　　与电阻相比，电容的性能相对复杂一点。它的主要特点是：电容两端的电压不能突变。就像一个水缸一样，要将它装满需要一段时间，要将它全部倒空也需要一段时间。电容的这个特性对以后我们分析电路很有用。在电路中电容有通交流、隔直流，通高频、阻低频的功能。

三、电容命名方法

根据国家标准，电容器产品的型号由四部分组成，各部分的含义如下：

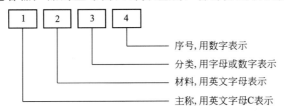

序号,用数字表示
分类,用字母或数字表示
材料,用英文字母表示
主称,用英文字母C表示

电容材料部分字母代号与含义如表1-8所示。

表1-8　电容材料部分字母代号与含义

字母代号	材　料	字母代号	材　料
A	钽电解	L	聚酯等极性有机薄膜
B	聚苯乙烯等非极性有机薄膜	N	铌电解
C	高频陶瓷	O	玻璃膜
D	铝电解	Q	漆膜
E	其他材料电解	T	低频陶瓷
G	合金电解	V	云母纸
H	纸膜复合	Y	云母
I	玻璃釉	Z	纸介
J	金属化纸介		

电容分类部分字母/数字代号与含义如表1-9所示。

表1-9　电容分类部分字母/数字代号与含义

字母代号	电　容　分　类			
G	大功率型			
J	金属氧化膜型			
Y	高压型			
W	微调型			
数字代号	瓷介电容	云母电容	有机电容	电解电容
1	圆形	非密封	非密封	箔式
2	管形	非密封	非密封	箔式
3	叠片	密封	密封	烧结粉、固体
4	独石	密封	密封	烧结粉、非固体
5	穿心		穿心	
6	支柱			
7				无极性
8	高压	高压	高压	
9			特殊	特殊

四、电容的主要参数

1. 标称容量

电容的标称容量是指电容上标注的容量值。电容使用的单位是法拉（F）。由于 F 的单位太大，实际应用中，多采用微法（μF）、皮法（pF）等单位。其换算关系为：$1F = 1000000 \mu F$；$1 \mu F = 1000nF$；$1nF = 1000pF$。

2. 容量误差

容量误差是实际电容量和标称电容量允许的最大偏差范围。一般分为 3 级：Ⅰ 级为 $\pm 5\%$，Ⅱ 级为 $\pm 10\%$，Ⅲ 级为 $\pm 20\%$。有些情况下，还有 0 级，误差为 $\pm 20\%$。精密电容的允许误差较小，而电解电容的误差较大。

3. 额定工作电压

额定工作电压是电容器在电路中能够长期稳定、可靠工作时承受的最大直流电压，即电容的耐压值。一般情况下，相同结构、介质的电容耐压越高体积也就越大。

4. 温度系数

温度系数是在一定温度范围内，温度每变化 1℃电容量的相对变化的值。温度系数越小的电容质量越好。

5. 绝缘电阻

绝缘电阻是用来表明电容漏电的大小。一般小容量的电容，绝缘电阻很大，在几百兆欧姆或几千兆欧姆。电解电容的绝缘电阻一般相对较低，绝缘电阻越大越好，漏电也较小。

6. 损耗

损耗是在电场的作用下，电容器在单位时间内发热而消耗的能量。这些损耗主要来自介质损耗和金属损耗。通常用损耗角正切值来表示。

7. 频率特性

频率特性是指电容的电参数随电场频率变化而变化的特性。在高频条件下工作的电容由于介电常数比低频时小，所以容量会相应减少，损耗也会随频率的升高而增加。另外，在高频工作时，电容的极片电阻、引线和极片间的电阻、极片的自身电感、引线电感等分布参数都会影响电容的性能，导致电容的使用频率受到限制。不同品种电容的使用频率不同，小型云母电容的使用频率多低于 250MHz，圆片型瓷介电容的使用频率可达到 300MHz，圆管型瓷介电容的使用频率可达到 200MHz，圆盘型瓷介电容的使用频率可达 3000MHz，小型纸介电容的使用频率为 80MHz，中型纸介电容的使用频率多低于 8MHz。

五、典型电容的识别

典型的电容有铝电解电容、瓷片电容、涤纶（聚酯）电容、聚苯乙烯电容、钽电解电容、纸介电容、云母电容等，其中钽电容特别稳定。

1. 瓷片电容

瓷片电容是采用陶瓷材料制成的无极性电容，具有稳定性好、体积小、损耗小、耐高温、耐高压、价格低等优点，是应用最广泛的电容之一。典型的瓷片电容实物如图 1-23 所示。

图 1-23　瓷片电容实物示意图　　　　　图 1-24　涤纶电容实物示意图

2. 涤纶电容

涤纶电容是采用涤纶薄膜制成的无极性电容，具有损耗小、耐高温、耐高压、价格低等优点，但存在稳定性差的缺点，是应用最广泛的电容之一。典型的涤纶电容实物如图 1-24 所示。

3. 聚苯乙烯电容

聚苯乙烯电容是采用金属化聚苯乙烯薄膜制成的无极性电容，具有损耗小、内部温升低、高频性能好、耐高压、负电容量温度系数低、阻燃性能好等优点，是应用最广泛的电容之一。彩电的行逆程电容和电磁炉采用的 MKP、MKPH 都属于聚苯乙烯电容。典型的聚苯乙烯电容实物如图 1-25 所示。

图 1-25　聚苯乙烯电容实物示意图

4. 铝电解电容

铝电解电容是通过用电解方法形成的氧化膜材料而制成的电容，具有容量大、体积小、价格低等优点，但存在绝缘电阻小、耐压低、热温度性能差、频率性能差等缺点。常见的铝电解电容多为有极性电容，是应用最广泛的电容之一。典型的铝电解电容实物如图 1-26 所示。

 提示

铝电解电容也有无极性的产品，主要应用在彩电、彩显的枕形失真校正电路。

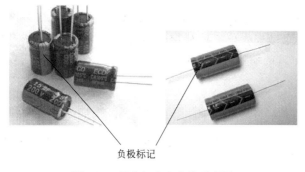

　　　　　　　　　　　　　负极标记　　　　　　　　　　　　　正极标记

图 1-26　铝电解电容实物示意图　　　　　图 1-27　钽电解电容实物示意图

5. 钽电解电容

钽电解电容俗称胆电容，它是采用金属钽作为介质制成的电解电容，由于该电容没有电解液，所以具有稳定性好、损耗小、温度系数小、体积小等优点，但也存在价格高的缺点，主要应用在精密电路中。典型的钽电解电容的实物如图 1-27 所示。

6. 排电容

排电容由多个容量相同的电容构成，它和集成电路一样，有单列和双列两种封装结构，所以也叫集成电容。典型的单列排电容实物外形及电路符号如图 1-28 所示。

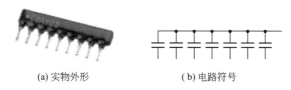

(a) 实物外形　　　　　　　　　(b) 电路符号

图 1-28　排电容

7. 贴片电容

贴片电容和贴片电阻一样也是随着电路板小型化而产生的。典型的贴片电容实物如图 1-29 所示。

(a) 片状普通电容　　　　(b) 片状多层电容　　　(c) 片状电解电容　　　(d) 片状微调电容

图 1-29　贴片电容

六、容量的标注

电容的容量通常采用直标法、数字标注法、色环标注法三种标注方法。

1. 直标法

直标法就是直接在电容表面标明其容量的大小，电解电容和 MKP、MKPH 电容多采用此类标注方法，如 $2.2\mu F$、$10\mu F$、$100\mu F$ 等，有的厂家将 $2.2\mu F$ 标注为 $2\mu2$，省略了小数点，也有的厂家用 "R" 代替小数点，如 3R3 表示容量为 $3.3\mu F$，R2.2 表示容量为 $0.22\mu F$。另外，还有的厂家标注电解电容的容量时省略了单位，如将 $560\mu F$ 的电解电容标注为 560。

2. 数字标注法

数字标注法就是在电容表面用三位数表示其容量的大小，瓷介电容、聚苯乙烯电容多采用此类的标注方式，三位数的前两位是有效数字，第三位数是 10 的指数，此类电容的单位是 pF，如 103 表示容量为 10000pF，104 表示容量为 100000pF，即 $0.1\mu F$。

3. 色环标注法

色环标注法就是利用 3 道、4 道色环表示电容容量的大小，独石电容多采用此类的标注方式，紧靠电容引脚一端的色环为第 1 色环，以后依次为第 2 色环、第 3 色环。第 1 色环、第 2 色环是有效数字，而第 3 色环是所加的 "0" 的个数，各色环颜色代表的数值与色环电阻一样，若电容表面标注的色环颜色依次为橙、橙、棕，表明该电容的容量为 330pF。另外，若某一道色环的宽度是标准色环的 2 或 3 倍，则说明采用了 2 或 3 道该颜色的色环，如电容表面标注的色环颜色为（宽）红，表明该电容的容量为 2200pF。

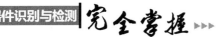
提示

小型电解电容器的耐压也有用色标法的，位置靠近正极引脚的根部，色标与电压值的关系如表 1-10 所示。

表 1-10　小型电解电容器的色标与电压值关系

颜色	黑	棕	红	橙	黄	绿	蓝	紫	灰
耐压值/V	4	6.3	10	16	25	32	40	50	63

七、电容的串/并联

1. 电容的串联

一个电容的一端接另一个电容的一端，称为串联。串联后电容的容量为这两个电容容量相乘再除以它们之和，即 $C = C_1 \times C_2 / (C_1 + C_2)$。

方法与技巧

用两只有极性电容逆向串联（也就是负极接负极或正极接正极）后，就会成为一只大容量的无极性电容。

注意

在串联电容时，要注意电容的耐压值，以免电容因耐压不足而被过压损坏，导致电容击穿或爆裂。原则上，选用串联的电容耐压值应不低于或略低于原电容的耐压值。

2. 电容的并联

两个电容两端并接，称为并联。并联后电容的容量是这两个电容容量和，即 $C = C_1 + C_2$。电容并联时，电容的耐压值应与原电容相同或高于即可。

八、电容的放电

若被测电容存储电压时，不仅容易损坏万用表、电容表等检测仪器，而且容易电击伤人，所以检测前应先将它存储的电压放掉。维修时，通常采用两种方法为电容放电：一种是用螺丝刀的金属部位或用万用表的表笔短接电容的两个引脚，将存储的电压直接放掉，如图 1-30(a)、(b) 所示，这样放电虽然时间短，但在电容存储电压较高时会产生较强的放电火花，并且可能会导致大容量的高压电容损坏；另一种是用电烙铁或 100W 白炽灯（灯泡）的插头与电容的引脚相接，利用电烙铁或白炽灯的内阻将电压释放，如图 1-30(c) 所示，这样可减小放电电流，但在电容存储电压较高时放电时间较长。

(a) 用螺丝刀短接放电

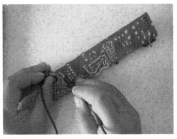
(b) 用表笔短接放电

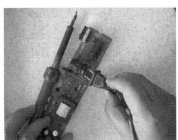
(c) 用电烙铁内阻放电

图 1-30　电容放电示意图

九、普通电容的检测

检测普通电容时常采用代换法和仪器检测法。仪器检测法除了可以用数字万用表的电容挡或电容表测量被检电容的容量来判断它是否正常，当然也可采用指针型万用表的电阻挡检测该电容的阻值来判断它是否正常。下面以直插式电容为例介绍电容的检测方法。

 提示

贴片电容的检测方法与直插式电容检测方法相同，可参考以下检测方法。

1. 使用数字万用表检测电容

为了便于测量电容等元器件，数字万用表都设置了电容测量挡。由于早期数字万用表、新型万用表的功能不同，所以它们测量电容的方法也相同，下面分别介绍。不过，它们都是通过显示屏显示电容的容量值。测量时，若显示屏显示的数值过小，说明电容容量不足；若数值过大，说明电容漏电。

（1）早期数字万用表电容挡的使用

早期的数字万用表电容挡的测量范围多为 $0\sim20\mu F$ 或 $200\mu F$，并且需要设置电容测量插孔，测量电容时，先将功能开关旋转到电容测量挡位，并将被测电容的引脚插入电容的测量插孔，屏幕上就会显示电容容量值，如图 1-31(a) 所示。

（2）新型万用表测量电容

新型数字万用表不仅扩充了测量范围（$0\sim2000\mu F$，甚至更大），并且取消了电容测量插孔，测量时，只要将表笔接在电容引脚上，显示屏就会显示电容的容量值，如图 1-31(b) 所示。

2. 用指针万用表检测电容

采用指针万用表测量电容的容量时，多使用电阻挡。检测电容的方法如图 1-32 所示。

采用电阻挡检测电容时，应根据电容容量大小来选择万用表电阻挡的挡位。首先，存电的电容放电后，将红、黑表笔分别接在电容两个引脚上，通过表针的偏转角度来判断电容是否正常。若表针快速向右偏转，然后慢慢向左退回原位，一般来说电容是好的。如果表针摆起后不再回转，说明电容已击穿。如果表针右摆后逐渐停留在某一位置，则说明该电容已漏电；如果表针不能右摆，说明被测电容的容量较小或无容量。比如，测量 $120\mu F$ 的电容时，首先选择 R×1k 挡，用两个表笔接电容的两个引脚时，表针因电容被充电迅速向右偏转到 0，如图 1-32(a) 所示；随后电容因放电而慢慢回到左侧接近"∞"的位置，如图 1-32(b) 所示。通过该测量可以初步判断该电容正常。若摆动范围小，或不能返回无穷大的位

电容
测量
插孔

(a) 插孔测量   (b) 表笔测量

图 1-31   数字万用表检测普通电容示意图

(a) 正向充电   (b) 反向放电

图 1-32   电容的非在路测量

置，则说明被测电容异常。

方法与技巧

　　有些漏电的电容，用上述方法不易准确判断出好坏。当电容的耐压值大于万用表内电池电压值时，根据电解电容器正向充电时漏电电流小，反向充电时漏电电流大的特点，可采用 R×10kΩ 挡，为电容反向充电，观察表针停留位置是否稳定，即反向漏电电流是否恒定，由此判断电容是否正常的准确性较高。比如，黑表笔接电容的负极，红表笔接电容的正极时，表针迅速向右偏转，然后逐渐退至某个位置（多为 0 的位置）停留不动，则说明被测的电容正常；若表针停留在50～200kΩ内的某一位置或停留后又逐渐慢慢向右移动，说明该电容已漏电。

十、MKP、 MKPH 电容的检测

下面以电磁炉的谐振电容、300V 供电滤波电容、高频滤波电容为例介绍 MKP、MK-

PH 电容的检测方法。测量时，先将功能开关置于电容量程 C（F），容量不足 2μF 的电容采用 2μF 挡量程，电容大于 2μF 的电容采用 20μF 或 200μF 挡量程。

1. 在路检测

怀疑谐振电容、300V 供电滤波电容、高频滤波电容异常时，可进行在路对其检测，进行初步判断，检测方法如图 1-33 所示。

(a) 谐振电容　　　　　　　　(b) 300V供电滤波电容　　　　　　　(c) 高频滤波电容

图 1-33　MKP、MKPH 电容的在路检测示意图

2. 非在路检测

在路测量 MKP、MKPH 电容异常时或对购买的电容，应进行非在路检测，如图 1-34 所示。

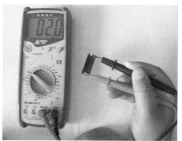

(a) 谐振电容　　　　　　　　(b) 300V供电滤波电容　　　　　　　(c) 高频滤波电容

图 1-34　MKP、MKPH 电容的非在路检测示意图

十一、洗衣机运转（运行）电容的检测

测量 15μF450V 的洗涤电动机运行电容时，将数字万用表置于 200μF 电容挡，表笔接电容的引线后，显示屏显示的数值为 14.7，说明该电容的容量值为 14.7μF，如图 1-35（a）所示。

检测 6μF/450V 的脱水电动机运行电容时，将数字万用表置于 200μF 电容挡，表笔接电容的引线后，显示屏显示的数值为 5.8，说明被测电容的容量值为 5.8μF，如图 1-35（b）所示。

提示

测量时，若显示的数值异常，说明被测电容异常。若被测电容存电，需要先为它放电，才能测量，以免被电击。

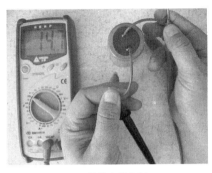 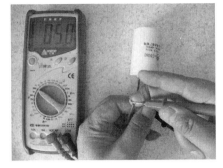

(a) 洗涤电机电容　　　　　　　　　　　(b) 脱水电机电容

图 1-35　洗衣机电机运行电容检测示意图

十二、空调器风扇电机运行电容的检测

测量 $2\mu F/450V$ 的空调器室内风扇电机运行电容（启动电容）时，将数字万用表置于 $200\mu F$ 电容挡，再用表笔接电容引脚，屏幕上就会显示该电容的容量，如图 1-36 所示。若显示的数值异常，说明被测电容容量不足或漏电。若怀疑被测电容存储电压，应先用螺丝刀的金属部位短接该电容的两个引脚，为它放电。

图 1-36　空调器轴流风扇电机启动　　　　图 1-37　空调器压缩机运行电容实物
　　　　　电容检测示意图

十三、空调器压缩机运行电容的检测

空调器压缩机的运行电容也叫启动电容，它采用耐压为 $400V$ 或 $450V$，容量为 $20\sim60\mu F$ 的无极性电容。典型的启动电容实物如图 1-37 所示。

压缩机运行电容是故障率较高的元件，下面以 $50\mu F/450V$ 的电容为例介绍压缩机运行电容的检测方法。第一步，用螺丝刀的金属部位短接电容的引脚，为电容放电，如图 1-38（a）所示；第二步，用数字万用表的 $200\mu F$ 电容挡进行测量，显示的数值为 44.8，说明被测电容的容量为 $44.8\mu F$，说明被测电容基本正常，如图 1-38（b）所示；若测量的容量为 $37.3\mu F$，如图 1-38（c）所示，说明被测电容的容量严重不足，需要更换。

(a) 放电

(b) 容量基本正常

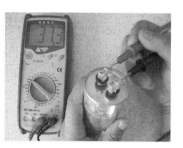
(c) 容量不足

图 1-38　空调压缩机电机启动电容的检测示意图

 注意

测压缩机启动电容前，必须要为它放电，以免被电击。

十四、电容的更换

代换电容时主要注意三个方面：第一个是类别，若损坏的是 $0.33\mu F$ 涤纶电容，维修时就不能用 $0.33\mu F$ 的电解电容更换；第二个是容量，若损坏的是 $4.7\mu F$ 的电容，维修时就不能用 $2.2\mu F$ 的电容更换，也最好不要用容量太大的电容更换，不过，原则上电源滤波电容可以用容量大些的电容更换，这样不仅可排除故障，而且滤波效果会更好；第三个是耐压，若损坏的是耐压为 $50V$ 的电容，维修时不要用耐压低于 $50V$ 的电容更换，轻则会导致更换的电容过压损坏，重则会导致其他元件损坏。

维修时若没有相同的电容更换，也可以采用串联、并联的方法进行代换，如需要更换 $100\mu F/25V$ 电容，可用两只 $220\mu F/16V$ 电容串联后代换，也可以用 2 只 $47\mu F/25V$ 电容并联代换。

注意

由于 MKPH 电容具有高频特性好、过流和自愈能力强的优点，其最大的工作温度可达到 $105℃$，所以不能采用普通的电容更换，以免产生新故障。

电子元器件识别与检测 完全掌握

晶体管的识别与检测

第二章

晶体管（transistor）也是最基本的电子元器件，它是一种固体半导体器件，可以用于检波、整流、放大、开关、稳压、信号调制和许多其他功能。常见的晶体管主要有晶体二极管（简称二极管）、晶体三极管（简称三极管）、晶体晶闸管（简称晶闸管）、场效应晶体管（简称场效应管）、整流堆、单结晶体管等多种。电磁炉采用的功率管 IGBT 也是晶体管，它的英文全写是 Insulated Gate Bipolar Transistor，翻译为绝缘栅双极型晶体管。

第一节 晶体管型号命名方法

晶体管型号的命名方法各个国家不尽相同，下面主要介绍中国、日本、韩国、美国、国际电子联合会等国家和机构对晶体管型号的命名方法。

一、中国晶体管型号命名法

根据我国国家标准 GB249—74 规定的中国半导体器件型号命名法命名。具体命名（型号）由 5 部分组成，各部分的含义如下：

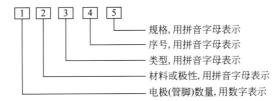

```
1  2  3  4  5
            └── 规格,用拼音字母表示
         └───── 序号,用拼音字母表示
      └──────── 类型,用拼音字母表示
   └─────────── 材料或极性,用拼音字母表示
└────────────── 电极(管脚)数量,用数字表示
```

提示

场效应管、半导体特殊器件、PIN 型管、激光器件的型号只使用第三、第四、第五部分。

中国晶体管型号命名内第一、第二、第三部分字母代号及含义如表 2-1 所示。

表 2-1 中国晶体管命名第一、第二、第三部分的字母代号及含义

第一部分		第二部分		第三部分			
符号	含义	符号	含义	符号	含义	符号	含义
2	二极管	A	N 型锗材料	P	普通管	T	晶闸管
		B	P 型锗材料	V	微波管	Y	体效应管
		C	N 型硅材料	W	稳压管	B	雪崩管
		D	P 型硅材料	C	参量管	J	阶跃恢复管
				Z	整流管	CS	场效应管
				S	隧道管	BT	特殊器件
				N	阻尼管	FH	复合管

续表

第一部分		第二部分		第三部分			
符号	含义	符号	含义	符号	含义	符号	含义
3	三极管	A	PNP 型锗材料	U	光电管	D	低频大功率管
		B	NPN 型锗材料	K	开关管	A	高频大功率管
		C	PNP 型硅材料	X	低频小功率管	PIN	PIN 型管
		D	NPN 型硅材料	G	高频小功率管	JG	激光管

注：低频三极管是指 $f_a < 3MHz$ 的三极管，高频三极管是指 $f_a > 3MHz$ 的三极管，大功率三极管是指 $P_C > 1W$ 的三极管，小功率三极管是指 $P_C < 1W$ 的三极管。

比如，2AP9 表示是锗材料的普通二极管，3DK4 表示是 NPN 型硅材料的开关管，3DA87 表示是 NPN 型硅材料高频大功率三极管。

二、日本晶体管型号命名法

日本晶体管按日本工业标准 JIS-C-7012 规定的日本半导体器件型号命名法命名。具体命名（型号）由 5 部分组成，各部分的含义如下：

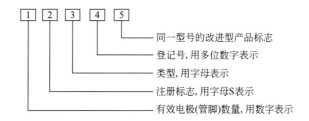

日本晶体管命名各部分字母代号及含义如表 2-2 所示。

表 2-2 日本晶体管命名各部分字母代号及含义

第一部分		第二部分		第三部分		第四部分		第五部分	
符号	含义	符号	含义	符号	含义	符号	含义	符号	含义
0	光电二极管或三极管及其组合管	S	已在日本电子工业协会（JEIA）注册的半导体器件	A	PNP 型高频晶体管	多位数字	该器件已在日本电子工业协会（JE-IA）的登记号，不同厂家可以使用一个登记号	A	表示这一器件的改进产品
				B	PNP 型低频晶体管			B	
1	二极管			C	NPN 型高频晶体管			C	
				D	NPN 型低频晶体管			D	
2	三极管或具有 3 个电极的其他器件			F	P 控制极晶闸管			E	
				G	N 控制极晶闸管			F	
				H	N 基极单结晶体管				
				J	P 沟道场效应管				
$n-1$	具有 n 个有效电极的器件			K	N 沟道场效应管				
				M	双向晶闸管				

比如，2SA733 表示是 PNP 型高频三极管，2SC1815 表示是 NPN 型高频三极管，2SD1887 表示是 NPN 型低频大功率三极管。

三、韩国晶体管型号命名法

韩国三星虽然生产的晶体管主要8050、8550、9011～9018几种，但在市场上占有率较大，所以下面介绍一下它们的命名方法。韩国三星的晶体管主要由4位数字构成，其含义如表2-3所示。

表2-3　韩国三星晶体管命名代号及含义

型　　号	管　　型	功率/mW	f_T/MHz	型　　号	管　　型	功率/mW	f_T/MHz
8050	NPN	1000	100	9014	NPN	450	150
8550	PNP	1000	100	9015	PNP	450	150
9011	NPN	400	150	9016	NPN	400	500
9012	PNP	625	150	9018	NPN	400	1GHz
9013	NPN	625	140				

四、美国晶体管型号命名法

美国晶体管按美国工业工业协会EIA的电子元器件联合技术委员会JEDEC制定了标志半导体分立器件的型号命名方法。具体命名（型号）由5部分组成，各部分的含义如下：

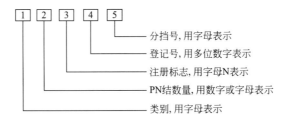

美国晶体管命名各部分字母代号及含义如表2-4所示。

表2-4　美国晶体管命名各部分字母代号及含义

第一部分		第二部分		第三部分		第四部分		第五部分	
符号	含义	符号	含义	符号	含义	符号	含义	符号	含义
JAN或J	军用品	1	二极管	N	该器件在美国电子协会EIA注册登记	多位数字	该器件在美国电子工业协会EIA的登记号	A	同一型号器件的不同挡别
		2	三极管					B	
无	非军用品	3	3个PN结器件					C	
		n	n个PN结器件					D	

比如，2N3055表示是大功率三极管。

五、国际电子联合会晶体管型号命名法

荷兰、法国、意大利、德国等大部分欧洲国家采用国际电子联合会标准半导体器件型号

命名法命名。具体命名（型号）由 4 部分组成，各部分的含义如下：

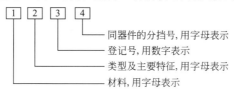

├─ 同器件的分挡号，用字母表示
├─ 登记号，用数字表示
├─ 类型及主要特征，用字母表示
└─ 材料，用字母表示

国际电子联合会晶体管命名各部分字母代号及含义如表 2-5 所示。

表 2-5 国际电子联合会晶体管命名各部分字母代号及含义

第一部分		第二部分				第三部分		第四部分	
符号	含义	符号	含义	符号	含义	符号	含义	符号	含义
A	锗材料	A	检波、开关和混合二极管	M	封闭磁路中的霍尔元件	三位数字	代表通用半导体器件的登记号	A	表示同一型号和半导体器件按某一参数进行分挡的标志
		B	变容二极管	P	光敏管			B	
B	硅材料	C	低频小功率三极管	Q	发光二极管			C	
		D	低频大功率三极管	R	小功率晶闸管			D	
C	砷化镓	E	隧道二极管	S	小功率开关管			E	
		F	高频小功率三极管	T	大功率晶闸管	一个字母两位数字	代表专用半导体器件（同一类型器件使用一个登记号）		
D	锑化铟	G	复合器件其他器件	U	大功率开关管				
		H	磁敏二极管	X	倍增二极管				
R	复合材料	K	开放磁路中的霍尔元件	Y	整流二极管				
		L	高频大功率三极管	Z	稳压二极管				

比如，BC307 表示是硅材料低频小功率三极管，BD138 表示是硅材料低频大功率三极管，BU508A 表示是硅材料大功率开关管。

 **二极管的识别与检测**

二极管（diode）也叫晶体二极管，它是利用硅、锗、砷化镓等半导体制成的，是应用最广泛的电子元器件之一。

一、二极管的分类

1. 根据用途分类

二极管根据用途通常可分为整流二极管、检波二极管、限幅二极管、调制二极管、开关二极管、稳压二极管、发光二极管、混频二极管、变容二极管、频率倍增二极管、放大二极管、PIN 型二极管（PIN Diode）、雪崩二极管（Avalanche Diode）、江崎二极管（Tunnel Diode）、快速关断（阶跃恢复）二极管（Step Recovery Diode）、肖特基二极管（Schottky Barrier Diode）、阻尼二极管、瞬变电压抑制二极管。

所谓的整流二极管就是将交流信号变换为直流信号的二极管；所谓检波二极管就是从输入信号中取出调制信号的二极管；所谓的限幅用二极管就是限制信号（电压）幅度的二极管；所谓开关二极管就是开关时间极短的二极管，如 1N4148；所谓的变容二极管就是用于自动频率控制（AFC）和调谐用的小功率二极管；所谓的稳压二极管就是可以稳定电压的二极管；所谓的雪崩二极管是在外加电压作用下可以产生高频振荡的晶体管；所谓的快速关断（阶跃恢复）二极管可通过自身形成的"自助电场"缩短存贮时间，使反向电流快速截止，并产生丰富的谐波分量；所谓的阻尼二极管是具有较高的反向工作电压和峰值电流，正向压降小，高频高压整流二极管；所谓的瞬变电压抑制二极管是对电路进行快速过压保护的二极管，此类二极管又分为双极型和单极型两种；所谓的双基极二极管（单结晶体管）就是具有两个基极、一个发射极的二极管；所谓的发光二极管是达到供电后可以发光的二极管。

2. 根据构造分类

二极管根据构造可分为点接触型二极管、合金型二极管、键型二极管、扩散型二极管、台面型二极管、平面型二极管、合金扩散型二极管、外延型二极管、肖特基二极管。

点接触型的 PN 结的静电容量小，主要应用在检波、整流、调制、混频和限幅等电路。但是，与面结型二极管相比，它的正向特性和反向特性都差，所以不能有一种大电流整流电路。合金型二极管是在 N 型锗或硅的单晶片上，通过合金铟、铝等金属的方法制作 PN 结而形成的。此类二极管具有导通压降小，适用于大电流整流。但它的 PN 结反向静电容量大，所以不适于高频检波和高频整流。键型二极管的特性介于点接触型二极管和合金型二极管之间。与点接触型相比，虽然键型二极管的 PN 结电容量稍大，但它的正向特性特别优良，多用于开关电路，有时也会应用在检波电路和低于 50mA 的电源整流电路。键型二极管又根据熔丝的不同分为金键型和银键型两种。扩散型二极管具有 PN 结正向压降小的优点，适用于大电流整流。台面型二极管主要应用在小电流开关电路。平面型二极管也主要应用在小电流开关电路。合金扩散型二极管是合金型二极管的一种。把难以制作的材料通过巧妙地掺配杂质，就能与合金一起扩散，以便在已经形成的 PN 结中获得恰当浓度的杂质分布。此法适用于制造高灵敏度的变容二极管。外延型二极管是用外延面长的过程制造 PN 结而形成的二极管，因能随意地控制杂质的不同浓度的分布，故适宜于制造高灵敏度的变容二极管。

3. 根据特性分类

点接触型二极管，按正向和反向特性的不同分类如下。

（1）一般用点接触型二极管

此类二极管因正向特性和反向特性都不突出，通常应用在检波电路和整流电路中。常见的型号有 SD34、SD46、1N34A 等。

（2）高反向耐压点接触型二极管

此类二极管是最大峰值反向电压和最大直流反向电压都很高的二极管，但正向特性不突出，所以主要应用在高压电路的检波和整流电路。常见的型号有 SD38、1N38A、OA81 等。

（3）高反向电阻点接触型二极管

此类二极管的耐压也是特别地高，但正向特性不突出，并且反向电流小，主要应用在高输入阻抗电路和高阻负荷电路中。常见的型号有 SD54、1N54A 等。

（4）高传导点接触型二极管

此类二极管虽然反向特性很差，但正向电阻却足够小，所以整流效率较高。常见的高传导点接触型二极管有 SD56、1N56A 等型号。

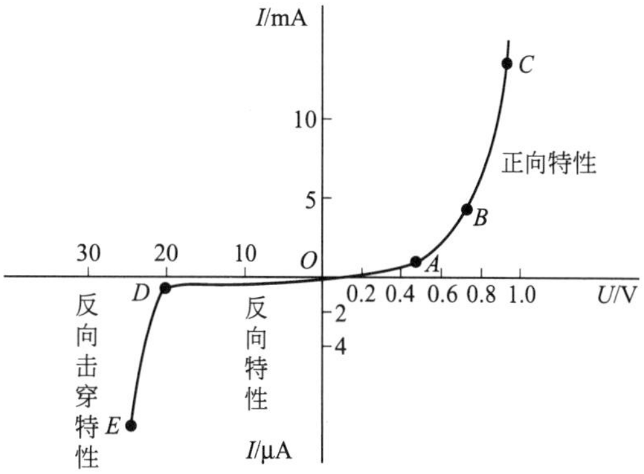

图 2-1　二极管的伏安特性曲线

二、二极管的主要特性

二极管最主要的特性是单向导电性。所谓的单向导电性可以通过加到二极管两端的电压与流经二极管的电流的关系来说明，这个关系也就是伏安特性，二极管的伏安特性曲线如图 2-1 所示。

提示

该特性曲线只适用于普通二极管，而对于稳压管、发光管等特殊二极管是不适用的，它们还有自己的伏安特性曲线。

1. 正向特性

加到二极管两端的正向电压低于死区电压时（锗管低于 0.1V，硅管低于 0.5V），管子不导通，处于"死区"状态，当正向电压超过死区电压，达到起始电压后，二极管开始导通。二极管导通后，电流会随着电压稍微增大而急剧增加。不同材料的二极管，起始电压不同，硅管为 0.5～0.7V 左右，锗管为 0.1～0.3V 左右。通过正向特性曲线发现，AB 间的曲线是弯曲的，所以该区域为非线性区域；BC 间的曲线较直，所以称为线性区域。

2. 反向特性

当二极管两端加上反向电压时，反向电流应该很小，随着反向电压逐渐增大时，反向电流也基本不变，这时的电流称为反向饱和电流（见曲线的 OD 段）。不同材料的二极管的反向电流大小不同，硅管约为一微安到几十微安，锗管可高达数百微安，另外，反向电流受温度变化的影响很大，锗管的稳定性比硅管差。

3. 击穿特性

当反向电压增加到某一数值时，反向电流急剧增大，这种现象称为反向击穿（见曲线的 DE 段）。这时的反向电压称为反向击穿电压，不同结构、工艺和材料制成的二极管，其反向击穿电压值有较大不同，最高可达数千伏。

4. 频率特性

由于二极管的 PN 结存在结电容的，该结电容在频率高到某一程度时容抗减小，使 PN 结短路，致使二极管失去单向导电性，导致二极管不能工作。PN 结面积越大，结电容也越大，高频性能越差。

5. 击穿特性

二极管的击穿特性包括电击穿和热击穿两种。

（1）电击穿

电击穿不是永久性击穿。切断加在二极管两端的反向电压后，它能恢复正常的特性，二极管不会损坏，但可能会有损伤。

（2）热击穿

热击穿是永久性击穿。当二极管处于较长时间的电击穿状态，管内的 PN 结因长时间大电流而过热，导致二极管因过热而出现永久性的击穿，此时即使切断加在二极管两端的反向电压，它也不能恢复正常的特性。

三、普通整流二极管的识别与检测

1. 普通整流二极管的识别

普通整流二极管是利用二极管的单向导电性来工作的，有两个管脚，它根据功率大小有塑料封装和金属封装两种结构，如图 2-2 所示。普通整流二极管多用于低频整流，典型的塑料封装普通二极管有 1N4001～1N4007（1A）、1N5401～1N5408（3A）等二极管。

(a) 外形示意图　　　　　　　　　(b) 电路符号

图 2-2　普通整流二极管

2. 主要参数

① 正向整流电流 I_F　在额定功率下，允许通过二极管的电流值。

② 正向电压降 U_F　二极管通过额定正向电流时，在两极间所产生的压降。

③ 最大整流电流（平均值）I_{OM}　在半波整流连续工作的情况下，允许的最大半波电流的平均值。

④ 反向击穿电压 U_B　二极管反向电流急剧增大到出现击穿现象时的反向电压值。

⑤ 反向峰值电压 U_{RM}　二极管正常工作时所允许的反向电压峰值，通常 V_{RM} 为 V_P 的 2/3 或略小一些。

⑥ 反向电流 I_R　在规定的反向电压条件下流过二极管的反向电流值。

⑦ 结电容 C　电容包括结电容和扩散电容，在高频场合下使用时，要求结电容小于某一规定数值。

⑧ 最高工作频率 f_M　二极管具有单向导电性的最高交流信号的频率。

3. 普通整流二极管的检测

检测普通整流二极管时可以用指针万用表的电阻挡完成，也可以用数字万用表的二极管挡完成。测量方法有在路测量和非在路测量两种方法。在路测量就是在电路板上直接对它进行测量，判断它是否正常的方法；非在路测量就是将被测二极管从电路板上取下或悬空一个管脚后进行测量，判断它是否正常的方法。

（1）在路测量

怀疑电路板上的普通整流二极管异常时，可首先采用在路测量的方法进行检测。

① 使用指针万用表检测　测试时若使用指针万用表，应将万用表置于 R×1 挡，黑表笔接整流二极管正极、红表笔接负极时，所测的正向电阻值为 17Ω 左右，如图 2-3(a) 所示；而调换表笔所测它的反向电阻值都应为无穷大，如图 2-3(b) 所示。若正向电阻值过大，说明被测的整流二极管导通电阻大或开路；若反向电阻值过小或为 0，说明该二极管漏电或击穿。

(a) 正向电阻　　　　　　　　　　　　(b) 反向电阻

图 2-3　整流二极管的在路检测示意图（一）

黑表笔接被测二极管正极、红表笔接负极时，所测的正向电阻的阻值应为 15Ω 左右，而反向电阻的阻值应为无穷大。若正向电阻的阻值过大，说明该二极管导通电阻大或开路；若反向电阻的阻值过小或为 0，说明该二极管漏电或击穿。

提示

若被测量的元件两端并联了小阻值元件，就会导致测量结果不准确，即测量数据低于标称值。因此，怀疑二极管漏电时，需要采用非在路测量法对其进行复测，确认它是否漏电。

② 使用数字万用表检测　使用数字万用表在路检测二极管时，应采用二极管挡，测试过程如图 2-4 所示。

(a) 正向电阻的测量　　　　　　　　　(b) 反向电阻的测量

图 2-4　整流二极管在路检测示意图（二）

红表笔接二极管的正极，黑表笔接二极管的负极，正向电阻的数值为 0.56Ω 左右，调换表笔后，数值为 1Ω，表明反向阻值为无穷大，说明被测二极管正常。若正向阻值大，说明二极管导通性能差；若反向阻值小，说明二极管漏电或击穿。

提示

　　细心的读者会发现，在使用数字万用表测二极管正向电阻时，屏幕上显示的数值就是二极管内 PN 结的导通压降。

　　（2）非在路测量

　　若在路测量后怀疑被测二极管或新购买二极管时，则需要进行非在路测量，如图 2-5 所示。

(a) 正向电阻　　　　　　　　　　　　(b) 反向电阻

图 2-5　指针万用表非在路检测普通二极管示意图

　　① 使用指针万用表测量　首先，将万用表置于 R×1kΩ 挡，用黑表笔接二极管 RM11 的正极、红表笔接它的负极所测得正向电阻的阻值为 7kΩ 左右。随后，将万用表置于 R×10kΩ 挡，调换表笔测量它的反向电阻的阻值为无穷大。若正向电阻的阻值过大或为无穷大，说明该二极管导通电阻大或开路；若反向电阻的阻值过小或为 0，说明该二极管漏电或击穿。

提示

　　若二极管表面的负极标记不清晰时，也可以通过测量确认正、负极，先用红、黑色表笔任意测量二极管两个管脚脚间的阻值，出现阻值较小的一端时，说明黑表笔接的是正极。

　　② 使用数字万用表测量　参见图 2-6，采用数字万用表非在路测量二极管的正向阻值时，显示数值为 0.55Ω 左右，调换表笔后，显示的数值为 1Ω，否则说明二极管可能损坏。

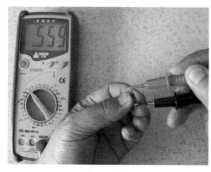
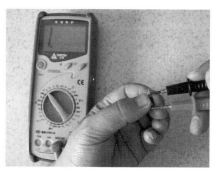

(a) 正向电阻的测量　　　　　　　　　(b) 反向电阻的测量

图 2-6　数字万用表非在路检测普通二极管示意图

若二极管表面的标记不清晰时，也可以通过测量确认正、负极，先用红、黑色表笔任意测量二极管两个管脚脚间的阻值，出现阻值较小的一次时，说明红表笔接的是正极。

图 2-7　开关二极管
实物示意图

四、开关二极管的识别与检测

1. 开关二极管的识别

开关二极管也是利用其单向导电特性来实现开关控制功能的，它导通时相当于开关接通，截止时相当于开关断开，目前应用的开关二极管最常见的是1N4148、1N4448。它的实物外形如图 2-7 所示，而电路符号和普通二极管相同。

2. 开关管二极管的检测

开关二极管的检测方法与整流二极管相同，不再介绍。

五、快恢复/超快恢复二极管的识别与检测

1. 快恢复/超快恢复二极管的识别

快恢复二极管 FRD、超快恢复二极管 SRD 是一种新型的半导体器件，它具有反向恢复时间极短、开关性能好、正向电流大等优点。快恢复/超快恢复二极管可分为小功率、中功率和大功率三大类。其中，小功率型整流管的外形和普通整流管相似；中功率整流管（电流为 20～30A）采用 TO-220 封装结构，如图 2-8 所示；大功率整流管（电流大于 30A）采用 TO-3P 封装结构，如图 2-9 所示；快恢复/超快恢复整流管电路符号如图 2-10 所示。

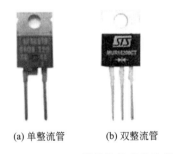

(a) 单整流管　　　(b) 双整流管

图 2-8　TO-220 封装结构的整流管

图 2-9　TO-3P 封装结构的整流管

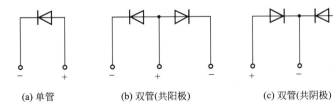

(a) 单管　　　　　(b) 双管(共阳极)　　　　　(c) 双管(共阴极)

图 2-10　快恢复/超快恢复整流管的电路符号

提示

　　常见的共阴极超快恢复整流管有 MUR3040PT 等型号，常见的共阳极超快恢复整流管有 MUR16870A 等型号。

2. 快恢复/超快恢复二极管的检测

（1）单快恢复二极管的检测

　　参见图 2-11，采用数字万用表在路测量快恢复/超快恢复二极管时，应将它置于"二极管"挡，红表笔接二极管的正极，黑表笔接二极管的负极，此时显示数值为 0.416Ω 左右，调换表笔后，阻值为无穷大，说明被测二极管正常，否则说明二极管损坏。

 提示

　　非在路测量时，阻值和非在路测量的阻值基本相同。

(a) 正向电阻的测量 　　　　　　　　　　(b) 反向电阻的测量

图 2-11　数字万用表在路检测快恢复/超快恢复二极管示意图

（2）双快恢复二极管的检测

　　下面以 FML-12S 型双快恢复二极管为例介绍此类二极管的检测方法，如图 2-12 所示。

(a) 左管正向电阻的测量 　　　　　　　　(b) 左管反向电阻的测量

(c) 右管正向电阻的测量 　　　　　　　　(d) 右管反向电阻的测量

图 2-12　数字万用表在路检测双快恢复二极管示意图

将数字万用表置于"二极管"挡，红表笔接二极管的正极，黑表笔接二极管的负极，此时显示数值为 0.55Ω 左右，调换表笔后，阻值为无穷大，说明被测二极管正常，否则说明二极管损坏。

提示

非在路测量时，阻值和非在路测量的阻值基本相同。

六、肖特基二极管的识别与检测

1. 肖特基二极管的识别

肖特基（Schottkv）二极管是一种大电流、低功耗、超高半导体器件，其反向恢复时间可缩短到几纳秒，正向导通压降多不足 0.4V。肖特基二极管的实物、内部构成如图 2-13 所示。

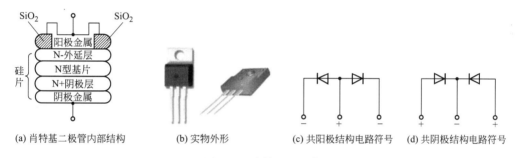

(a) 肖特基二极管内部结构　　(b) 实物外形　　(c) 共阳极结构电路符号　　(d) 共阴极结构电路符号

图 2-13　肖特基二极管

肖特基二极管在结构原理上与普通二极管有很大区别，它的内部是由阳极金属（用钼或铝等材料制成的阻挡层）、二氧化硅（SiO_2）、N-外延层（砷材料）、N 型硅基片、N＋阴极层及阴极金属等构成。二氧化硅（SiO_2）用来消除边缘区域的电场，提高管子的耐压值。N 型基片的导通电阻很小，其掺杂浓度比 H－层高许多。在基片下边形成 N＋阴极层，其作用是减小阴极的接触电阻。通过调整结构参数，可在基片与阳极金属之间形成合适的肖特基势垒。当加上正偏压 E 时，金属 A 和 N 型基片 B 分别接电源的正、负极，此时势垒宽度变窄，其内阻变小；加负偏压－E 时，势垒宽度就增加，其内阻变大。

2. 肖特基二极管的检测

肖特基二极管的检测和超快恢复二极管的检测方法相同，不再介绍。

七、整流桥堆的识别与检测

1. 整流桥堆的识别

整流桥堆是由两个或四个二极管构成的整流组件，其中两个二极管构成的半桥整流桥堆，4 个二极管构成的是全桥整流堆。每种整流堆按功率大小可分为小功率整流堆、中功率整流堆和大功率整流堆三类；按外形结构可分为方形、扁形和圆形三大类；按焊接方式分有插入式和贴面式两类。常用的整流桥堆实物如图 2-14 所示，电路符号如图2-15所示。

图 2-14　整流桥堆实物示意图

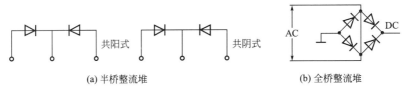

(a) 半桥整流堆　　　　　　　　　　　(b) 全桥整流堆

图 2-15　整流桥堆的电路符号

2. 整流桥堆的检测

由于半桥整流堆和全桥整流堆是由二极管构成的，所以可通过检测每只二极管的正、反向阻值来判断它是否正常。下面以 D15SB60 型全桥整流堆为例介绍整流堆在路、非在路的检测方法。

（1）在路检测

怀疑整流堆异常时，可进行在路对其检测，进行初步判断，检测方法如图 2-16 所示。

（2）非在路检测

在路判断整流堆异常或购买整流堆时，需要对整流堆进行非在路检测，检测方法如图 2-17 所示。

八、高压整流堆的识别与检测

1. 高压硅堆的识别

高压硅堆俗称硅柱，它是一种硅高频、高压整流管。因为它由若干个整流管的管芯串联后构成，所以它整流后的电压可达到几千伏到几十万伏。高压硅堆早期主要应用在黑白电视机的行输出变压器中，现在主要应用在微波炉等电子产品中。常见的高压硅堆如图 2-18 所示。其中，大高压硅堆的表面上标注的参数为（0.2～0.8A）/100kV，说明该高压硅堆的整流电流可达到 0.2～0.8A，而最大耐压为 100kV。

2. 高压硅堆的检测

高压硅堆由若干个整流管的管芯组成，所以测量时反向电阻的阻值都应为无穷大，而正向阻值也多为无穷大，下面以微波炉使用的高压整流堆（高压整流二极管）为例介绍高压整流堆的检测方法。

（1）数字万用表检测

采用数字万用表测量高压整流堆时，应该将万用表置于二极管挡，测得的正、反向阻值都为无穷大，如图 2-19 所示。

（2）指针万用表检测

采用指针万用表测量高压整流堆时，将它置于 R×10k 挡，测量正向电阻时，有 150k 左右的阻值，而反向阻值为无穷大，如图 2-20 所示。

(a) 红表笔接AC、黑表笔接+脚

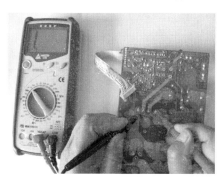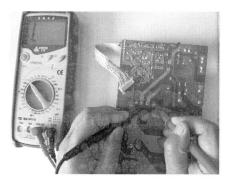

(b) 黑表笔接AC、红表笔接+脚

(c) 红表笔接AC、黑表笔接-脚

(d) 黑表笔接AC、红表笔接-脚

图 2-16　整流堆的在路检测

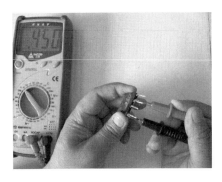 

(a) 红表笔接AC、黑表笔接+脚

 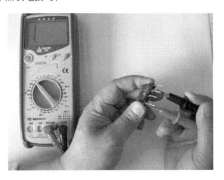

(b) 黑表笔接AC、红表笔接+脚

 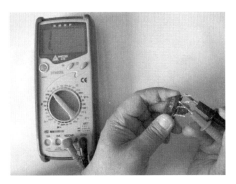

(c) 红表笔接AC、黑表笔接-脚

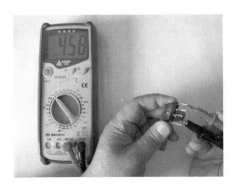 

(d) 黑表笔接AC、红表笔接-脚

图 2-17　整流堆的非在路检测

(a) 小功率高压硅堆

(b) 大功率高压硅堆

图 2-18　高压硅堆的实物示意图

图 2-19　数字万用表检测高压整流堆示意图

(a) 正向阻值

(b) 反向阻值

图 2-20　指针万用表检测高压整流堆示意图

九、稳压管的识别与检测

1. 稳压二极管的识别

稳压二极管又称齐纳二极管，简称稳压管，它是利用二极管的反向击穿特性来工作的。稳压管常用于基准电压形成电路和保护电路。稳压管也有塑料封装和金属封装两种结构。塑料封装的稳压管采用 2 管脚结构，而金属封装的稳压管有 2 管脚封装和 3 管脚封装结构两种。目前，稳压管多采用塑料封装，而几乎不采用金属封装。稳压管的电路符号和常见的塑料封装的稳压管实物如图 2-21 所示。

提示

　　3 管脚封装稳压管其中一个管脚的一端与外壳相接，另一端接地。

2. 稳压管的特性曲线

稳压管的伏安特性曲线如图 2-22 所示。

稳压管的伏安特性曲线和普通二极管基本相同，但反向特性曲线却不同，它的反向击穿

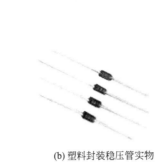

(a) 电路符号　　　(b) 塑料封装稳压管实物

图 2-21　稳压管

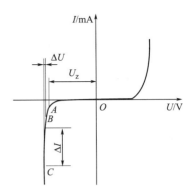

图 2-22　稳压管的伏安特性曲线

是可逆的，不会发生"热击穿"。通过图 2-22 看可以发现，稳压管所加的反向电压 U_z 达到 A 点后，稳压管开始击穿，并且击穿后的特性曲线比较陡直（图中的 BC 段），即反向电压基本不随反向电流变化而变化，这就是稳压二极管的稳压特性。

3. 稳压管的主要参数

（1）稳定电压 U_z

U_z 就是 PN 结的击穿电压，它随工作电流和温度的不同而略有变化。对于同一型号的稳压管来说，稳压值有一定的误差。

（2）稳定电流 I_z

稳压管工作时的参考电流值。它通常有一定的范围，即 $I_{zmin} \sim I_{zmax}$。

（3）动态电阻 R_z

它是稳压管两端电压变化与电流变化的比值，即这个数值随工作电流的不同而改变。通常工作电流越大，动态电阻越小，稳压性能越好。

4. 稳压值的标注

稳压二极管的稳压值（击穿电压值）多采用直标法、色环标注法两种标注方法。

（1）直标法

直标法就是直接在稳压二极管表面上直接标明二极管的名称或稳压管的稳压值，并通过一条白色或其他颜色的色环表示极性。

（2）色环标注法

部分稳压管采用 2 道或 3 道色环标注法表示击穿电压值的大小，紧靠负极管脚一端的色环为第 1 道色环，以后依次为第 2 道色环、第 3 道色环。各色环颜色代表的数值与色环电阻一样。

采用 2 道色环标注时，第 1 道色环表示十位上的数值，第 2 道色环表示个位上的数值，如稳压管所标注的色环的颜色依次为棕、绿色，则表明该稳压管的击穿电压值为 15V。

采用 3 道色环标注，并且第 2 道色环和第 3 道色环采用的颜色相同，第 1 道色环表示个位上的数值，第 2 道色环、第 3 道色环共同表示十分位上的数值，即小数点后面第一位数值，如稳压管所标注的色环为绿、棕、棕，则表明该稳压管的击穿电压值为 5.1V。

采用 3 道色环标注，并且第 2 道色环和第 3 道色环采用的颜色不同，第 1 道色环表示十位上的数值，第 2 道色环表示个位上的数值，第 3 色环共同表示十分位的数值，即小数点后面第一位数值，如稳压管所标注的色环为棕、红、蓝，则表明该稳压管的稳压值为 12.6V。

5. 稳压二极管的检测

稳压二极管损坏常见的故障现象是开路、击穿和稳压值不稳定。稳压管测量也可以用数字万用表和阻值万用表进行测量。怀疑稳压管击穿或开路时，可采用在路测量法进行判断。而检测稳压管的稳压值时应采用指针万用表电阻挡测量或采用稳压电源结合测量电压的方法。

（1）使用指针万用表电阻挡测量

将万用表置于 R×10kΩ 挡，并将表针调零后，用红表笔接稳压管的正极，黑表笔接稳压管的负极，当表针摆到一定位置时，从万用表直流 10V 挡的刻度上读出其稳定数据。估测的数值为 10V 减去刻度上的数值，再乘以 1.5 即可。比如，测量 12.7V 稳压管时，表针停留在 1.5V 的位置，这样，（10－1.5）×1.5＝12.75V，说明被测稳压管的稳压值大约为 12.75V，如图 2-23 所示。

图 2-23　指针万用表检测稳压二极管稳压值的示意图

提示

若被测的稳压管的稳压值高于万用表 R×10kΩ 挡电池电压值（9V 或 15V），则被测的稳压管不能被反向击穿导通，也就无法测出该稳压管的反向电阻阻值。

（2）使用稳压电源、万用表电压挡测量

参见图 2-24(a)，将一只 1kΩ 左右的限流电阻通过导线接在 0～35V 稳压电源的正极输出端子上，再将稳压管的负极接在电阻上，而稳压管的正极接在稳压电源的负极输出端上。接通稳压电源的电源开关后，旋转稳压电源的输出旋钮时，使输出电压逐渐增大，测量稳压管两端的电压值，待稳压器输出电压升高，而稳压管两端电压保持稳定后，所测电压值就是该稳压管的稳压值。比如，将一只 1k 电阻和一只稳压管串联后，接在稳压电源的直流电压输出端子上，打开稳压电源的开关，并调整旋钮使其输出电压为 15V 后，测稳压管两端电压时，显示屏显示的数值为 12.23，说明被测稳压管的稳压值是 12V，如图 2-24(b) 所示。

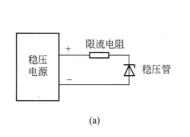

(a)　　　　　　　　　　(b)

图 2-24　用稳压电源和万用表检测稳压二极管稳压值的示意图

十、发光二极管的识别与检测

发光二极管 LED 简称发光管，它主要用来作照明灯或指示灯。

1. 发光二极管的分类

（1）按发光的颜色分类

按发光管发光颜色可分成红色、橙色、绿色（又细分黄绿、标准绿和纯绿）、蓝光等多种。

（2）按发光管出光面特征分类

按发光管出光面特征分圆灯、方灯、矩形、面发光管、侧向管、表面安装用微型管等。其中，圆形灯按直径分为 $\phi2mm$、$\phi4.4mm$、$\phi5mm$、$\phi8mm$、$\phi10mm$ 及 $\phi20mm$ 等多种。国外通常把 $\phi3mm$ 的发光二极管记作 T-1，把 $\phi5mm$ 的记作 T-1(3/4)，把 $\phi4.4mm$ 的记作 T-1(1/4)。

（3）按发光强度角分布图分类

发光管按发光强度角分布图可分为标准型、散射型、高指向性型三种。标准型通常用作指示灯，其半值角为 20°～45°，散射型是视角较大的指示灯，半值角为 45°～90°或更大，应用的散射剂量较大。高指向性型一般为尖头环氧封装，或是带金属反射腔封装，且不加散射剂，半值角为 5°～20°或更小，具有很高的指向性，可作局部照明光源用。

（4）按发光二极管的结构分类

按发光二极管的结构可分为全环氧封装、金属底座环氧封装、陶瓷底座环氧封装及玻璃封装等多种。

（5）按发光强度分类

按发光强度和工作电流分为普通亮度发光二极管（发光强度＜10mcd），高亮度发光二极管（发光强度为 10～100mcd），超高亮度的 LED（发光强度＞100mcd）三种。

常见的发光管及其电路符号如图 2-25 所示。

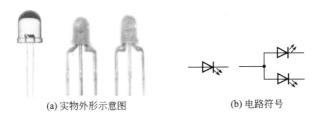

(a) 实物外形示意图　　　　　　(b) 电路符号

图 2-25　发光二极管

2. 发光二极管的主要特性

（1）伏安特性

发光二极管的伏安特性和普通二极管的相似，不过发光管的正向导通电压较大，1.5～3V 之间，常见的发光管导通电压多为 1.8V 左右。

（2）工作电流与发光强度的关系

发光管的工作电流一般为几毫安（mA）至几十毫安，发光管的发光强度基本上与发光二极管的正向电流呈线性关系。

（3）发光强度与环境温度的关系

环境温度越低，发光管的发光强度越大，反之相反。

3. 发光二极管的检测

检测发光二极管时不仅可以使用指针万用表，而且可以使用数字万用表，并且使用数字万用表比较方便。测量方法如下。

首先，将数字万用表置于"二极管"挡，把红表笔接发光二极管的正极，黑表笔接负极，此时不仅显示屏显示 1.766Ω 左右的数值，而且发光管可以发出较弱的光，此时，调换表笔后发光管不能发光管，万用表的显示屏显示的数值为 1Ω，即阻值变为无穷大，说明被测的发光管是正常的，如图 2-26 所示。若阻值异常或发光管不能发光，则说明该发光二极管已损坏。

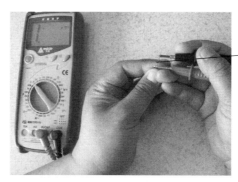

(a) 正向电阻的测量　　　　　　　　　　(b) 反向电阻的测量

图 2-26　发光二极管检测示意图

提示

　　若不清楚发光二极管的正、负极时，可以通过查看管帽内的晶片的体积来确认，体积大晶片所接的管脚是负极、体积小晶片所接的管脚是正极。另外，测量发光管使它发光时，红表笔所接的管脚是正极，黑表笔接的管脚是负极。

十一、红外发光二极管的识别与检测

1. 红外发光二极管的识别

　　红外发光二极管是一种把电能信号直接转换为红外光信号的发光管，虽然它采用砷化镓（GaAs）材料构成，但也具有半导体的 PN 结。红外发光二极管主要应用在彩电、VCD、空调器等设备的红外遥控器内，常见的红外发光二极管如图 2-27 所示，它的电路符号和发光二极管相同。

图 2-27　红外发光二极管

2. 红外发光二极管的检测

提示

　　红外发光二极管管脚极性可以通过它塑料壳内的金属片大小来区分，较小较窄金属片所接的管脚是正极，而较宽较大金属片所接的管脚是负极。

（1）用数字万用表电阻挡检测

使用数字万用表电阻挡检测红外发光二极管时，应采用PN结压降检测挡（二极管挡），如图2-28所示。

首先，将红表笔接红外发光二极管的正极、黑表笔接它的负极，检测它的正向导通压降时，屏幕显示的数值为0.649，调换表笔后测反向导通压降值为1.881，并且被测管闪烁发光。若正向导通压降值过大或为无穷大，说明被测管性能变差开路；若反向导通压降值过小或为0，说明它漏电或击穿。

提示

若采用指针万用表电阻挡检测红外发光二极管时，多采用R×1kΩ挡。

(a) 反向导通压降　　　　　　　　(b) 正向导通压降

图2-28　二极管挡检测红外发光二极管的示意图

提示

图2-28所示的红外发射管是新型发射管，所谓的反向导通压降是内置保护二极管的导通压降值，而正向导通压降是发射管的导通压降。另外，早期发射管无内置二极管，所以反向导通压降为无穷大，并且测正向导通压降时不能发光。

（2）用红外发光二极管检测挡检测

新型的MF47万用表上具有红外发光二极管检测功能，将该表置于红外发光二极管检测挡位上，再将红外发光二极管对准表头上的红外检测管上，随后把另一块MF47型万用表置于R×1Ω挡，用黑表笔接红外发光二极管的正极，用红表笔接它的负极，正常时表头上的接收二极管会闪烁发光，如图2-29所示。

十二、光敏二极管的识别与检测

1. 光敏二极管的识别

光敏二极管也叫光电二极管。光敏二极管与半导体二极管在结构上是类似的，其管芯是一个具有光敏特征的PN结，具有单向导电性，因此工作时需加上反向电压。无光照时，光敏二极管截止，但会有很小的反向漏电流，即暗电流；当受到光照时，形成光电流，它随入射光强度的加强而增大。因此，可以利用光照强弱来改变电路中的电流。常见的光敏二极管实物和电路符号如图2-30所示。

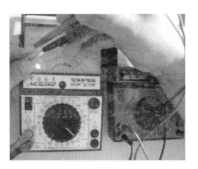

图 2-29　用红外发光二极管检测挡检测
红外发光二极管示意图

(a) 实物　　　(b) 电路符号

图 2-30　光敏二极管

2. 光敏二极管的检测

光敏二极管的检测比较简单，在确认它没有击穿、开路后，让其接收光照，若阻值与未受光照时有明显变化，则说明它正常，否则说明它异常。

十三、双基极二极管的识别与检测

1. 双基极二极管的识别

双基极二极管也叫单结晶体管（UJT），它是一种只有一个 PN 结的三个电极半导体器件。由于双基极二极管具有负阻的电气性能，所以它和较少的元件就可以构成的阶梯波发生器、自激多谐振荡器、定时器等脉冲电路。双基极二极管内部构成与等效电路如图 2-31 所示，它的常见实物和电路符号如图 2-32 所示。

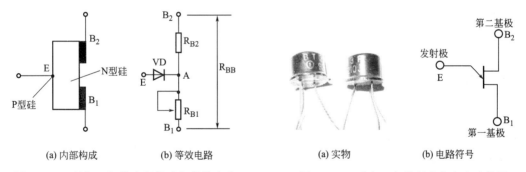

(a) 内部构成　　(b) 等效电路　　　　　　(a) 实物　　　(b) 电路符号

图 2-31　双基极二极管内部构成与等效电路　　　图 2-32　双基极二极管的实物与电路符号

参见图 2-32，双基极二极管有两个基极 B_1、B_2 和一个发射极 E。其中，B_1 和 B_2 与高电阻率的 N 型硅片相接，并且 B_2 与硅片的另一侧有一个 PN 结，在 P 型半导体上引出的电极就是 E 极。因 B_1、B_2 之间的 N 型区域可以等效为一个纯电阻 R_{BB}，所以 R_{BB} 就被称为基区电阻。国产的双基极二极管的 R_{BB} 的阻值范围多为 $2\sim10k\Omega$。又因 R_{BB} 由 R_{B1}（B_1 与 E 间的阻值）和 R_{B2}（B_2 与 E 间的阻值）构成，所以 R_{B1} 的阻值随发射极电流 I_E 大小而变化，就像一只可调电阻。

2. 双基极二极管的特性曲线

双基极二极管的特性曲线如图 2-33 所示。

发射极电压 U_E 大于峰值电压 U_P 是双基极二极管导通的必要条件。U_P 不是一个常数，而是取决于分压比 η 和外加电压 U_{BB} 的大小，即 $U_P = \eta U_{BB} + 0.7V$。由于 U_P 和 U_{BB} 呈线性

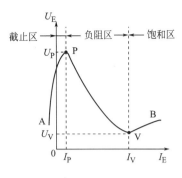

图 2-33 双基极二极管的特性曲线

关系，所以可以得到稳定的触发电压，又由于峰点的电流很小，所以需要的触发电流也很小。

谷点电压 U_V 是维持单结晶体管处于导通状态的最小电压。不同的双基极二极管的谷点电压也不同，一般在 $2\sim5V$ 之间。当 $U_E=U_V$ 时，双基极二极管进入截止状态。

由于双基极二极管是一个负阻器件，对应每一个电流值都有一个确定的电压值，但对应每一个电压值则可能有不同的电流值。根据这一点，可在维持电压不变的情况下，使电流产生跃变，从而获得较大电流的脉冲电流。

3. 双基极二极管管脚的识别

许多双基极二极管的管脚功能通过外观就可以确认，BT31～BT33 等型号的双基极二极管的管脚位置如图 2-34 所示。

4. 双基极二极管的检测

（1）使用数字万用表检测

由于双基极二极管构成的特殊性，所以使用数字万用表测试双基极二极管时，应采用 $20k\Omega$ 挡进行，检测方法如图 2-35 所示。

图 2-34　BT31～BT33 等型号的双基极二极管的管脚布局示意图

首先，将红表笔接双基极二极管 BT33F 的 E 极，黑表笔接它的 B1 极，测得的正向电阻值为 $10.43k\Omega$ 左右，如图 2-35（a）所示；调换表笔后，测得的反向电阻值为无穷大。红表笔接 B2 极时，黑表笔接 E 极时，测得的正向电阻值为 $8.03k\Omega$ 左右；将表笔调换后，反向电阻值为无穷大。而两个基极间的正、反向电阻值基本相同，为 $7.5k\Omega$ 左右。

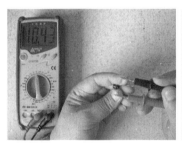

（a）B1、E正向电阻

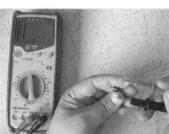

（b）B1、E反向电阻

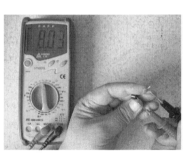

（c）B2、E正向电阻

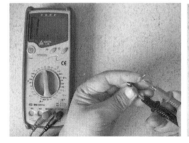

（d）B1、E反向电阻

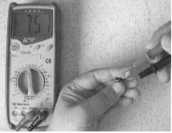

（e）B1、B2正向电阻

（f）B1、B2正向电阻

图 2-35　用数字万用表检测双基极二极管示意图

（2）使用指针万用表检测

使用指针万用表检测双基极二极管时，应先将稳压器置于 R×1k 挡，测量方法与步骤如图 2-36 所示。

首先，将黑表笔接双基极二极管 BT33F 的 E 极，红表笔接它的 B1 极，测得的正向电阻值为 17kΩ 左右；红表笔接它的 B2 极时，测得的正向电阻值为 10.8kΩ 左右；将红表笔接 E 极，黑表笔分别接两个基极，测它的反向电阻值都应为无穷大。而两个基极间的阻值 7.8kΩ。

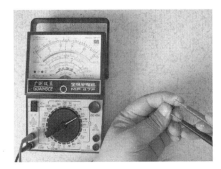
(a) B1、E极正向电阻

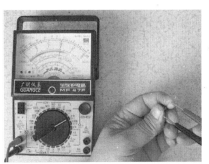
(b) B2、E极正向电阻

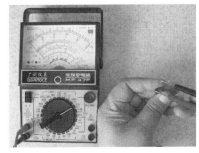
(c) 反向电阻的测量

(d) B1、B2极正向电阻

图 2-36　用指针万用表检测双基极二极管示意图

提示

　　由于双基极二极管的构造的特殊性，所以使用数字万用表的电阻挡和指针万用表的电阻挡测量的结果不同。不过，测量过程中若正向电阻的阻值过大或为无穷大，说明该二极管导通电阻大或开路；若反向电阻的阻值过小或为 0，说明它漏电或击穿。

十四、双向触发二极管的识别与检测

1. 双向触发二极管的识别

双向触发二极管 DIAC 是一种双向的交流半导体器件。它随着双向晶闸管的应用而产生，具有性能优良、结构简单、成本低等优点。双向触发二极管的实物外形、结构、等效电路、电路符号和伏安特性如图 2-37 所示。

参见图 2-37（b）、（e），双向触发二极管属于三层双端半导体器件，具有对称性质，可等效于基极开路，发射极与集电极对称的 NPN 型晶体管。其正、反向伏安特性完全对称，当器件两端的电压 $U < U_{BO}$ 时，管子为高阻状态；当 $U > U_{BO}$ 时进入负阻区。当 $U > U_{BR}$ 时也会进入负阻区。

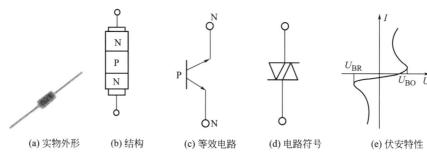

(a) 实物外形　　(b) 结构　　(c) 等效电路　　(d) 电路符号　　(e) 伏安特性

图 2-37　双向触发二极管

提示

U_{BO} 是正向转折电压，U_{BR} 是反向转折电压。转折电压的对称性用 ΔU_B 表示，$\Delta U_B \leqslant 2V$。

2. 双向触发二极管的检测

将指针万用表置于 $R×1k\Omega$ 挡，测量双向触发二极管的正向、反向电阻的阻值都应为无穷大。若阻值过小或为 0，说明该二极管漏电或击穿。

十五、瞬间电压抑制二极管的识别与检测

瞬态电压抑制二极管 TVS 的作用就是抑制电路中瞬间出现的脉冲电压。此类二极管主要应用在彩色电视机、空调器、电话交换机、医疗仪器等电子产品的开关电源中，对开关电源出现的浪涌电压脉冲进行钳位，可以有效地降低由于雷电、电路中感性元件产生的高压脉冲，避免高压脉冲损坏电子产品。

目前应用的瞬间电压抑制二极管有单向（单极）型和双向（双极）型两种。单向 TVS 的电路符号和稳压二极管相同，而双向 TVS 的电路和相当于两个单向 TVS 电路符号的组合，如图 2-38 所示。

1. 瞬间电压抑制二极管的特性

瞬间电压抑制二极管 TVS 的伏安特性曲线如图 2-39 所示。

（1）单向 TVS 的特性

单向 TVS 的正向特性与稳压管基本相同，反向击穿拐点近似"直角"，属于硬击穿，所以单向 TVS 是典型的雪崩电子器件。从击穿点到 U_B 段可以看出，当电路出现瞬间电压时，TVS 的电流急剧增大，而电压则被钳位到标称值。

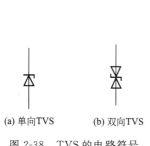

(a) 单向TVS　　(b) 双向TVS

图 2-38　TVS 的电路符号

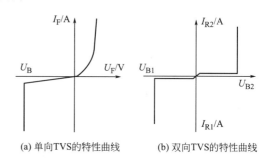

(a) 单向TVS的特性曲线　　(b) 双向TVS的特性曲线

图 2-39　TVS 的伏安特性曲线

（2）双向 TVS 的特性

双向 TVS 的伏安特性曲线犹如两只单向 TVS 的反向特性曲线的组合，即它的正、反两个曲线都具有相同的雪崩击穿、钳位特性。

2. 瞬间电压抑制二极管的主要参数

（1）最大反向漏电流 I_D 和额定反向关断电压 U_{WM}

U_{WM} 是 TVS 连续工作的最大直流或脉冲电压，当这个反向电压加到 TVS 的两极后，它处于反向关断状态，流过它的电流应小于或等于其 I_D。

（2）最大击穿电压 U_{BR} 和击穿电流 I_R

当 TVS 流过规定的 1mA 电流（I_R）时，加入 TVS 两极间的电压为其最大击穿电压 U_{BR}。

（3）最大钳位电压 U_C 和最大峰值脉冲电流 I_{PP}

当持续时间为 $20\mu s$ 的脉冲峰值电流 I_{PP} 流过 TVS 时，在其两极间出现的最大峰值电压就是最大钳位电压 U_C。U_C、I_{PP} 是反映 TVS 抑制瞬间电压的能力。U_C 与 U_{BR} 之比称为钳位因子，一般在 $1.2\sim1.4$ 之间。

（4）电容量 C

电容量 C 的大小由 TVS 雪崩截面决定的，在特定的 1MHz 频率下测得。C 的大小与 TVS 的电流承受能力成正比，C 过大将使信号衰减。因此，该参数是数据接口电路选用 TVS 的重要参数。

（5）最大峰值脉冲功耗 P_M

P_M 是 TVS 能承受的最大峰值脉冲耗散功率。在给定的最大钳位电压的情况下，功耗 PM 越大，其浪涌电流的承受能力越大；在给定的功耗 P_M 的情况下，钳位电压 U_C 越低，其浪涌电流的承受能力越大。另外，峰值脉冲功耗还与脉冲波形、持续时间和环境温度有关，并且 TVS 所能承受的瞬态脉冲是不能重复的，如果出现重复性脉冲，则可能会导致 TVS 损坏。

（6）钳位时间 T_C

钳位时间 T_C 是从零到最大击穿电压 U_{BR} 的时间。通常情况下，该时间越短越好。

（7）漏电流

当最大反向电压加到 TVS 两端时，TVS 就会出现一个漏电流 I_R。当 TVS 用于高阻抗电路时，就应该考虑 I_R 的影响。

3. 瞬间电压抑制二极管的检测

测量单向 TVS 时可按测量普通二极管的方法进行，它的正向电阻的阻值为 $4k\Omega$ 左右，反向电阻为无穷大。若正向阻值过大，说明被测的 TVS 导通电阻大；若反向阻值小，说明它漏电或击穿。

测量双向 TVS 的正、反向电阻的阻值都应为无穷大，若阻值小，说明被测的 TVS 漏电或击穿。

十六、贴片二极管的识别与检测

1. 贴片二极管的识别

随着电路板越来越小型化，贴片二极管应用的越来越多，贴片二极管主要有贴片普通二极管、快恢复整流管、肖特基二极管、稳压二极管、发光二极管、开关二极管等，它的形状主要有矩形片状、圆柱贴片两种。常见的贴片二极管如图 2-40 所示。

(a) 单二极管　　　　(b) 双二极管

图 2-40　贴片二极管

2. 贴片二极管的检测

贴片二极管的测量和直插式二极管相同，不再介绍。

十七、二极管的更换

二极管损坏后最好采用相同种类、相同参数的二极管更换，若没有同型号的二极管，也应采用参数相近的二极管更换，比如双向触发二极管损坏后，必须采用同型号或参数相近的双向触发二极管更换，而不能用双基极二极管更换；再比如，整流桥堆、高压硅堆损坏后应采用相同参数的产品更换；高频整流管损坏后，绝对不能用低频整流管更换。不过，市电整流电路的 1N4007 损坏后，可以用参数相近的 1N4004 更换。

注意

在更换稳压管时必须采用稳压值和功率值相同的稳压管进行更换。

方法与技巧

　　若手头没有整流堆进行代换，也可以采用两只整流管组成整流堆代换半桥整流堆，用四只整流管组成整流堆代换全桥整流堆。另外，贴片二极管损坏后，若没有配件更换时，在安装位置允许的情况下，也可以考虑用相同参数的直插式二极管更换。

第三节　三极管的识别与检测

　　三极管（transistor）也称半导体晶体管或晶体三极管，它也是电子产品中应用最广泛的半导体器件之一。常见的三极管实物如图 2-41 所示。

图 2-41　三极管的实物示意图

一、三极管的分类和构成

1. 分类

（1）按构成材料分类

三极管按构成的材料可分为硅三极管和锗三极管两种。用万用表直流电压挡测量硅管的正向压降一般为 0.5～0.7V，锗管的正向压降多为 0.2～0.4V。

（2）按结构分类

三极管按结构不同可分为 NPN 型与 PNP 型。

（3）按功率分类

三极管按功率可分为小功率三极管、中功率三极管和大功率三极管三种。

（4）按封装结构分类

三极管按封装结构可分为塑料封装三极管和金属封装三极管两种。目前，常用的是塑封三极管。

（5）按工作频率分类

三极管按工作频率可分低频三极管和高频三极管两种。

（6）按焊接方式分类

三极管按焊接方式可分为插入式焊接和贴面式焊接两类。

（7）按功能分类

三极管按功能可分为普通三极管、达林顿三极管、带阻三极管、光敏三极管等多种。常用的是普通三极管。

2. 构成

三极管是在一块半导体基片上制作两个相距很近的 PN 结，两个 PN 结把正块半导体分成三部分，中间部分是基区，两侧部分是发射区和集电区，排列方式有 PNP 和 NPN 两种，从三个区引出相应的管脚，分别为基极 B、发射极 E 和集电极 C，如图 2-42 所示。

发射区和基区之间的 PN 结叫发射结，集电区和基区之间的 PN 结叫集电极。NPN 型三极管的发射区"发射"的是自由电子，其移动方向与电流方向相反，故发射极箭头向外。PNP 型三极管发射区"发射"的是空穴，其移动方向与电流方向一致，故发射极箭头向里。

二、三极管的特性曲线和主要参数

1. 特性曲线

三极管外部各极电压和电流的关系曲线，称为三极管的伏安特性曲线。它不仅能反映三极管的质量与特性，还能用来定量地估算出三极管的部分参数，对分析和设计三极管电路至关重要。

对于三极管的不同连接方式，有着不同的特性曲线。应用最广泛的是共发射极电路，它的特性曲线测试电路如图 2-43 所示，它的特性曲线可以由晶体管特性图示仪直接显示出来，也可以用描点法绘出来。

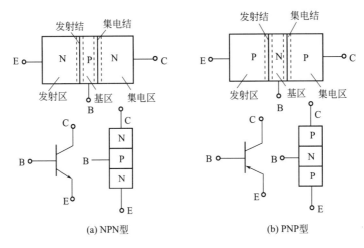

(a) NPN型　　　　　　　　　(b) PNP型

图 2-42　三极管的构成和电路符号

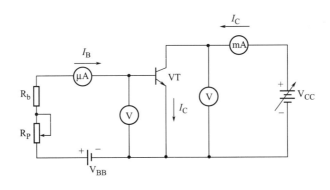

图 2-43　三极管特性曲线测试的实验电路

（1）三极管的输入特性曲线

在三极管共射极电路中，当基极与发射极之间的电压 U_{BE} 维持不同的定值时，U_{BE} 和 I_B 之间的关系曲线，称为共射极输入特性曲线，如图 2-44 所示，该特性曲线有以下两个特点。

一是调节可调电阻 R_P 使三极管 VT 的 b 极有一个开启电压 U_{BE}，在开启期间，虽然 U_{BE} 已大于零，但 I_B 几乎仍为零，只有当 U_{BE} 的值大于开启值后，I_B 的值与二极管一样随 U_{BE} 的增加按指数规律增大。硅晶体管的开启电压值约为 0.5V，发射结导通电压 U_{on} 为 0.6～0.7V；锗晶体管的开启电压值约为 0.2V，发射结导通电压为 0.2～0.3V。

二是三条曲线分别为 $U_{CE}=0V$、$U_{CE}=0.5V$ 和 $U_{CE}=1V$ 三种情况。当 $U_{CE}=0V$ 时，相当于集电极和发射极短路，即集电结和发射结并联，输入特性曲线和二极管的正向特性曲线相类似。当 $U_{CE}=1V$，集电结已处在反向偏置，三极管工作在放大区，集电极收集基区扩散过来的电子，使在相同 U_{BE} 值的情况下，流向基极的电流 I_B 减小，输入特性随着 U_{CE} 的增大而右移。当 $U_{CE}>1V$ 以后，输入特性几乎与 $U_{CE}=1V$ 时的特性曲线重合，这是因为 $U_{CE}>1V$ 后，集电极已将发射区发射过来的电子几乎全部收集走，对基区电子与空穴的复合影响不大，I_B 的变化也不明显。

（2）输出特性曲线

输出特性曲线如图 2-45 所示。由图 2-45 可以看出，输出特性曲线可分为三个区域。

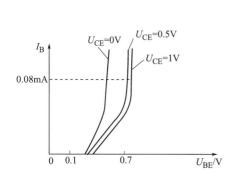

图 2-44　三极管输入特性曲线

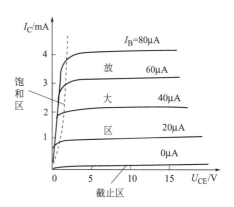

图 2-45　三极管输出特性曲线

① 截止区　指 $I_B = 0$ 的那条特性曲线以下的区域。在此区域里，三极管的发射结和集电结都处于反向偏置状态，三极管失去了放大作用，集电极只有微小的穿透电流 I_{ceo}。

② 饱和区　指绿色区域。在此区域内，对应不同 I_B 值的输出特性曲线簇几乎重合在一起。也就是说，U_{CE} 较小时，I_C 虽然增加，但 I_C 增加不大，即 I_B 失去了对 I_C 的控制能力。这种情况，称为三极管的饱和。饱和时，三极管的发射结和集电结都处于正向偏置状态。三极管集电极与发射极间的电压称为集一射饱和压降，用 U_{CES} 表示。U_{CES} 很小，中小功率硅管的 $U_{CES} < 0.5V$；三极管基极与发射极之间的电压称为基一射饱和压降，以 U_{BES} 表示，硅管的 U_{BES} 在 0.8V 左右。在临界饱和状态下的三极管，其集电极电流称为临界集电极电流，以 I_{CS} 表示；其基极电流称为临界基极电流，以 I_{BS} 表示。这时 I_{CS} 与 I_{BS} 的关系仍然成立。

③ 放大区　在截止区以上，介于饱和区与击穿区之间的区域为放大区。在此区域内，特性曲线近似于一簇平行等距的水平线，I_C 的变化量与 I_B 的变量基本保持线性关系，即 $\Delta I_C = \beta \Delta I_B$，且 $\Delta I_C \gg \Delta I_B$，就是说在此区域内，三极管具有电流放大作用。在放大区，集电极电压对集电极电流的控制作用也很弱，当 $U_{CE} > 1V$ 后，即使再增加 U_{CE}，I_C 几乎不再增加，此时，若 I_B 不变，则三极管可以看成是一个恒流源。

在放大区，三极管的发射结处于正向偏置，集电结处于反向偏置状态。

2. 主要参数

三极管主要技术参数包括直流电流放大倍数、集电极反向截止电流、集电极-发射极反向截止电流、集电极最大电流、集电极最大允许功耗、最大反向击穿电压等。

（1）直流电流放大倍数 h_{FE}

在共发射极电路中，三极管基极输入信号不变化的情况下，三极管集电极电流 I_c 与基极电流 I_b 的比值就是直流电流放大倍数 h_{FE}，也就是 $h_{FE} = I_c / I_b$。直流放大倍数是衡量三极管直流放大能力的最重要参数之一。

（2）交流放大倍数 β

在共发射极电路中，三极管基极输入交流信号的情况下，三极管变化的集电极电流 ΔI_c

与变化的基极电流 ΔI_b 的比值就是交流放大倍数 β，也就是 $\beta = \Delta I_c / \Delta I_b$。

提示

虽然交流放大倍数 β 与直流放大倍数 h_{FE} 的含义不同，但大部分三极管的 β 与 h_{FE} 值相近，所以在应用时也就不再对它们进行严格的区分。

（3）集电极反向截止电流 I_{cbo}

三极管在 e 极开路的情况下，为三极管的 c 极输入规定的反向偏置电压时，产生的集电极电流就是集电极反向截止电流 I_{cbo}。下标中的"O"表示三极管的 e 极开路。

在一定温度范围内，如果集电结处于反向偏置状态后，即使再增大反向偏置电压，I_{cbo} 也不再增大，所以 I_{cbo} 也被称为反向饱和电流。一般的小功率锗三极管的 I_{cbo} 从几微安到几十微安，而硅三极管的 I_{cbo} 通常为纳安数量级。NPN 型和 PNP 型三极管的集电极反向截止电流 I_{cbo} 的方向是不同的，如图 2-46 所示。

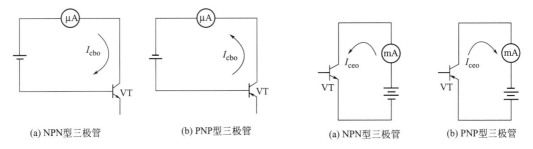

(a) NPN型三极管　　(b) PNP型三极管　　　　　(a) NPN型三极管　　(b) PNP型三极管

图 2-46　NPN 型、PNP 型三极管的 I_{cbo} 示意图　　　图 2-47　NPN 型、PNP 型三极管的 I_{ceo} 示意图

（4）集电极-发射极反向截止电流 I_{ceo}

三极管在 b 极开路的情况下，为三极管的 e 极加正向偏置电压时，为 c 加反向偏置电压时产生的集电极电流就是集电极-发射极反向截止电流 I_{ceo}，俗称穿透电流。下标中的"o"表示三极管的 b 极开路。

NPN 型和 PNP 型三极管的集电极－发射极反向截止电流 I_{ceo} 的方向是不同的，如图 2-47 所示。

提示

I_{ceo} 约是 I_{cbo} 的 h_{FE} 倍，即 $I_{ceo} / I_{cbo} = h_{FE} + 1$。$I_{ceo}$、$I_{cbo}$ 反映了三极管的热稳定性，它们越小，说明三极管的热稳定性越好。实际应用中，它们会随温度的升高而增大，尤其锗三极管更明显。

（5）集电极最大电流 I_{cm}

当基极电流增大使集电极电流 I_c 到一定值后，会导致三极管的 β 值下降，下降到正常的 2/3 时的集电极电流就是集电极允许的最大电流 I_{cm}。实际应用中，若三极管的 I_c 超过 I_{cm} 后，就容易过流损坏。

（6）集电极最大功耗 P_{cm}

当三极管工作时，集电极电流 I_c 在它的 ce 结电阻上产生的压降为 U_{ce}，而 I_c 与 U_{ce} 相乘后就是集电极最大功耗 P_c，也就是 $P_c = I_c U_{ce}$。因 P_c 将转换为热能使三极管的温度升高，所以当 P_c 值超过规定的功率值后，三极管 PN 结的温升会急剧升高，三极管就容易过热损坏，这个功率值就是三极管集电极最大功耗 P_{cm}。

 提示

实际应用中，大功率三极管通常需要加装散热片进行散热，降低三极管的工作温度，来提高它的 P_{cm}。

（7）最大反向击穿电压 BV

当三极管 PN 承受较高电压时，PN 结就会反向击穿，结电阻的阻值急剧减小，结电流急剧增大，使三极管过流损坏。三极管击穿电压高低不仅取决于三极管自身特性，还受外电路工作方式的影响。

最大反向击穿电压用符号 BV 表示，三极管的反向击穿电压包括集电极-发射极反向击穿电压 BV_{ceo} 和集电极-基极反向击穿电压 BV_{cbo} 两种。BV_{ceo} 是指三极管在 b 极开路时，允许加在 c 极和 e 极之间的最高电压。下标中的"o"表示三极管的 b 极开路。BV_{cbo} 是指三极管在 e 极开路时，允许加在 c 极和 b 极之间的最高电压。下标中的"o"表示三极管的 e 极开路。

注意

应用时，三极管的 c、e 极间电压不能超过 BV_{ceo}，同样 c、b 极间电压也不能超过 BV_{cbo}，否则会引起三极管损坏。

（8）频率参数

当三极管工作在高频状态时，就要考虑它的频率参数，三极管的频率参数主要包括截止频率 f_a、f_β 和特征频率 f_T 以及最高频率 f_m。这三个频率参数内最重要的是特征频率 f_T。所谓的特征频率就是三极管工作频率超过一定时，β 值开始下降，当它下降到 1 时，所对应的频率就是特征频率 f_T。当三极管的频率 $f = f_T$ 时，三极管就完全失去了电流放大功能。

提示

正常时，三极管的特征频率 f_T 等于三极管的频率 f 乘以放大倍数 β，即 $f_T = f\beta$。

三、普通三极管的识别与检测

普通三极管是种类最全的三极管，典型的普通三极管实物见图 2-41，电路符号见图 2-42。

1. 管型与管脚的检测

判断三极管管型、管脚（电极）时既可以采用数字万用表的二极管挡，也可以采用指针型万用表的电阻挡。

提示

日本产三极管（如 2SA733、2SC945、2SD1887）的基极都在一侧，而国产三极管（如 3DG12、3DD15、3DK4）的中间脚是基极。

（1）数字万用表判别方法

采用数字万用表判断三极管的管型和管脚时，应将它置于二极管挡。

首先假设三极管的一个管脚为基极，用红表笔接三极管假设的基极，再用黑表笔分别接另两个脚，若测得的导通压降值都为 0.656、0.657 左右，说明假设的①脚的确是基极，并且该管为 NPN 型三极管，如图 2-48（a）所示。

若黑表笔接接假设的基极，用红表笔接另外两个管脚，若显示屏显示的导通压降值为 0.676、0.631 左右，说明该管是 PNP 型三极管，并且假设的①脚就是基极，如图 2-48（b）所示。

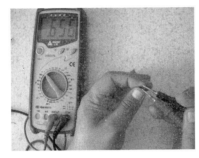

(a) NPN型三极管

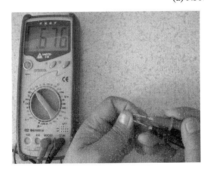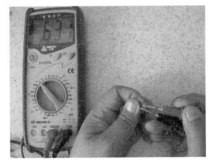

(b) PNP型三极管

图 2-48　数字万用表判别三极管管型与管脚示意图

若测量时不能出现两个相似的导通压降值，说明假设的基极不对，应重新假设基极后继续判断。

（2）指针万用表的判别

采用指针万用表判别三极管的管型和基极时，应将它置于 R×1k 挡，测量步骤如图 2-49 所示。

黑表笔接假设的基极，红表笔接另两个管脚，若测得的正向阻值为 9k 左右，则说明假设的基极正确，并且被判别的三极管是 NPN 型三极管，如图 2-49（a）所示。

若红表笔接基极、黑表笔接另两个管脚，测正向阻值为 9k 左右，则说明红表笔接的管脚是基极，并且被检测的三极管是 PNP 型三极管，如图 2-49（b）所示。

若测量时不能出现两个相似的正向导通阻值，说明假设的基极不对，应重新假设基极后继续判断。

2. 好坏的在路判别

怀疑电路板上的三极管异常时，可先采用在路法测量判断它是否正常，这样可以避免不必要的焊接工序，而且可以缩短维修时间。在路测量时，若所测的阻值低于正常值时，除了

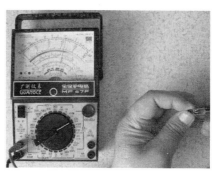

(a) NPN型三极管

(b) PNP型三极管

图 2-49　指针万用表判别普通三极管的管型与基极

怀疑被测的三极管是否异常，还应考虑电路板上是否有小阻值器件与被测三极管并联。

（1）NPN 型三极管

① 使用数字万用表判别　使用数字万用表在路判断 NPN 型三极管的好坏时，应使用 PN 结压降检测挡（二极管挡）检测它的导通压降是否正常，测试方法如图 2-50 所示。

首先，将红表笔接三极管的 b 极，黑表笔接 e 极，测 be 结的正向导通压降时，屏幕显示的电压值为 0.713 左右，如图 2-50(a) 所示；调换表笔后检测时，屏幕显示的数字为 1，说明 be 结的反向导通压降值为无穷大，如图 2-50(b) 所示。随后，将红表笔接三极管的 b 极，黑表笔接 c 极，测 bc 结的正向导通压降值为 0.713 左右，如图 2-50(c) 所示；调换表笔检测时，屏幕显示的数字为 1，说明 bc 结的反向导通压降为无穷大，如图 2-50(d) 所示。最后，测 ce 结的正向导通压降时，显示屏显示的数字为 1.374 左右，如图 2-50(e) 所示；调换表笔后检测，屏幕显示的数字为 1，说明 ce 结的反向导通压降值为无穷大，如图 2-50(f) 所示。

提示

若正向导通压降大，说明三极管导通性能差或开路；若反向导通压降小，说明三极管漏电或击穿。三极管击穿时，万用表上的蜂鸣器会发出鸣叫声。

② 使用指针万用表判别　使用指针万用表在路测量 NPN 型三极管时，将它置于 R×1 挡，测试方法如图 2-51 所示。

首先，用黑表笔接三极管的 b 极，红表笔分别接 e、c 极，所测的正向阻值为 22Ω 左右，

(a) be结正向导通压降

(b) be结反向导通压降

(c) bc结正向导通压降

(d) bc结反向导通压降

(e) ce结正向导通压降

(f) ce结反向导通压降

图 2-50   数字万用表在路检测 NPN 型三极管示意图

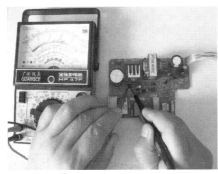

(a) be、bc结正向阻值

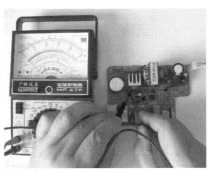

(b) be、bc结反向电阻

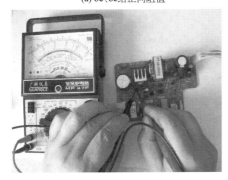

(c) ce结正向电阻

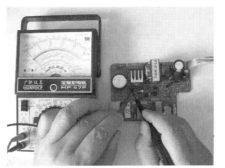

(d) ce结反向电阻

图 2-51   指针万用表在路测量 NPN 型三极管示意图

如图 2-51（a）所示；调换表笔后，测反向电阻值为无穷大，如图 2-51（b）所示。随后，用红表笔接 c 极，黑表笔接 e 极，测 c、e 极间的正向电阻值大于 7Ω，如图 2-51（c）所示；调换表笔后，测得反向电阻值为无穷大，如图 2-51(d) 所示。若数值偏差较大，说明该三极管或与它并联的元件异常。

提示

ce 结正向电阻较小，说明有元件与其并联所致。

（2）PNP 型三极管

① 使用数字万用表判别　使用数字万用表在路判断 PNP 型三极管好坏时，可使用二极管挡通过检测它的导通压降来完成，下面以常见的 9012 为例介绍测试方法，如图 2-52 所示。

黑表笔接三极管的 b 极，红表笔分别接 c 极和 e 极，所测的正向导通压降值都应为 0.72 左右，如图 2-52(a)、(b) 所示；用红表笔接 b 极，黑表笔接 c、e 极时，荧光屏显示的数字为 1，说明它们的反向导通压降值都为无穷大，如图 2-52(c)、(d) 所示；测 c、e 极间的正向导通压降为 1.246 左右，如图 2-52(e) 所示；它的 ce 结反向导通压降值为无穷大，如图 2-52(f) 所示。

(a) be结正向导通压降

(b) bc结正向导通压降

(c) be结反向导通压降

(d) bc结反向导通压降

(c) ce结正向导通压降

(f) ce结反向导通压降

图 2-52　数字万用表在路检测 PNP 型三极管示意图

提示

若正向导通压降大，说明三极管导通性能差或开路；若反向导通压降小，说明三极管漏电或击穿。三极管击穿时，万用表上的蜂鸣器会发出鸣叫声。

② 使用指针万用表判别　使用指针万用表在路测量 PNP 型三极管时，将它置于 R×1 挡，测试方法如图 2-53 所示。

红表笔接三极管的 b 极，黑表笔分别接 c 极和 e 极，测 be、bc 结的正向电阻时，阻值都应为 25Ω 左右，如图 2-53(a) 所示；用黑表笔接 b 极，红表笔接 c 极和 e 极，测 bc、be

结反向电阻值都应为无穷大，如图 2-53(b) 所示。而 ce 结的正向阻值应大于 500Ω，如图 2-53(c) 所示；而 ce 结的反向阻值为无穷大，如图 2-53(d) 所示。否则，说明被测三极管或与它并联的元器件异常。

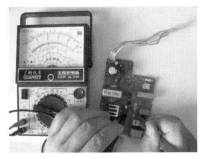

(a) be、bc结正向阻值

(b) be、bc结反向电阻

(c) ce结正向电阻

(d) ce结反向电阻

图 2-53 指针万用表在路测量 PNP 型三极管示意图

3. 好坏的非在路判别

当在路测量三极管异常或购买三极管时，则需要进行非在路测量，确认它们是否正常。

(1) NPN 型三极管

① 使用数字万用表判别 使用数字万用表的二极管挡非在路判断 NPN 型三极管好坏时，将红表笔接三极管的 b 极，黑表笔分别接 c 极和 e 极，正向导通压降分别为 0.654、0.643，如图 2-54(a)、(b) 所示；用黑表笔接 b 极，红表笔接 c、e 极，测得 bc、be 结的反向导通压降值都为无穷大，如图 2-54(c)、(d) 所示；而 c、e 极间的正、反向导通压降值都应为无穷大，如图 2-54(e)、(f) 所示。

② 使用指针万用表判别 使用指针万用表非在路检测 NPN 型三极管时，应先将它置于 R×1k 挡，黑表笔接三极管的 b 极，红表笔分别接 c 极和 e 极，所测得 be、bc 结的正向阻值都应为 9kΩ 左右，如图 2-55(a)、(b) 所示；用红表笔接 b 极，黑表笔接 c 极和 e 极，测 be、bc 结反向电阻值都应该是无穷大，如图 2-55(c)、(d) 所示；ce 结正向、反向电阻值都为无穷大，如图 2-55(e)、(f) 所示。

(2) PNP 型三极管

① 使用数字万用表判别 采用数字万用表判断 PNP 型三极管好坏时，将数字万用表置于二极管挡，黑表笔接三极管的 b 极，红表笔分别接 e 极和 c 极，测 be、bc 结的正向导通压降值分别为 0.674 和 0.631，如图 2-56(a)、(b) 所示；用红表笔接 b 极，黑表笔接 c、e

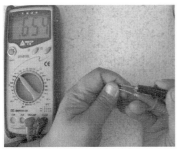
(a) be结正向导通压降

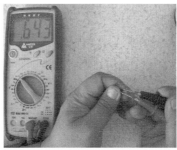
(b) bc结正向导通压降

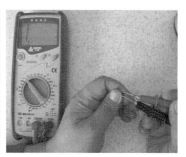
(c) be结反向导通压降

(d) bc结反向导通压降

(c) ce结正向导通压降

(f) ce结反向导通压降

图 2-54　数字万用表非在路判断 NPN 型三极管的好坏

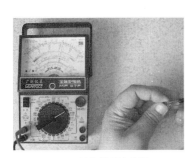
(a) be结正向电阻

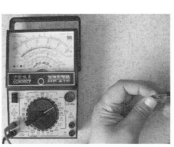
(b) bc结正向电阻

(c) be结反向电阻

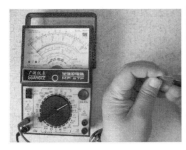
(d) bc结反向电阻

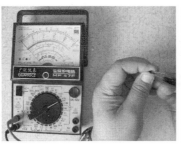
(e) ce结正向电阻

(f) ce结反向电阻

图 2-55　指针万用表非在路测量 NPN 型三极管示意图

极，测得 bc、be 结的反向导通压降值为无穷大，如图 2-56（c）、（d）所示；测 ce 结的正、反向导通压降时也为无穷大，如图 2-56(e)、(f) 所示。

　　② 使用指针万用表判别　使用指针万用表非在路测量 PNP 型三极管时，将指针万用表

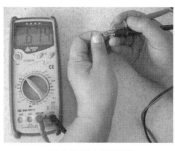 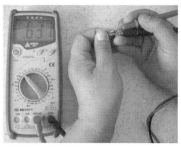 

(a) be结正向导通压降　　　　　　(b) bc结正向导通压降　　　　　　(c) bc结反向导通压降

(d) be结反向导通压降　　　　　　(e) ce结正向导通压降　　　　　　(f) ce结反向导通压降

图 2-56　数字万用表非在路检测 PNP 型三极管示意图

(a) be结正向电阻　　　　　　　(b) bc结正向电阻　　　　　　　(c) be结反向电阻

(d) bc结反向电阻　　　　　　　(e) ce结正向电阻　　　　　　　(f) ce结反向电阻

图 2-57　指针万用表非在路检测 PNP 型三极管示意图

置于 R×100 或 R×1k 挡，测试方法如图 2-57 所示。

　　红表笔接三极管的 b 极，黑表笔分别接 c 极和 e 极，所测的正向电阻值都应在 10.5kΩ 左右，如图 2-57(a)、(b) 所示；用黑表笔接 b 极，红表笔接 c 极和 e 极，反向电阻值都应为无穷大，如图 2-57(c)、(d) 所示。而 c、e 极间的正向电阻值应大于 500Ω，如图 2-57(e) 所示；ce 结的反向电阻值为无穷大，如图 2-57(f) 所示。否则，

(a) 管脚不正确　　(b) 管脚正确

图 2-58　三极管放大倍数检测示意图

说明该三极管已坏。

4. 放大倍数的检测

测三极管的放大倍数 h_{FE} 时，首先要确认被测三极管是 NPN 型，还是 PNP 型，然后将它的 b、c、e 极三个管脚插入万用表面板上相应的 b、c、e 插孔内，再将万用表置于 h_{FE} 挡，显示屏上就会显示三极管的放大倍数，如图2-58所示。若数值较小或为 0，可能是 c、e 极插反了，再将 c、e 管脚调换后插入，此时数值增大到 112，则说明插入的管脚正确；若阻值仍然较小，则说明被测三极管性能差或损坏。

提示

通过检测三极管的放大倍数，不仅可测得它的放大倍数的数值，而且可识别出三极管的管脚。

5. 穿透电流 I_{ceo} 的估测

利用万用表测量三极管的 c、e 极间电阻，可估测出该三极管穿透电流 I_{ceo} 的大小。下面以常见的 NPN 型三极管 2SC945 和常见的 PNP 型三极管 2SA733 为例进行介绍。

（1）NPN 型三极管

参见图 2-59，将万用表置于 R×10kΩ 挡，红表笔接 e 极，黑表笔接 c 极，阻值应为几百千欧，调换表笔后，阻值应为无穷大。如果阻值过小或表针缓慢向右移动，说明该管的穿透电流 I_{ceo} 较大。

（2）PNP 型三极管

参见图 2-60，将万用表置于 R×10k 挡，黑表笔接 e 极，红表笔接 c 极，阻值应为几十

图 2-59　NPN 型三极管穿透电流估测示意图

图 2-60　PNP 型三极管穿透电流估测示意图

千欧到无穷大。如果阻值过小或表针缓慢向右移动，说明该管的穿透电流 I_{ceo} 较大。

> **提示**
>
> 锗材料的 PNP 型三极管的穿透电流 I_{ceo} 比硅材料的 PNP 型三极管大许多。采用 $R \times 1k\Omega$ 测量 ce 结电阻时都会有阻值。

四、行输出管的识别与检测

行输出管是彩色电视机、彩色显示器行输出电路采用的一种大功率三极管。

1. 行输出管的分类

行输出管从封装结构上分两种：一种是金属封装；另一种是塑料封装。行输出管从内部结构上分为两种：一种是不带阻尼二极管和分流电阻；另一种是带阻尼二极管和分流电阻的大功率管。其中，不带阻尼二极管和分流电阻的行输出管和普通三极管的检测是一样的，而带阻尼二极管和分流电阻的行输出管与普通三极管的检测有较大区别。带阻尼二极管、分流电阻的行输出管的实物外形和电路符号如图 2-61 所示。

(a) 实物外形　　　　　　　　(b) 电路符号

图 2-61　行输出管

2. 行输出管的在路测量

检修彩电、彩显行输出电路，怀疑行输出管异常时，可首先进行在路测量，初步判断它是否正常。

> **提示**
>
> 因行输出管的 be 结与行激励变压器的次级绕组并联，所以在路测它的 be 结的正、反向电阻的阻值都为 0。另外，由于行输出管的 ce 结上并联了阻尼二极管，所以测量它的 c、e 间正、反向电阻的阻值时，也就是阻尼二极管的正、反向电阻的阻值。

（1）使用数字万用表测量

使用数字万用表在路测行输出管时，应使用二极管挡，测量步骤如图 2-62 所示。

测行输出管的 b、e 极间的正向、反向电阻时，显示屏显示的数字都为 0；红表笔接 b 极，黑表笔接 c 极，测 bc 结的正向电阻的阻值时，显示屏显示的数字为 0.460；黑表笔接 b 极，红表笔接 c 极，测 be 结的反向电阻时，显示屏显示 1，说明反向阻值为无穷大。用红表笔接 e 极，黑表笔接 c 极，测 ce 结的正向电阻的阻值时，显示屏显示的数字为 0.460；用黑表笔接 e 极，红表笔接 c 极，测 ce 结的反向电阻时，显示屏显示的数值为 1，说明阻值为无穷大。若测量数值偏差较大，则说明该行输出管或与它并联的元件异常。

（2）使用指针万用表测量

(a) be结正、反向电阻

(b) bc结正向电阻

(c) bc结反向电阻

(d) ce结正向电阻

(e) ce结反向电阻

图 2-62　数字万用表在路测量行输出管示意图

　　用指针型万用表在路判别行输出管好坏时，应将万用表置于 R×1Ω 挡，测量步骤如图 2-63 所示。

(a) be结正向电阻

(b) bc结正向电阻

(c) bc结反向电阻

(d) ce结正向电阻

(e) ce结反向电阻

图 2-63　指针万用表在路测量行输出管示意图

　　黑表笔接 b 极、红表笔接 e 极时，正向电阻阻值为 0；而黑表笔接 b 极、红表笔接 c 极时的正向电阻阻值为 10Ω 左右，调换表笔后测 bc 结反向阻值为无穷大。测量 c、e 极间正向电阻的阻值为 10Ω 左右，反向电阻的阻值为无穷大。若测量 b、c 极间和 c、e 极间的阻值不正常时，则说明该行输出管损坏。

3. 行输出管的非在路测量

　　行输出管非在路测量时，不仅可以使用指针万用表，也可以采用数字万用表。下面介绍用数字万用表非在路检测行输出管的方法，方法与步骤如图 2-64 所示。

采用数字万用表非在路测量行输出管时，应使用 200Ω 电阻挡和二极管挡进行测量。首先，用 200Ω 挡测量 b、e 极间的正向、反向电阻值为 42.4，如图 2-64(a)、(b) 所示；再将万用表置于二极管挡，红表笔接 b 极，黑表笔接 c 极，测 bc 结的正向导通压降值为 0.466，如图 2-64(c) 所示；黑表笔接 b 极，红表笔接 c 极时显示的数字为 1，说明 bc 结的反向导通压降值为无穷大，如图 2-64(d) 所示；用红表笔接 e 极，黑表笔接 c 极，测量 ce 结的正向导通压降值时为 0.486，如图 2-64(e) 所示；黑表笔接 e 极，红表笔接 c 极，所测的反向导通压降值为无穷大，如图 2-64(f) 所示。若数值偏差较大，则说明被测的行输出管损坏。

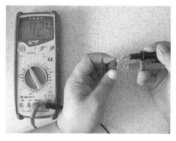

(a) be结正向电阻

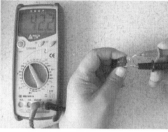

(b) be结反向电阻

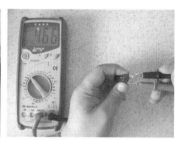

(c) bc结正向导通压降

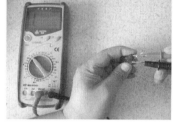

(d) be结反向导通压降

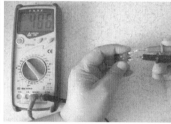

(e) ce结正向导通压降

(f) ce结反向导通压降

图 2-64　行输出管的非在路检测示意图

提示

由于 be 结上并联了分流电阻，所以测量 be 结的正、反向电阻时也就是测量了分流电阻的阻值。而不同的行输出管并联的分流电阻的阻值不尽相同，多为 21～47Ω。

注意

若采用指针型万用表测量行输出管时，测量 be 结的正、反向电阻时都应采用 R×1 挡，测量 bc 结、ce 结的正向电阻时应采用 R×1Ω 或 R×1kΩ 挡，而测量它们的反向电阻时应采用 R×1kΩ 或 R×10kΩ 挡。

五、达林顿管的识别与检测

1. 达林顿管的构成

达林顿管是一种复合三极管，多由两只三极管构成。其中，第一只三极管的发射极直接接在第二只三极管的基极，引出 b、c、e 三个管脚。由于达林顿管的放大倍数是级联三极管放大倍数的乘机，所以可达到几百、几千，甚至更高，如 2SB1020 的放大倍数为 6000。

提示

　　常见的达林顿管多由两只三极管级联构成。

2. 达林顿管的分类与特点

　　达林顿管按功率可分为小功率达林顿管和大功率达林顿管两种；按封装结构可分为塑料封装和金属封装两种；按结构可分为 NPN 型和 PNP 型两种。

　　（1）小功率达林顿管的构成

　　小功率达林顿管内部仅由两只三极管构成，并且无电阻、二极管构成的保护电路。常见的小功率达林顿管实物外形和电路符号如图 2-65 所示。

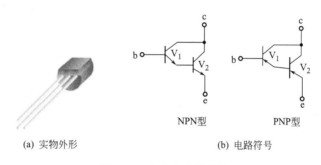

(a) 实物外形　　　　　　　　　　(b) 电路符号

图 2-65　小功率达林顿管

　　（2）大功率达林顿管的构成

　　由于大功率达林顿管内大功率管的温度较高，容易引起达林顿管的热稳定性能下降，这不仅容易导致大功率达林顿管误导通，而且容易导致它损坏。因此，大功率达林顿管在内部设置了过流保护电路。常见的大功率达林顿管的实物和电路符号如图 2-66 所示。

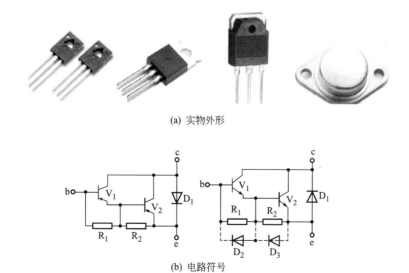

(a) 实物外形

(b) 电路符号

图 2-66　大功率达林顿管

　　参见图 2-66（b），前级三极管 V_1 和大功率管 V_2 的发射结上还并联了泄放电阻 R_1、R_2。

R_1 和 R_2 的作用是为漏电流提供泄放回路。因 V_1 的基极漏电流较小，所以 R_1 可以选择阻值为几千欧姆的电阻，V_2 的漏电流较小，所以 R_2 选择几十欧姆的电阻。另外，V_2 的 ce 结上并联了一只续流二极管 D_1。当线圈等感性负载停止工作后，会在 V_2 的 c 极上产生峰值很高的反向电动势。该电动势通过 D_1 泄放到电源，从而避免了 V_2 被过高的反向电压击穿，实现了过压保护。

3. 达林顿管管型、管脚的识别

提示

　　由于达林顿管的 b、c 极间仅有一个 PN 结，所以 b、c 极间应为单向导电特性，而 be 结上有两个 PN 结，所以正向导通电阻大。通过该特点就可以很快确认管脚功能。

（1）数字万用表判别

参见图 2-67，首先假设 TIP122 的一个管脚为基极，随后将万用表置于二极管挡，用红表笔接在假设的基极上，再用黑表笔分别接另外两个管脚。若显示屏显示数值分别为 0.710、0.624 时，说明假设的管脚就是基极，并且数值小时黑表笔接的管脚为集电极，数值大时黑表笔所接的管脚为发射极，同时还可以确认该管为 NPN 型达林顿管。

提示

　　测量过程中，若黑表笔接一个管脚，红表笔接另两个管脚时，显示屏显示的数据符合前面的数值，则说明黑表笔接的是基极，并且被测量的三极管是 PNP 型达林顿管。

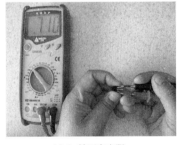
(a) be结正向电阻

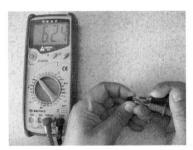
(b) bc结正向电阻

图 2-67　数字万用表判别中功率达林顿管管型及管脚示意图

（2）指针万用表判别

采用指针万用表判别管型和基极时，首先将万用表置于 R×1kΩ 挡，黑表笔接假设的基极，红表笔接另两个管脚时表针摆动，则说明黑表笔接的是基极，接着测另两个管脚，若出现相对的小数值时，说明红表笔接的管脚为集电极，黑表笔所接的管脚为发射极，同时还可以确认该管为 NPN 型达林顿管，如图 2-68 所示。

提示

　　测量过程中，若红表笔接一个管脚，黑表笔接另两个管脚时表针摆动幅度较大，则说明红表笔接的管脚是基极，并且被测量的三极管是 PNP 型达林顿管。

(a) be结正向电阻

(b) bc结正向电阻

(c) ce结正向电阻

图 2-68 指针万用表判别达林顿管管型及管脚示意图

4. 达林顿管好坏的检测

提示

　　由于部分达林顿管（如 TIP 122）的 c、e 极内部并联了二极管，所以测量阻值时与 B、C 极一样，也会呈现单向导电特性。

（1）使用数字万用表测量

使用数字万用表测量达林顿管时，应采用二极管挡，测试步骤如图 2-69 所示。

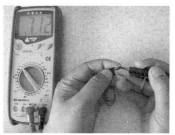

(a) be结正向电阻

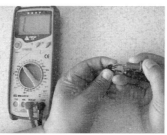

(b) be结正向电阻

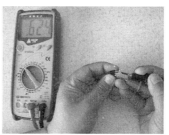

(c) bc结正向电阻

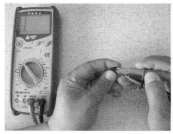

(d) bc结反向电阻

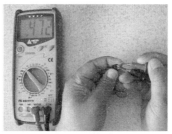

(e) ce结正向电阻

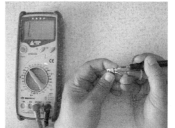

(f) ce结反向电阻

图 2-69 数字万用表检测达林顿管示意图

　　用红表笔接 b 极，黑表笔接 e 极时，测量 be 结的正向电阻的阻值时，显示屏显示的数值为 0.541，调换表笔后显示的数值为 1，说明反向电阻为无穷大；红表笔接 b 极、红表笔接 c 极时，测 bc 结正向电阻时，显示屏显示的数值为 1.853，调换表笔后显示的数值为 1，说明反向阻值为无穷大；黑表笔接 c 极、红表笔接 e 极时，测 ce 结的正向电阻时，显示屏显示的数值为 0.5 左右，调换表笔后显示的数值为 1，说明反向电阻为无穷大。

（2）使用阻值万用表测量

使用指针万用表采用达林顿管时，应将万用表置于 R×1kΩ 挡，测量步骤如图 2-70 所示。

首先，用黑表笔接 b 极，红表笔接 e 极时，测得正向电阻的阻值为 6kΩ 左右，调换表笔后，测得发现电阻的阻值为无穷大；黑表笔接 b 极、红表笔接 c 极时，测得正向电阻的阻值为 6.2kΩ，调换表笔后，测得反向电阻的阻值为无穷大；黑表笔接 e 极、红表笔接 c 极时，测得正向电阻的阻值为 6kΩ 左右，调换表笔后。测得反向电阻的阻值为无穷大。

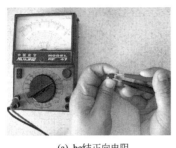 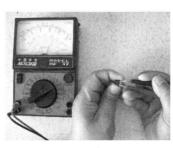 

(a) be结正向电阻   (b) be结反向电阻   (c) bc结正向电阻

(d) bc结反向电阻   (e) ce结正向电阻   (f) ce结反向电阻

图 2-70   指针万用表检测达林顿管好坏的示意图

提示

由于 TIP122 是大功率达林顿管，它的 be 结内并联了泄放电阻，所以使用指针万用表测量它的 be 结反向电阻时有 6.2kΩ 左右的阻值，使用数字万用表的二极管挡并不能测出该电阻的阻值，显示屏显示的数值是无穷大，而换用 20kΩ 电阻挡测量就可以测出该泄放电阻的阻值。

六、带阻三极管的识别与检测

1. 带阻三极管的识别

从外观上看，带阻三极管与普通的小功率三极管几乎相同，但内部构成却不同，它是由一个三极管和 1~2 只电阻构成，如图 2-71(a) 所示。带阻三极管在电路中多用字母 QR 表示。不过，因带阻三极管多应用在国外或合资的电子产品中，所以电路符号各不相同，如图 2-71(b) 所示。

带阻三极管在电路中多被用作"开关"，管中内置的电阻决定它的饱和导通程度，基极电阻 R 越小，三极管导通程度越强，ce 结压降就越低，但该电阻不能太小，否则会影响开关速度。

2. 带阻三极管的检测

带阻三极管的检测方法与普通三极管基本相同，不过在测量 bc 结的正向电阻时需要加上 R_1 的阻值，而测量 be 结正向电阻阻值时需要加上 R_1 的阻值，不过因 R_2 并联在 be 结两端，所以实际测量的 be 结阻值有时会小于 bc 结阻值。另外，bc 结的反向电阻的阻值为无穷大，但 be 结的反向电阻阻值为 R_2 的阻值，所以阻值不再是无穷大。

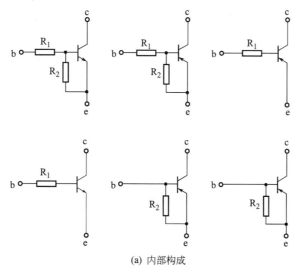

(a) 内部构成

公司 / 类型	松下、东芝、蓝宝	三洋、日电、罗兰士	夏普、飞利浦	日立	富丽、珠波
PNP型					
NPN型					

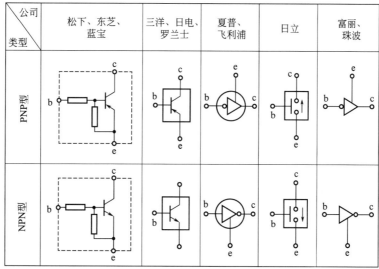

(b) 几种常见的带阻三极管的电路符号

图 2-71　带阻三极管的构成与电路符号

七、光敏三极管的识别与检测

1. 光敏三极管的识别

光敏三极管是在光敏二极管的基础上开发生产的一种具有放大功能的光敏器件。在电路中多用 V 表示，常见的光敏三极管实物外形和电路符号如图 2-72 所示。

（1）光敏三极管的分类与特点

光敏三极管按构成可分为 NPN 型和 PNP 型两种，按放大能力可分为普通型和达林顿型两种。光敏三极管的工作原理可等效为光敏二极管和普通三极管的组合，如图 2-73 所示。

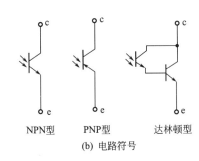

NPN型　　PNP型　　达林顿型

(a) 实物外形　　　　　(b) 电路符号

图 2-72　光敏三极管

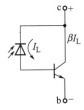

图 2-73　光敏三极管等效电路

参见图 2-73 b、c 极间的 PN 结就相当于一个光敏二极管，有光照时，光敏二极管导通，由其产生的导通电流 I_L 输入到三极管的基极，使三极管导通，它的集电极流过集电极电流 $I_c(\beta I_L)$。由于光敏管的基极输入的是光信号，所以它只有 c、e 极两个管脚。

（2）光敏三极管的主要参数

光敏三极管的主要参数如下。

① 最高工作电压 V_{ceo}　最高工作电压是指光敏三极管在无光照的情况下，c、e 极间漏电流未超过规定电流（$0.5\mu A$）时，光敏三极管 c 极所允许施加的最高电压，范围通常在 10～50V 之间。下标中的"o"表示光敏三极管无光照。

② 暗电流 I_D　暗电流是指光敏三极管在无光照时，光敏三极管 c、e 极间的漏电流，一般小于 $1\mu A$。

③ 光电流 βI_L　光电流是指光敏三极管在有光照时，光敏三极管集电极电流，一般为几毫安。

④ 最大允许功耗 P_{cm}　最大允许功耗是指光敏三极管在不损坏的前提下所承受的最大功耗。

2. 光敏三极管管脚的识别

普通光敏三极管靠近管键（外壳上突出部位）的管脚或者比较长的管脚为发射极，另一个管脚是发射极；达林顿型光敏三极管靠近外壳平口的管脚是集电极，另一个管脚是发射极。

3. 光敏三极管好坏的检测

（1）光敏三极管暗电阻的检测

首先，用黑胶布或黑纸片将光敏三极管的受光窗口包住，再将万用表置于 R×1kΩ 挡，测 c、e 极间的正、反向电阻的阻值都应为无穷大。若有阻值，说明漏电；若阻值为 0，说明击穿。

（2）光敏三极管亮电阻的检测

首先，让光线能够照到光敏三极管的受光窗口上，再将万用表置于 R×1kΩ 挡，测 c、e 极间的正、反向电阻时阻值应为 10～30kΩ。阻值越小，说明光敏三极管的灵敏度越大。若阻值过大或无穷大，说明该管灵敏度低或开路。

八、复合三极管的识别与检测

1. 复合三极管的识别

复合对管是将两只性能一致的三极管封装在一起，复合对管按结构可分为 NPN 型高频小功率对管和 PNP 型高频小功率差分对管两种，按封装结构有金属封装结构和塑料封装结构两种，如图 2-74 所示。

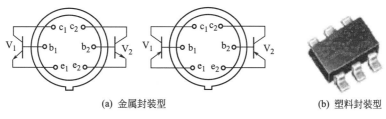

(a) 金属封装型　　　　　　　　　　(b) 塑料封装型

图 2-74　复合对管

2. 复合三极管的检测

复合三极管就是两个三极管的组合，所以测量和普通三极管相同，不再介绍。

九、贴片三极管的识别与检测

1. 贴片三极管的识别

随着电路板越来越小型化，贴片三极管应用越来越多，贴片三极管主要有普通三极管、复合三极管、带阻三极管等。常见的贴片二极管如图 2-75 所示。

图 2-75　贴片三极管

2. 贴片三极管的检测

贴片三极管的测量和直插式三极管相同，不再介绍。

十、三极管的更换

首先，代换前一定要清楚被代换三极管在电路中的作用，三极管在电路中主要是用作信号放大和开关控制。维修中，三极管的代换原则要坚持"类别相同，特性相近"的原则，类别相同是指代换中应选相同品牌、相同型号的三极管，即 NPN 换 NPN 管、PNP 换 PNP 管、硅管换硅管、锗管换锗管。特性相近是指代换中应选参数、外形及管脚相同或相近的三极管代换。大部分高频三极管也可以代替低频三极管，但低频三极管一般不能代换高频三极管。未带阻尼的行输出管多可以用作彩电开关电源的开关管，而部分开关电源的开关管因耐压低，却不能作为行输出管使用。因彩显行输出管的关断时间极短，所以不能用彩电行输出管更换，而彩显行输出管可以代换彩电行输出管。

注意

　　由于大功率管需要的激励电流大，所以有的时候也不能采用功率过大的三极管进行更换，如 BU508 损坏后若使用更大功率的 2SC4111 更换，容易导致 2SC4111

因激励不足而损坏。

方法与技巧

> 　　更换带阻尼二极管的行输出管时尽可能采用同型号行输出管更换，若没有此类行输出管，也可采用不带阻尼二极管的行输出管附加阻尼二极管和分流电阻进行间接代换。阻尼二极管可选用 RU4A 等高反压超快速二极管，分流电阻可选用 27Ω/1W 的金属膜电阻。
>
> 　　更换带阻三极管时尽可能采用同型号三极管更换，若没有此类三极管，也可采用普通三极管附加电阻间接代换。由于不同型号的带阻三极管附加的电阻的阻值不同，所以间接代换时需通过相关资料查到内置元件的参数后进行。
>
> 　　另外，若贴片三极管损坏后，没有此类三极管更换，在安装位置允许的情况下，也可以采用参数相近的直插焊接式三极管进行更换。

第四节 场效应管的识别与检测

一、场效应管的特点

　　场效应管的全称是场效应晶体管，英文名称为 Field Effect Transistor，简写为 FET。场效应管虽然外形与三极管相同，但它的控制特性与三极管却截然不同，三极管属于电流控制型器件，通过控制基极电流来实现对集电极电流或发射极电流控制，所以它的输入阻抗较低，而场效应管则是电压控制型器件，它的输出电流决定受输入电压大小的控制，所以它的输入阻抗较高，此外，场效应管比三极管的开关速度快、高频特性好、热稳定性好、功率增益大、噪声小，因此广泛应用在不同的电子产品内。

二、场效应管的分类与基本原理

1. 分类

　　场效应管按结构的不同可分为结型场效应管和绝缘栅场效应管两种；按工作极性不同又分为 N 沟道和 P 沟道两种；按功率可分为小功率、中功率和大功率三种；按封装材料的不同可分为塑封和金封两种；按焊接方式可分为直插式焊接、扁平式焊接两类；按控制极（栅极）的数量可分为单栅极场效应管和双栅极场效应管两种。而绝缘栅型场效应管又分为耗尽型和增强型两种。常见的场效应管实物如图 2-76 所示。

(a) 直插式焊接   (b) 扁平式焊接

图 2-76   常见的场效应管实物示意图

不管哪种场效应管，都有栅极（gate，简称为 G）、漏极（drain，简称为 D）和源极（source，简称为 S）三个管脚（电极）。场效应管的管脚功能和电路符号如图 2-77 所示。

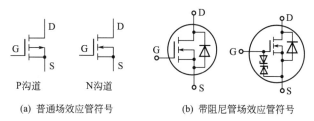

P沟道   N沟道

(a) 普通场效应管符号   (b) 带阻尼管场效应管符号

图 2-77   场效应管的管脚功能和电路符号

2. 基本原理

结型场效应管（JFET）是利用栅、源极间电压 U_{GS} 来控制 PN 结耗尽层的宽窄，从而改变导电沟道的宽度，实现对漏极电流大小的控制。而绝缘栅场效应管（MOS）是利用 U_{GS} 来控制"感应电荷"的多少，来改变由这些"感应电荷"形成的导电沟道的状态，最终实现对漏极电流 I_D 的控制。

三、场效应管的主要参数

1. 结型场效应管的主要参数

（1）饱和漏-源电流 I_{DSS}

将栅极、源极短路，使栅、源极间电压 U_{GS} 为 0，此时为漏、源极间加规定电压后，产生的漏极电流就是饱和漏源电流 I_{DSS}。

（2）夹断电压 V_P

能够使漏源电流 I_{DS} 为 0 或小于规定值的 U_{GS} 就是夹断电压 V_P。

（3）直流输入电阻 R_{GS}

当 U_{GS} 为规定值时，栅、源极间的直流电阻就是直流输入电阻 R_{GS}。

（4）输出电阻 R_D

当 U_{GS} 为规定值时，U_{GS} 变化与其产生的漏极电流的变化之比称为输出电阻 R_D。

（5）跨导 g_m

当栅源极间电压 U_{GS} 为规定值时，漏源电流的变化量与 U_{GS} 的比值称为跨导 g_m。跨导的原单位是 mA/V，新单位是毫西（ms）。这个数值是衡量场效应管栅极电压对漏源电流控制能力的一个参数，也是衡量场效应管放大能力的重要参数。

（6）漏源击穿电压 U_{DSS}

使漏极电流 I_D 开始剧增的漏栅电压 U_{DS} 为漏源击穿电压 U_{DSS}。

（7）栅源击穿电压 U_{GSS}

使反向饱和电流剧增的栅源电压就是栅源击穿电压 U_{GSS}。

2. 绝缘栅型场效应管的主要参数

绝缘栅场效应管的直流输入电阻、输出电阻、漏源击穿电压 U_{DSS}、栅源击穿电压 U_{GSS} 和结型场效应管相同，下面介绍其他参数的含义。

（1）饱和漏-源电流 I_{DSS}

对于耗尽型绝缘栅场效应管，将栅极、源极短路，使栅、源极间电压 U_{GS} 为 0，再使漏、源极电压 U_{DS} 为规定值后，产生的漏极电流就是饱和漏-源电流 I_{DSS}。

（2）夹断电压 V_P

对于耗尽型绝缘栅场效应管，能够使漏源电流 I_{DS} 为 0 或小于规定值的 U_{GS} 就是夹断电压 V_P。

（3）开启电压 V_T

对于增强型绝缘栅场效应管，当在漏源电压 U_{DS} 为规定值时，使沟道可以将漏源极连接起来的最小电压，就是开启电压 V_T。

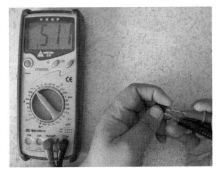

图 2-78　大功率型场效应管
管脚的判别示意图

四、绝缘栅型场效应管的检测

1. 大功率场效应管管脚的判别

由于大功率绝缘栅型场效应管的 D、S 极间并联了一只二极管，所以采用数字万用表检测 D、S 极间的正、反向导通压降时，当出现 0.511 左右的电压值，则说明红表笔接的是 S 极（N 沟道型场效应管）或漏极 D（P 沟道型场效应管），黑表笔接的管脚是 D 极（N 沟道型场效应管）或 S 极（P 沟道型场效应管），而余下的管脚为 G 极，如图 2-78 所示。

2. 大功率场效应管的触发

提示

即使识别出大功率场效应管的 D、S 极，也不能完全确定它是 N 沟道场效应管，还是 P 沟道场效应管，并且对于没有内置二极管的大功率场效应管，则需要通过检测它的触发性能来进一步确认它的管型和管脚功能。

（1）数字万用表触发

使用数字万用表触发大功率场效应管的方法和步骤如图 2-79 所示。

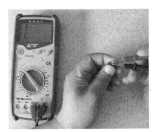
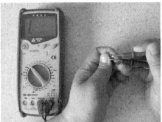
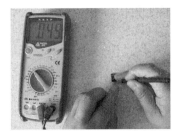

图 2-79　数字万用表触发 N 沟道大功率型场效应管示意图

首先，将数字万用表置于二极管挡，黑表笔接 S 极，红表笔接 D 极，显示屏显示的数字为 1，说明场效应管截止。此时，黑表笔依然接 S 极，用红表笔将 D、G 极短接后，再测 D、S 极间的阻值，阻值应迅速变小，说明该管被触发导通，并且该管为 N 沟道场效应管。若不能导通，说明该管异常或是 P 沟道型场效应管。

提示

由于数字万用表的触发电流较小，所以有的时候多次触发后可以将场效应管触发导通，而有的大功率场效应管是不能被数字万用表触发导通的，检测时不要误判被测场效应管异常，需要采用指针万用表触发或采用代换法判断。场效应管被触发导通后，用表笔的金属部位将触发后的场效应管的三个管脚短接，就可以使该管恢复截止。

（2）指针万用表触发

使用指针万用表触发大功率场效应管的方法和步骤如图 2-80 所示。

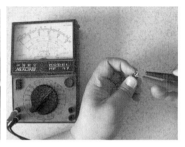

(a) N 沟道场效应管的触发

(b) P 沟道场效应管的触发

图 2-80　指针万用表触发大功率型场效应管示意图

首先，将指针型万用表置于 R×10k 挡，黑表笔接 D 极，红表笔接 S 极，阻值大于 500kΩ，说明它处于关断状态。随后，红表笔仍接 S 极，用黑表笔将 D、G 极短接后，再测 D、S 极的阻值，阻值应迅速变小，说明该管被触发导通，并且该管为 N 沟道场效应管。经前面操作后，D、S 极间阻值为无穷大，说明该管没有被触发导通，此时用黑表笔接 S 极，红表笔接 D 极，并用导线短接 D、G 极后，再测 D、S 极阻值迅速减小，说明该管被触发导通，并且该管为 P 沟道场效应管。

提示

部分场效应管被触发后，D、S 极间的阻值会很小，甚至会近于 0。

3. 大功率场效应管放大能力的估测

以 N 沟道大功率场效应管 2SK2666 为例介绍大功率场效应管放大能力的估测方法，估测方法如图 2-81 所示。

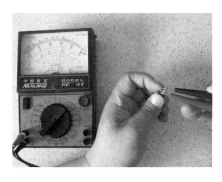 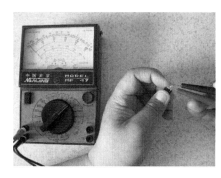

(a)注入前   (b)注入后

图 2-81 N 沟道型大功率场效应管的放大能力估测示意图

首先，按图 2-80 所示方法将场效应管触发导通，如图 2-81(a) 所示，再用手指接触栅极 G，为该极注入人体干扰信号，若万用表的指针能够慢慢地返回到无穷大的位置，则说明该管具有较强的放大能力，如图 2-81(b) 所示。否则，说明该管无放大能力或放大能力较弱。

注意

该估测方法对部分大功率场效应管不适用。

4. 场效应管好坏的检测

对于内置二极管的场效应管，在正常时，除了漏极与源极的正向电阻值较小外，其余各管脚之间（G 与 D、G 与 S）的正、反向电阻值均应为无穷大。若测得它的三个引脚间的阻值都为 0 或很小，则说明该管已击穿短路。确认被测管子的阻值正常后，再按图 2-79、图 2-80 所示的方法对其进行触发，若能够触发导通，说明管子正常，否则说明它已损坏或性能下降。

提示

对于没有内置二极管的场效应管，三个极间的正、反向电阻的阻值都应为无穷大。

五、结型场效应晶体管的检测

1. 管脚与管型的判别

由于结型场效应晶体管的源极和漏极在结构上具有对称性，可以互换使用，所以检测时也可以任意测量结型场效应管任意两个电极之间的正、反向电阻值，若测出某两只电极之间的正、反向电阻均相等，则这两个管脚分别为漏极 D 和源极 S，另一个管脚为栅极 G。

提示

若测得场效应管某两极之间的正、反向电阻值为 0 或为无穷大，则说明该管已击穿或已开路损坏。

2. 放大能力的估测

将指针万用表置于 R×100 挡，红表笔接被测管的 S 极，黑表笔接 D 极，测出 D、S 极之间的阻值 R_{SD} 后，再用手指捏住 G 极，为它注入人体触发信号，此时多数场效应管的 R_{SD} 会增大，表针向左摆动；少数场效应管的 R_{SD} 会减小，表针向右摆动。只要表针有较大幅度的摆动，即说明被测管有较大的放大能力。

六、双栅极场效应晶体管的检测

1. 管脚的判别

将万用表置于 R×100 挡，用两表笔分别测任意两管脚之间的正、反向电阻值。当测出某两脚之间的正、反向阻值均为几十欧姆至几千欧姆（其余各管脚之间的阻值均为无穷大），这两个电极便是漏极 D 和源极 S，另两个管脚为栅极 G1、G2。

2. 估测放大能力

用万用表 R×100 挡，红表笔接 S 极，黑表笔接 D 极，在测量 D、S 极间电阻 R_{SD} 的同时，用手指捏住两个栅极，为它注入人体触发信号，此时如果 R_{SD} 的阻值由大变小，则说明该管有一定的放大能力，并且指针向右摆动的范围越大，说明其放大能力越强；若指针摆动范围小或不摆动，则说明该管放大能力差或没有放大能力。

3. 好坏的判断

首先，用万用表 R×100 挡测量场效应管 S、D 极间的电阻值，正常时的正、反向电阻应为几百欧姆至几千欧，并且黑表笔接 D 极、红表笔接 S 极时测得的电阻值较黑表笔接 S 极、红表笔接 D 极时测得的阻值要略大一点。随后，用万用表 R×10k 挡测量其余各管脚（D、S 之间除外）的电阻值，正常时的阻值都应为无穷大。若阻值不正常，则说明该管性能变差或已损坏。

七、场效应管的更换

维修中，场效应管的更换原则和三极管一样，也是要坚持"类别相同，特性相近"的原则，类别相同是指代换中应选相同品牌、相同类型的场效应管，即 N 沟道管换 N 沟道管，P 沟道管换 P 沟道管；特性相近是指代换中应选参数、外形及管脚相同或相近的场效应管代换。

提示

绝缘栅型场效应管可以代换结型场效应管，但绝缘栅增强型场效管不能用结型场效应管代换。

第五节 晶闸管的识别与检测

一、晶闸管的特点与分类

1. 晶闸管的特点

晶闸管俗称可控硅，是一种能够像闸门一样控制电流大小的半导体器件。晶闸管广泛应用在开关、调速、调光等控制电路内。常见的晶闸管实物如图2-82所示。

图 2-82　晶闸管实物示意图

2. 晶闸管的分类

晶闸管按控制方式可分为单向晶闸管（SCR）、双向晶闸管（TRIAC）、可关断晶闸管（GOT）、温控晶闸管、光控晶闸管、逆导晶闸管、BTG晶闸管、四端小功率晶闸管等多种。

晶闸管按封装结构可分为金属封装晶闸管、塑料封装晶闸管和陶瓷封装晶闸管三类。其中，金属封装晶闸管又包括螺栓形、平板形和圆壳形三种；塑料封装晶闸管又包括带散热片和不带散热片两种。

晶闸管按功率可分为小功率、中功率和大功率三种。

晶闸管按关断速度分为普通晶闸管和快速关断（高频）晶闸管两种。

晶闸管按焊接方式可以分为直插式和扁平式两种。

二、晶闸管的命名方法与主要参数

1. 晶闸管的命名方法

国产晶闸管的型号命名方法主要由四部分组成，各部分的含义如下：

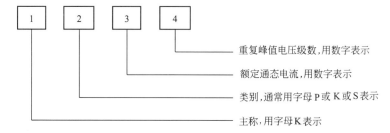

晶闸管型号的各部分字母与含义如表2-6所示。

市场上的晶闸管种类繁多，产品不断更新换代，为了让读者更好地了解晶闸管命名方法和特点，下面通过3个典型的晶闸管型号进行介绍。

表 2-6　晶闸管型号各部分字母与含义

主 体		类 别		额定通态电流/A		重复峰值电压级别/V	
字母	含义	字母	含义	数字	含义	数字	含义
K	晶闸管（可控硅）	P	普通反向阻断型	1	1	1	100
				5	5	2	200
				10	10	3	300
				20	20	4	400
				30	30	5	500
				50	50	6	600
				100	100	7	700
				200	200	8	800
		K	快速反向阻断型	300	300	9	900
				400	400	10	1000
		S	双向型	500	500	12	1200
						14	1400

KP2-6 型表示为额定通态电流为 2A、重复峰值电压为 600V 的普通反向阻断型晶闸管。

KK3-3 型表示为额定通态电流为 3A、重复峰值电压为 300V 的快速反向阻断型晶闸管。

KS5-8 型表示为额定通态电流为 5A、重复峰值电压为 800V 的双向晶闸管。

2. 晶闸管的主要参数

晶闸管的主要参数有正向转折电压 V_{BO}、正向平均漏电流 I_{FL}、通态平均电流 I_T、反向漏电流 I_{RL}、反向击穿电压 V_{BR}、断态重复峰值电压 V_{DRM}、反向重复峰值电压 V_{RRM}、正向平均压降 V_F、控制极（门极）触发电压 V_G、门极触发电流 I_G、门极反向电压和维持电流 I_H 等。

（1）正向转折电压 V_{BO}

正向转折电压 V_{BO} 是指晶闸管在控制极开路且额定结温的状态下，在阳极 A 与阴极 K 之间加正弦半波正向电压，使它由关断状态进入导通状态时所需要的峰值电压。

（2）断态重复峰值电压 V_{DRM}

断态重复峰值电压 V_{DRM} 是指晶闸管在正向阻断时，允许加在 A、K 极或 T1、T2 极间最大的峰值电压。此电压约为正向转折电压减去 100V 后的电压值。

（3）通态平均电流 I_T

通态平均电流 I_T 是指在晶闸管规定环境温度和标准散热条件下，晶闸管正常工作时 A、K 极或 T1、T2 极间所允许通过电流的平均值。

（4）反向击穿电压 V_{BR}

反向击穿电压 V_{BR} 是指晶闸管在额定结温下，为它的 A、K 极或 T1、T2 极加正弦半波正向电压，使它由反向漏电电流急剧增加时对应的峰值电压。

（5）反向重复峰值电压 V_{RM}

反向重复峰值电压 V_{RRM} 是指晶闸管在控制极开路时，它的 A、K 极或 T1、T2 极允许最大反向峰值。此电压为反向击穿电压减去 100V 后的峰值电压。

（6）反向重复峰值电压 I_{RRM}

反向重复峰值电流 I_{RRM} 是指晶闸管关断状态下的反向最大漏电电流值。此电流值应低于 $10\mu A$。

（7）正向平均电压 V_F

正向平均电压 V_F 也叫通态平均电压或通态压降 V_T。它是指晶闸管在规定的环境温度和标准散热状态下，其 A、K 极或 T1、T2 极间的压降平均值。晶闸管的正向平均电压 V_F 通常为 $0.4\sim1.2V$。

（8）控制极触发电压 V_{GT}

控制极触发电压 V_{GT} 是指晶闸管在规定的环境温度下，并且为它的 A、K 极加正弦半波正向电压，使它由关断状态进入导通状态所需要的最小控制极电压。

（9）控制极触发电流 I_{GT}

控制极触发电流 I_{GT} 是指晶闸管在规定的环境温度下，并且为它的 A、K 极加正弦半波正向电压，使它由关断状态进入导通状态所需要的最小控制极电流。

（10）控制极反向电压

控制极反向电压是指晶闸管控制极上所加的额定电压。该电压通常低于 10V。

（11）维持电流 I_H

维持电流 I_H 是指维持晶闸管导通的最小电流。当最小电流小于维持电流 I_H 时，晶闸管会关断。

（12）断态触发峰值电流 I_{DR}

断态重复峰值电流 I_{DR} 是指在关断状态下的正向最大平均漏电电流值。此电流值一般不能大于 $10\mu A$。

三、单向晶闸管的识别与检测

单向晶闸管也叫单向可控硅，它的英文名称是 Sicicon Controlled Rectifier，缩写为 SCR。由于单向晶闸管具有成本低、效率高、性能可靠等优点，所以被广泛应用在可控整流、交流调压、逆变电源、开关电源等电路中。

1. 构成

单向晶闸管属于 PNPN 四层半导体器件，可以等效为两个三极管，它的三个管脚（电极）功能分别是：G 为控制极（或称门极）、A 为阳极、K 为阴极。单向晶闸管的结构、等效电路和电路符号如图 2-83 所示。

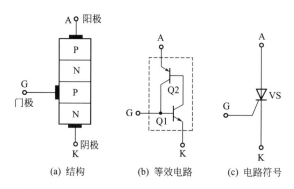

(a) 结构   (b) 等效电路   (c) 电路符号

图 2-83　单向晶闸管的结构、等效电路和电路符号

2. 单向晶闸管的基本特性

参见图 2-83，通过单向晶闸管的等效电路可知，单向晶闸管由一只 NPN 型三极管 Q1

和一只 PNP 型三极管 Q2 组成。当单向晶闸管的阳极 A 和阴极 K 之间加上正极性电压时，它并不能导通，只有它的 G 极输入触发电压后，它才能导通。这是因为 G 极输入的电压加到 Q1 的 b 极，使它导通，它的 c 极电位为低电平，致使 Q2 导通，而 Q2 导通后，它的 c 极输出的电压又加到 Q1 的 b 极，维持 Q1 导通。因此，单向晶闸管导通后，即使 G 极不再输入导通电压，它仍会导通。只有使 A 极输入的电压足够小或为 A、K 极间加反向电压，单向晶闸管才能关断。

3. 单向晶闸管管脚的检测

由于单向晶闸管的 G 极与 K 极之间仅有一个 PN 结，所以这两个管脚间具有单向导通特性，而其他管脚间的阻值应为无穷大。

将数字万用表置于二极管挡，红表笔接 G 极，黑表笔接 K 极，屏幕上显示 0.657 的电压值时，如图 2-84(a) 所示；调换表笔测 G、K 极间反向导通压降值，以及 A、K 极间正、反向导通压降值都应为无穷大，如图 2-84(b) 所示。若 G、K 极间无导通压降值或 A、K 极间有导通压降值，都说明被测单向晶闸管损坏。

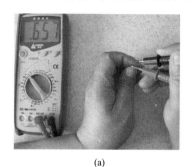 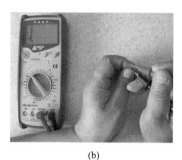

(a)   (b)

图 2-84　检测单向晶闸管好坏示意图

提示

若采用指针万用表通过测量单向晶闸管的极间电阻，判断被测晶闸管是否正常时，应采用 R×100 或 R×1k 挡测量 G、K 极间的正向电阻，而采用 R×10k 挡测量 G、K 极间反向电阻，以及 A、G 极间的正、反向电阻。

4. 单向晶闸管触发能力的检测

业余情况下，可以使用数字万用表检测单向晶闸管的触发能力，也可以使用指针万用表检测。

（1）数字万用表检测

使用数字万用表检测单向晶闸管的触发能力时，需要将万用表置于二极管挡，检测方法如图 2-85 所示。

将黑表笔接 K 极，红表笔接 A 极，显示的数值为 1，说明它处于截止状态，此时用红表笔瞬间短接 A、G 极，随后测 A、K 极之间的阻值迅速变到 0.654 左右，说明晶闸管被触发导通并能够维持导通状态。否则，说明该晶闸管损坏。

提示

由于数字万用表的二极管挡电流较小，所以一般情况下，数字万用表只能触发功率小的单向晶闸管导通，而很难触发功率大的晶闸管使其导通，通常功率大的晶

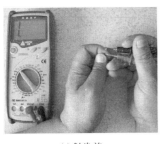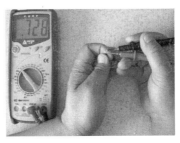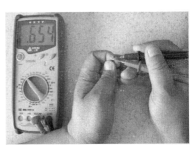

| (a) 触发前 | (b) 触发 | (c) 触发后 |

图 2-85　数字万用表检测单向晶闸管的触发能力

闸管需要采用指针万用表触发或采用代换法进行判断，以免误判。

（2）指针万用表检测

使用指针万用表检测单向晶闸管的触发能力时，应将指针式万用表置于 R×1 挡，检测方法如图 2-86 所示。

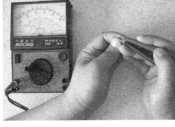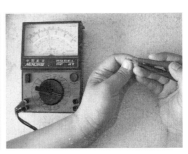

| (a) 触发前 | (b) 触发 | (c) 触发后 |

图 2-86　指针万用表检测单向晶闸管的触发能力

将红表笔接 K 极，黑表笔接 A 极，阻值为无穷大，说明晶闸管截止，如图 2-86(a) 所示；此时，用黑表笔瞬间短接 A、G 极，如图 2-86(b) 所示；随后测 A、K 极之间的阻值为 20Ω 左右，说明晶闸管被触发导通并能够维持导通状态，如图 2-86(c) 所示。否则，说明该晶闸管损坏。

提示

若触发大功率单向晶闸管时，不仅需要将万用表置于 R×1 挡，而且需要在一个表笔上串接 1 节或 2 节 1.5V 电池，通过加大触发电流来提高触发能力。

四、双向晶闸管的识别与检测

双向晶闸管也叫双向可控硅，它的英文缩写为 TRIAC。由于双向晶闸管具有成本低、效率高、性能可靠等优点，所以被广泛应用在交流调压、电机调速、灯光控制等电路中。

1. 双向晶闸管的构成

双向晶闸管是两个单向晶闸管反向并联，所以它具有双向导通性能，即控制极 G 输入触发电流后，无论 T1、T2 间的电压方向如何，它都能够导通。双向晶闸管的等效电路和电路符号如图 2-87 所示。

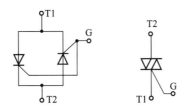

图 2-87　双向晶闸管等效电路和电路符号

2. 双向晶闸管的特性

双向晶闸管与单向晶闸管的主要区别是可以双向导通，并且有四种导通方式，如图2-88所示。

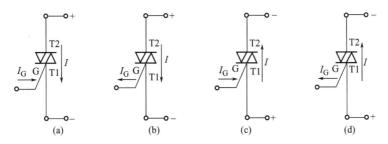

图 2-88　双向晶闸管的 4 种导通状态示意图

当 G 极、T2 极输入的电压相对于 T1 极输入的电压为正时，电流流动方向为 T2 到 T1，T2 为阳极、T1 为阴极。

当 G 极、T1 极输入的电压相对于 T2 极输入的电压为负时，电流流动方向为 T2 到 T1，T2 为阳极、T1 为阴极。

当 G 极、T1 极输入的电压相对于 T2 极输入的电压为正时，电流流动方向为 T1 到 T2，T1 为阳极、T2 为阴极。

当 G 极、T2 极输入的电压相对于 T1 极输入的电压为负时，电流流动方向为 T1 到 T2，T1 为阳极、T2 为阴极。

3. 双向晶闸管的检测

用指针万用表检测双向晶闸管时，先将它置于 R×1Ω 挡，任意测双向晶闸管两个管脚的阻值，当一组的阻值为几十欧姆时，说明这两个管脚为 G 极和 T1 极，剩下的管脚为 T2 极，如图 2-89(a) 所示。随后，假设 T1、G 极中的任意一个脚为 T1 极，用黑表笔接 T1 极，红表笔接 T2 极，此时的阻值为无穷大，说明晶闸管截止，如图 2-89(b) 所示；随后，用表笔瞬间短接 T2、G 极，如图 2-89(c) 所示，再测 T2、T1 极间的阻值若由无穷大变为 20Ω 左右，说明晶闸管被触发导通并维持导通，如图 2-89(d) 所示。调换表笔重复上述操作，结果相同时，说明假定正确。若调换表笔操作时，在短时间内阻值能为几十欧姆，随后增大，则说明晶闸管不能维持导通，假设的 G 极实际为 T1 极，而假定的 T1 极为 G 极。

五、可关断晶闸管的识别与检测

1. 可关断晶闸管的特点

可关断晶闸管也叫门控晶闸管，英文名称为 Gate Turn-Off Thyristor，缩写为 GTO。

(a) T1、G极间阻值

(b) T2与T1间的阻值

(c) 触发

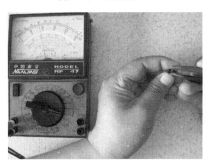
(d) 导通后的T1、T2间阻值

图 2-89　双向晶闸管好坏及触发能力的检测示意图

GTO 也属于 PNPN 四层三端半导体器件，其结构及等效电路和普通晶闸管 SCR 相同。尽管 GTO 与 SCR 的触发导通原理相同，但它们的关断原理及关断方式却截然不同。这是因为 SCR 在导通之后即进入深度饱和状态，而 GTO 在导通后只能处于临界饱和状态，所以 GTO 的 G 极输入负向触发信号后就会关断。因此，可关断晶闸管保留了 SCR 的耐压高、电流大等优点，克服了它不能通过触发信号进行关断的缺陷，所以是理想的高压、大电流开关器件。GTO 的容量及使用寿命均超过巨型晶体管（GTR），只是工作频率比 GTR 低。目前，大功率可关断晶闸管已广泛用于斩波调速、变频调速、逆变电源等领域。中小功率的 GTO 实物外形及符号如图 2-90 所示。大功率 GTO 通常制成模块。

(a) 实物外形 　　　　　　　　　(b) 电路符号

图 2-90　可关断晶闸管实物外形和电路符号

2. 可关断晶闸管的主要参数

可关断晶闸管最主要的参数就是关断增益 β_{off}。它是阳极最大可关断电流 I_{ATM} 与控制极最大负向电流 I_{GM} 之比，一般为几倍至几十倍。β_{off} 值越大，说明控制极电流对阳极电流的控制能力就越强。因此，β_{off} 与晶体管的电流放大倍数 h_{FE} 相似。

3. 可关断晶闸管的检测

下面分别介绍使用万用表识别 GTO 的管脚，检测 GTO 的触发能力和关断能力的方法。

其中，管脚功能、触发能力的检测与和单向晶闸管相同，不再介绍。下面介绍用两块万用表检测 GTO 的关断能力的方法，检测步骤如图 2-91 所示。

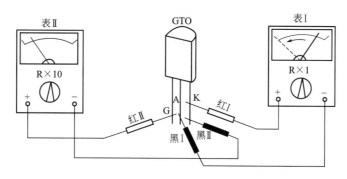

图 2-91   可关断晶闸管的关断能力检测示意图

首先，将万用表 I 置于 R×1Ω 挡，将被测的 GTO 触发导通后，黑表笔接 A 极，红表笔接 K 极，同时将指针万用表 II 拨于 R×10Ω 挡，红表笔接 G 极，黑表笔接 K 极，为 G 极输入负向触发信号，此时表 I 的指针能返回到无穷大的位置，说明 GTO 关断。否则，说明 GTO 不能关断或关断能力差。

提示

　　检测大功率 GTO 器件时，最好在万用表 I 的表笔上串联一节 1.5V 电池，以提高测试电压和测试电流，确保被测的 GTO 能可靠地导通。

六、BTG 晶闸管的识别与检测

由于 BTG 晶闸管既可以作为晶闸管使用，也可以作为单结晶体管使用，所以也被称为程控单结晶体管 PUT 或可调式单结晶体管。BTG 晶闸管的外形和普通晶闸管相似，它的内部构成、等效电路和电路符号如图 2-92 所示。

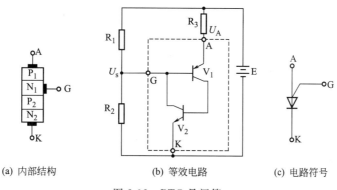

(a) 内部结构　　　　　　(b) 等效电路　　　　　　(c) 电路符号

图 2-92   BTG 晶闸管

1. BTG 晶闸管的特性

参见图 2-92，BTG 晶闸管是一种四层三端逆阻型晶闸管。等效电路是由一只 PNP 型三极管 V_1 和一只 NPN 型三极管 V_2 组成。当它的控制极 G 与阳极 A 和阴极 K 之间分别安装分压电阻 R_1、R_2，并且在 A、K 极间加上正极性电压后，它就可以导通。这是因为供电电压 E 通过 R_1、R_2 取样后，使 V_1 的 b 极电位低于它的 e 极电位 0.7V 后使它导通，从它的 c 极输出电压使 V_2 导通，而它的 c 极电位为低电平，确保控制极的输入电压被切断后，仍可以维持 V_1 的导通状态。

2. BTG 晶闸管管脚的识别

根据 BTG 晶闸管的内部结构可知，其阳极 A、阴极 K 之间和门极 G、阴极 K 之间均包含有多个正、反向串联有 PN 结，而阳极 A 与门极 G 之间却只有一个 PN 结。因此，只要用万用表测出 A 极和 G 极即可。

将指针万用表置于 $R \times 100\Omega$ 挡，两表笔任接被测晶闸管的某两个管脚（测其正、反向电阻值），若测出某对管脚为低阻值时，则黑表笔接的阳极 A，而红表笔接的是门极 G，另外一个管脚则是阴极 K。

3. BTG 晶闸管好坏的检测

若 BTG 晶闸管的 A、G 极间的正向电阻值为无穷大，说明它开路；若测得某两极之间的反向电阻值很小，则说明该晶闸管已短路损坏。

4. BTG 晶闸管触发能力的检测

确认被测的 BGT 晶闸管没有开路或短路后，将指针万用表置于 $R \times 1\Omega$ 挡，黑表笔接 A 极，红表笔接 K 极，再用手指触摸 G 极，为其加一个人体的触发信号，测 A、K 极间的阻值，若阻值变为低阻值，说明晶闸管导通，它的触发能力良好。否则，说明被测的晶闸管的触发性能异常。

七、光控晶闸管的识别与检测

光控晶闸管 LAT 是一种利用光信号触发导通的晶闸管。光控晶闸管属于 PNPN 四层三端器件，它的实物外形、内部结构、等效电路及电路符号如图 2-93 所示。

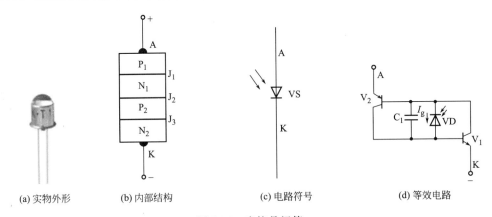

(a) 实物外形　　(b) 内部结构　　(c) 电路符号　　(d) 等效电路

图 2-93　光控晶闸管

1. 光控晶闸管的构成和特性

等效电路是由 NPN 晶体管 V_1、PNP 晶体管 V_2、光电二极管 VD 和消噪电容 C1 组成的。当单向晶闸管的阳极 A 和阴极 K 之间加上正极性电压时，它并不能导通，只有它的控制极有光信号电压输入后，它才能导通。这是因为光晶闸管有光信号输入后，使光电二极管 VD 导通，致使 V_1 导通，它的 c 极电位为低电平，使 V_2 导通，此时 V_2 的 c 极输出的电压又加到 V_1 的 b 极，维持 V_1 的导通状态。因此，光控晶闸管导通后，即使不再有光信号输入，它也会维持导通状态。只有使 A 极输入的电压足够小或为 A、K 极间加反向电压，光控晶闸管才能关断。

2. 光控晶闸管的检测

用指针万用表检测小功率光控晶闸管时，先将它置于 R×1Ω 挡，在黑表笔上串接 1～3 节 1.5V 的电池，测量两管脚之间的正、反向电阻值，若阻值较小，说明晶闸管异常；若阻值为无穷大，再用小手电筒或激光笔照射它的受光窗口，若阻值能变小，说明被测晶闸管已触发导通，并且黑笔接的管脚是阳极 A，红表笔接的管脚是阴极 K。

八、四端小功率晶闸管的识别与检测

1. 四端小功率晶闸管的特点

四端小功率晶闸管也叫硅控制开关 SCS(Silicon Controlled Switch)。它属于新颖、多功能半导体器件。四端小功率晶闸管最大的特点是在 PNPN 的每一层都有一个引出端，所以应用起来特别的灵活。只要改变其接线方式，不仅可构成普通晶闸管(SCR)、可关断晶闸管(GTO)、逆导晶闸管(RCT)、互补型 N 门极晶闸管(NGT)、程控单结晶体管(PUT)、单结晶体管(UJT)，而且还能构成 NPN 型晶体管、PNP 型晶体管、肖克莱二极管、3 种稳压二极管、N 型或 P 型负阻器件等，不同的接线方式所对应的功能如表 2-7 所示。其中，肖克莱二极管 SKD(Shoc kley Diode)属于四层、高速、可控半导体整流二极管，可作为开关二极管或触发器应用在激光脉冲发生器中。除表 2-7 中所列的用途之外，四端小功率晶闸管还可应用在继电器驱动器、延时电路、脉冲发生器、高灵敏度电平检测器等电路中。因此，它被称为"万能"器件。

表 2-7 四端小功率晶闸管的多种用途

序号	接线方式	电路功能	对应管脚[①]	主 要 特 点
1	G_A 开路	普通晶闸管(SCR)	G_K,A,K (G,A,K)	高灵敏度晶闸管,K 门极触发电流仅几微安
2		可关断晶闸管(GTO)	G_A,G_K,A, K(G,A,K)	用 G_A、G_K 端均可控制 GTO 的导通与关断
3	G_A 与 A 短接	逆导晶闸管(RCT)	G_K,A,K (G,A,K)	其正向特性与普通晶闸管相同,反向特性与硅整流二极管的正向特性相似
4	G_K 开路	程控单结晶体管(PUT)	G_A,A,K (G,A,K)	外接可调式分压电阻器 R_1、R_2,分压比 η_V 可变
5	G_K 开路	单结晶体管(UJT)	G_A,A,K (E,B_2,B_1)	外接固定式分压电阻器 R_{B1}、R_{B2},分压比 η_V 固定
6	G_A 与 A 短接	NPN 型硅晶体管(T_1)	A,G_K,K (C,B,E)	利用万用表可测出其电流放大系数 h_{FE1}
7	G_K 与 K 短接	PNP 型硅晶体管(T_2)	A,G_A,K (E,B,C)	利用万用表可测其电流放大系数 h_{FE2}
8	G_A、G_K 开路	肖克莱二极管(SKD)	A,K (+,−)	可控半导体整流二极管
9	G_K、K 开路	稳压二极管(D_{Z1})	A,G_A (+,−)	稳定电压[②]: V_{Z1}=90V(典型值)
10	A、K 开路	稳压二极管(D_{Z2})	G_K,G_A (+,−)	稳定电压: V_{Z2}=80V(典型值)
11	A、G_A 开路	稳压二极管(D_{Z3})	G_K,K (+,−)	稳定电压: V_{Z3}=4V(典型值)

① 括弧内是所对应器件的管脚符号。

② 器件在反向击穿状态下的稳压值。

2. 四端小功率晶闸管的构成

四端小功率晶闸管属于 PNPN 四层四端器件，其内部结构、等效电路及符号如图 2-94 所示。等效电路是由 NPN 晶体管 V_2 和 PNP 晶体管 V_1 组成的。四个引出端分别是阳极 A、阴极 K、阳极控制极 G_A、阴极控制极 G_K。由于其门极触发电流极小（几微安），开关时间 $(t_{ON}、t_{OFF})$ 极短，所以它相当于一只高灵敏度的小功率晶闸管。容量一般为 60V/0.5A，大多采用金属壳封装，管径为 8mm，管脚排列顺序如图 2-94(d) 所示。典型的四端小功率晶闸管有 3N58、3N81、3SF11、MAS32 等型号。

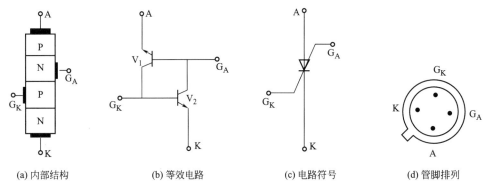

(a) 内部结构　　　　(b) 等效电路　　　　(c) 电路符号　　　　(d) 管脚排列

图 2-94　四端小功率晶闸管

3. 四端晶闸管好坏的检测

采用指针万用表测量时，应将它置于 R×1kΩ 挡，测各个极间的电阻如表 2-8 所示。若测得某两极之间的正、反向电阻值均较小，说明极间漏电或击穿；若阻值都为无穷大，说明极间开路。

表 2-8　四端小功率晶闸管各管脚间的阻值

红表笔	G_A	A	G_A	G_K	K	G_K	阻值/kΩ	4~12	∞	2~11	∞	4~12	∞
黑表笔	A	G_A	G_K	G_A	G_K	K							

4. 触发能力的检测

G_A 触发能力的检测：用万用表 R×1kΩ 挡，黑表笔接 A 极，红表笔接 K 极，此时电阻值为无穷大。随后，用表笔将 K 极与 G_A 极瞬间短接，给 G_A 极输入负触发脉冲电压后，A、K 极间的阻值由无穷大迅速变为低阻值，说明晶闸管被触发导通。否则，说明 G_A 极的触发性能差。

G_K 触发能力的检测：用万用表 R×1kΩ 挡，黑表笔接 A 极，红表笔接 K 极，此时电阻值为无穷大。随后，用表笔将 A 极与 G_K 极瞬间短接，给 G_A 极加上正触发脉冲电压后，A、K 极间的阻值由无穷大迅速变为低阻值，说明晶闸管被触发导通，否则说明 G_K 极的触发能力差。

提示

　　若 R×1kΩ 不能将被测的晶闸管触发导通，可减小挡位，甚至使用 R×1Ω 挡也不能触发其导通，则说明被测的晶闸管触发性能异常。

5. 关断性能的检测

在四端小功率晶闸管进入触发导通状态后，若将 A 极与 G_A 极或 K 极与 G_K 极瞬间短路，A、K 极之间的电阻值由低阻值变为无穷大，则说明被测晶闸管的关断性能良好。

6. 逆导性能的检测

分别将被测的晶闸管的 A 极与 G_A 极、K 极与 G_K 极短接后，再将万用表置于 R×1kΩ 挡，黑表笔接 A 极，红表笔接 K 极，正常时阻值应为无穷大；再调换表笔后测量，K、A 极间的阻值应能变为数千欧姆的导通值。

九、逆导晶闸管的识别与检测

逆导晶闸管 RCT（Reverse Conducting Thyristir）也叫反向导通晶闸管。

1. 逆导晶闸管的特点

逆导晶闸管的特点是在晶闸管的阳极与阴极之间反向并联一只二极管，使它具有耐高压、耐高温、关断时间短、通态电压低等优点。逆导晶闸管的关断时间仅几微秒，工作频率达到几十千赫，超过了快速晶闸管（FSCR）。一只

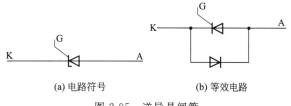

(a) 电路符号 (b) 等效电路

图 2-95 逆导晶闸管

RCT 就可以胜任一只晶闸管和一只续流二极管的功能，不仅使用方便，而且简化了电路结构，所以 RCT 更适用于大功率开关电源、UPS 不间断电源。逆导晶闸管的电路符号与等效电路如图 2-95 所示。

> **提示**
>
> 逆导晶闸管的典型产品有美国无线电公司（RCA）生产的 S3900MF，其采用 TO-220 封装，三个管脚功能与 SCR 相同，也是控制极（门极）G、阳极 A、阴极 K。S3900MF 的主要参数是：断态重复峰值电压 U_{DRM}＞750V；通态平均电流 I_T（AV）为 5A；最大通态电压 U_T 为 3V（IT＝30A）；最大反向导通电压 U_{TR}＜0.8V；最大控制极触发电压 U_{GT} 为 4V；最大门极触发电流 I_{GT} 为 40mA；关断时间 t_{off} 为 2.4μs；通态电压临界上升率 du/dt 为 120V/μs；通态浪涌电流 I_{TSM} 为 80A。

2. 逆导晶闸管管脚的检测

根据逆导晶闸管的等效电路可知，它的 A 极与 K 极间并接有一只二极管，而 G 极与 K 极之间有一个 PN 结。因此，用数字万用表的二极管挡测量各电极间的阻值时，会发现有一个管脚与另外两个管脚间正、反向测量时均会出现一次 0.55 左右的数值，这个管脚就是 K 极。将红表笔接 K 极，用黑表笔依次去触碰另外两个管脚，显示为 0.55 左右数值的一次测量中，则说明黑表笔接的是 A。而余下的管脚则是 G 极。

3. 逆导晶闸管好坏的测量

用数字万用表测量逆导晶闸管时，首先将它置于二极管挡，正常时，测量的 A 极与 K 极之间的正向电阻值时，显示屏显示的数字为 0.5 左右，调换表笔后测反向电阻时，显示屏显示的数字为 1，说明反向阻值为无穷大；测量的 A 极与 G 极间的正、反向电阻时，都显示 1；测量 G 极与 K 极间正向电阻值时，显示的数字为 0.5 左右，测反向阻值时显示的数字为 1。若测得极之间的正、反向电阻值均很小，则说明晶闸管内部短路；若测 G 与 K、A 与 K 极间的正向阻值过大，则说明该晶闸管内部开路。

4. 逆导晶闸管触发能力的检测

将指针万用表置于 R×1Ω 挡，黑表笔接 A 极，红表笔接 K 极，将 A、G 极间瞬间短路，万用表上的读数会由无穷大变为低阻值，说明晶闸管被触发导通，否则，说明被测晶闸管的触发能力异常。

 提示

触发大功率逆导晶闸管时，应在黑表笔或红表笔上串接 1～3 节 1.5V 电池。

十、温控晶闸管的识别与检测

温控晶闸管的结构与普通单向晶闸管的结构相似，也是由 PNPN 四层半导体材料构成的三端晶闸管，并且电路符号也与普通晶闸管相同，但在制作上有一定的区别，温控晶闸管中间的 PN 结中加了氩离子等对温度敏感的材料，所以它可以对 −40～130℃ 的温度进行采集，不同温度时，温控晶闸管由关断到导通的转折电压不同，一般情况下是温度越高，转折电压越高。

十一、晶闸管的更换

维修中，晶闸管的更换原则和三极管一样，也是要坚持"类别相同，特性相近"的原则，类别相同是指代换中应选相同品牌、相同型号的场效应管，即单向晶闸管换单向晶闸管，双向晶闸管换双向晶闸管；特性相近是指代换中应选参数、外形及管脚相同或相近的晶闸管代换。

 **第六节 IGBT 的识别与检测**

一、IGBT 的构成与特点

IGBT 是绝缘栅双极型晶体管的缩写，由场效应管和大功率双极型三极管构成，IGBT 将场效应管的开关速度快、高频特性好、热稳定性好、功率增益大及噪声小等优点与双极型大功率三极管的大电流低导通电阻特性集于一体，是性能较高的高速、高压半导体功率器件。它具有的特点：一是电流密度大，是场效应管的数十倍；二是输入阻抗高，栅极驱动功率极小，驱动电路简单；三是低导通电阻，在给定芯片尺寸和 BU_{ceo} 的情况下，其导通电阻 R_{ce} 低于场效应管的 R_{ds} 的 10%；四是击穿电压高，安全工作区大，在瞬态功率较大时不容易损坏；五是开关速度快，关断时间短，耐压为 1k～1.8kV 的 IGBT 的关断时间约为 $1.2\mu s$，而耐压为 600V 的 IGBT 的关断时间约为 $0.2\mu s$，仅为双极型三极管的 10% 左右，接近功率型场效应管，并且开关频率达到 100kHz，开关损耗仅为双极型三极管的 30%。因此，IGBT 克服了功率型场效应管在高压大电流下出现导通电阻大、输出功率下降、发热严重的缺陷。因此，IGBT 广泛应用在电磁炉等电子产品中。它的实物外形和电路符号如图2-96所示。

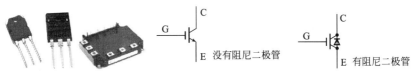

(a) 实物外形　　　　　　　　　　　　(b) 电路符号

图 2-96　IGBT 管

参见图 2-96(b)，IGBT 的 G 极和场效应管一样，是栅极或控制极，C、E 极和普通三极管一样，C 极是集电极，E 极是发射极。

二、IGBT 的主要参数

IGBT 的主要参数和大功率三极管基本相同，主要的参数是 BU_{ceo}、P_{CM}、I_{CM} 和 β。其中，BU_{ceo} 是最高反向电压，它表示 IGBT 的集电极与发射极之间最高反向击穿电压；I_{CM} 是最大电流，它表示 IGBT 的集电极最大输出电流；P_{CM} 是最大耗散功率，它表示 IGBT 的集电极最大耗散功率；β 是 IGBT 的放大倍数。

提示

电磁炉的功率逆变管应选取 $BU_{ceo} \geqslant 1000V$、$I_{CM} \geqslant 7A$、$P_{CM} \geqslant 100W$、$\beta \geqslant 40$ 的 IGBT。

三、IGBT 的检测

测量 IGBT 时需使用数字万用表的二极管挡。下面以 GT40Q321 为例介绍 IGBT 的检测方法。

1. 在路测量

怀疑电路板上的 IGBT 异常时，可利用万用表的二极管挡在路测量它的三个极间的阻值进行判断，测量方法如图 2-97 所示。

提示

由于 GT40Q321 内置阻尼管，所以测量它的 C、E 极间电阻的阻值和测量二极管一样。而测量不含阻尼管的 IGBT 时，它的三个极间电阻均应为无穷大。若三个极间的阻值都不正常，说明功率管异常；若 C、E 两个极间阻值异常，说明 300V 供电的滤波电容异常。

2. 非在路测量

在路检测后怀疑 IGBT 异常或购买 IGBT 时需要对 IGBT 采用非在路检测。非在路检测方法如图 2-98 所示。

提示

部分资料介绍 N 沟道型场效应管和大功率双极型三极管构成的 IGBT 也可采用和 N 沟道型场效应管一样的触发导通方法进行测试，实际验证该方法行不通。

(a) 红表笔接G极、黑表笔接E极

(b) 红表笔接E极、黑表笔接G极

(c) 红表笔接G极、黑表笔接C极

(d) 红表笔接E极、黑表笔接G极

(e) 红表笔接E极、黑表笔接C极

(f) 红表笔接C极、黑表笔接E极

图 2-97 IGBT 的在路检测示意图

(a) 红表笔接G极、黑表笔接E极

(b) 红表笔接E极、黑表笔接G极

(c) 红表笔接G极、黑表笔接C极

(d) 红表笔接C极、黑表笔接G极

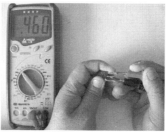
(e) 红表笔接E极、黑表笔接C极

(f) 红表笔接C极、黑表笔接E极

图 2-98 IGBT 的非在路检测示意图

四、IGBT 的更换

　　维修中，IGBT 的代换应选相同品牌、相同型号的 IGBT 管，若没有相同型号的 IGBT，要选用参数、外形及管脚相同或相近的 IGBT 管代换。另外，采用有二极管（阻尼管）的 IGBT 代换没有阻尼管的 IGBT 时应拆除电路板上的阻尼管，而采用没有阻尼管的 IGBT 代换有阻尼管的 IGBT 时应在它的 C、E 极的管脚上加装一只阻尼管。

电子元器件识别与检测 *完全掌握*

电感器件的识别与检测

第三章

电感器件就是通过自感或互感原理工作的器件，主要包括电感线圈、变压器、电流互感器、电压互感器等器件。本章主要介绍电感线圈、变压器、电流互感器的识别与检测。

第一节 电感线圈

电感线圈简称电感，它是一种电抗器件，在电路中用字母"L"表示。它在电路里主要的作用是扼流、滤波、调谐、延时、耦合、补偿等。

一、电感的识别

将一根导线绕在磁芯上就构成一个电感，一个空芯线圈也属于一个电感。

1. 电感的特性

电感的主要物理特性是将电能转换为磁能，并储存起来，它是一个储存磁能的元件。电感在电路中的一些特殊性质与电容刚好相反。电感中的电流不能突变，这与电容两端的电压不能突变的原理相似。因此，在电路分析中常称电感为"惯性元件"。

2. 电感的单位

电感的单位是亨（H），常用的单位有毫亨（mH）、微亨（μH），其换算关系是：$1H = 1000mH$，$1mH = 1000\mu H$。

二、电感的主要参数、分类

1. 电感的主要参数

（1）电感量 L

电感量 L 表示线圈本身固有特性，与电流大小无关。除专门的电感线圈（色码电感）外，电感量一般不专门标注在线圈上，而以特定的名称标注。

（2）感抗 XL

电感线圈对交流电流阻碍作用的大小称为感抗 XL。它与电感量 L 和交流电频率 f 的关系为 $XL = 2\pi fL$。

（3）品质因素 Q

品质因素 Q 是表示线圈质量的一个物理量，Q 为感抗 XL 与其等效的电阻的比值，即 $Q = XL/R$。线圈的 Q 值愈高，回路的损耗愈校线圈的 Q 值与导线的直流电阻，骨架的介质损耗，屏蔽罩或铁芯引起的损耗，高频趋肤效应的影响等因素有关。线圈的 Q 值通常为几十到几百。

（4）分布电容

线圈与屏蔽罩间、线圈与底板间形成的电容称为分布电容。分布电容的存在使线圈的 Q 值减小，稳定性变差，因而线圈的分布电容越小越好。

2. 电感的分类

电感按使用特征可以分为固定电感和可变电感两种；按导磁体性质可分为空芯线圈、铁氧体线圈、铁芯线圈和铜芯线圈等多种；按工作性质可分为天线线圈、振荡线圈、扼流线圈、陷波线圈、偏转线圈等多种；按绕线结构可分为单层线圈、多层线圈和蜂房式线圈等多种；按焊接方式可分为直插焊接式和贴面焊接式两种方式。

提示

单层线圈是用绝缘导线一圈挨一圈地绕在纸筒或胶木骨架上。如晶体管收音机中波天线线圈。

蜂房式线圈的平面不与旋转面平行，而是相交成一定的角度。而其旋转一周，导线来回弯折的次数，常称为折点数。蜂房式绕法的优点是体积小，分布电容小，而且电感量大。蜂房式线圈都是利用蜂房绕线机来绕制，折点越多，分布电容越小。

注意

有的电感体积很大，从外观上很容易判断，但有的电感的外形与电阻、电容类似，很容易搞错，所以实际测量时要注意区分。

三、典型电感的识别

1. 空心电感

所谓的空心电感就是导线在非磁导体绕制而成，这种电感的电感量小，无记忆，很难达到磁饱和，所以得到了广泛的应用。典型的空心电感和电路符号如图 3-1 所示。

(a) 实物外形　　　(b) 电路符号

图 3-1　空心电感

提示

所谓磁饱和就是周围磁场达到一定饱和度后，磁力不再增加，也就不能工作在线性区域了。

2. 铁氧体电感

铁氧体是一种由四氧化三铁 Fe_3O_4、三氧化二铁 Fe_2O_3 和其他一些材料构成的磁导体。而铁氧体电感就是在铁氧体的上面或外面绕上导线构成的。这种电感的优点是电感量大、频率高、体积小、效率高，但也存在容易磁饱和的缺点。常见的铁氧体电感和电路符号如图 3-2 所示。

(a) 实物外形　　　　　　　(b) 电路符号

图 3-2　铁氧体电感

黑白电视机、彩色电视机、彩色显示器采用的偏转线圈就是铁氧体电感，并且大屏幕彩色电视机、彩色显示器行输出电路用的行线性校正线圈和枕形失真校正线圈也是铁氧体电感。

3. 可调电感

可调电感就是利用旋动磁芯在线圈中的位置来改变电感量，这种调整比较方便。常见的可调电感如图 3-3 所示。彩色电视机和收音机的中周采用的就是可调电感。

（1）色环电感

色环电感的外形和普通电阻基本相同，色环来标记是用来标注电感量的。色环电感的实物外形如图 3-4 所示，它的电路符号和空心电感或铁氧体电感的电路符号相同。

(a) 实物外形　　　(b) 电路符号

图 3-3　可调电感　　　图 3-4　色环电感　　　图 3-5　贴片电感

（2）贴片电感

贴片电感的外形和贴片电阻、贴片电容基本相同，主要有片状和圆柱状两种，常见的贴片电感的实物外形如图 3-5 所示，它的电路符号和空心电感或铁氧体电感的电路符号相同。

四、电感量的标注

电容的容量通常采用直标法、色环标注法、色点标注法三种标注方法。

1. 直标法

直标法就是直接在电感表面上标明其电感量的大小，如 $3.3\mu H$、$5.6mH$ 等。

2. 色环标注法

色环标注法就是利用 3 道、4 道色环表示电感的电感量大小，紧靠电感引脚一端的色环为第 1 色环，以后依次为第 2 色环、第 3 色环。第 1 色环、第 2 色环是有效数字，而第 3 色环是所加的"0"的个数，各色环颜色代表的数值与色环电阻、色环电容一样，若电感表面标注的色环颜色依次为橙、橙、黑、金，表明该电感的电感量为 $33\mu H$，如图 3-6 所示。

3. 色点标注法

色点标注法就是利用 3 个、4 个色点表示电感的电感量大小，与色环电感标注相似，但顺序相反，即紧靠电感引脚一端的色环为第后一个色点，如图 3-7 所示。

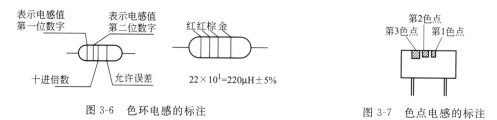

表示电感值　　表示电感值
第一位数字　　第二位数字　　　　红红棕金

十进倍数　　　允许误差　　$22\times10^{1}=220\mu H\pm5\%$

第2色点
第3色点　　第1色点

图 3-6　色环电感的标注　　　　　　　图 3-7　色点电感的标注

五、电感的串/并联

1. 电感的串联

一个电感的一端接另一个电感的一端，称为串联。串联后电感的电感量为各电感量的和，若电感 L_1 和电感 L_2 串联，则串联后的电感量 $L=L_1+L_R$。比如，L_1、L_2 都是 $2.2\mu H$ 的电感，那么串联后的电感量 L 为 $4.4\mu H$。

2. 电感的并联

两个电感的两端并接，称为并联。并联后电感的电感量为各电感倒数之和，若电感 L_1 和 L_2 并联，则 $L=L_1L_2/(L_1+L_2)$。比如，L_1、L_2 都是 $10\mu H$ 的电感，那么并联后的电感量 L 为 $5\mu H$。

六、电感的检测

电感的判别常采用代换法和仪器检测法。仪器检测法除了可以用电感测量仪器或万用表的电感挡（L）来判断它是否正常，当然也可采用指针型万用表的 $R×1\Omega$ 挡或数字万用表的 200Ω 电阻挡或二极管挡检测电感的阻值来判断它是否正常。

1. 在路测量

怀疑电路板上电感异常时，可通过测量它的在路阻值进行确认。首先，先将万用表置于二极管挡，红、黑表笔接电感的两端，此时显示屏显示的数值较小并且蜂鸣器鸣叫，如图3-8(a) 所示。若阻值过大，说明开路；若阻值偏小，说明匝间短路。

提示

不同电感量的电感的阻值不同，一般为零点几欧姆到几十欧姆。由于匝间短路用万用表一般测不出来，最好采用代换法进行判断。

2. 非在路测量

在路测量电感异常时或新购买的电感则需要采用非在路测量法测量，如图3-8(b) 所示。

(a) 在路测量　　　　　　　　(b) 非在路测量

图 3-8　电感的检测示意图

七、电感的更换

维修中，更换电感时应选相同品牌、相同型号的器件更换，若没有相同型号的电感，要选用

参数、外形相近的电感代换。而对于要求不严格的电路，小电感量的电感也可以采用导线代替。

第二节 共模滤波器的识别与检测

共模滤波器也叫共模电感、共模扼流圈。常用于电器产品市电输入回路中过滤共模的电磁干扰信号。

一、共模滤波器的识别

共模电感实质上是一个双向滤波器：一方面要滤除信号线上共模电磁干扰，另一方面又要抑制本身不向外发出电磁干扰，避免影响同一电磁环境下其他电子设备的正常工作。在板卡设计中，共模电感也是起电磁干扰 EMI 滤波的作用，用于抑制高速信号线产生的电磁波向外辐射发射。

共模电感由这两个线圈绕在同一铁芯上，匝数和相位都相同（绕制反向）。这样，当电路中的正常电流流经共模电感时，电流在同相位绕制的电感线圈中产生反向的磁场而相互抵消，此时正常信号电流主要受线圈电阻的影响（和少量因漏感造成的阻尼）；当有共模电流流经线圈时，由于共模电流的同向性，会在线圈内产生同向的磁场而增大线圈的感抗，使线圈表现为高阻抗，产生较强的阻尼效果，以此衰减共模电流，达到滤波的目的。典型的共模滤波器如图3-9所示。

(a) 实物外形　　　　　　　　　　　　　　(b) 电路符号

图 3-9　共模滤波器

二、共模滤波器的检测

共模滤波器的磁芯松动，它会发出"吱吱"声；若绕组出现匝间短路，线圈的表面会变

图 3-10　共模滤波器位置与检测示意图

色，线圈开路时它的阻值会无穷大。确认它的外观正常后，可采用万用表测量线圈是否正常，如图 3-10 所示。

变压器是利用线圈互感的原理制成的电子元器件，广泛应用在各个领域的电子产品内。变压器的主要功能有电压变换、阻抗变换、隔离耦合、稳压（磁饱和变压器）等多种。

一、变压器的基本原理和分类

1. 变压器的构成和基本原理

变压器由铁芯（或磁芯）和线圈组成，线圈有两个或两个以上的绕组，其中接电源的绕组叫初级线圈，其余的绕组叫次级线圈。当初级线圈中通有交流电流时，铁芯（或磁芯）中便产生交流磁通，使次级线圈中感应出电压（或电流）。变压器的工作原理示意图如图 3-11 所示，它的电路符号如图 3-12 所示。

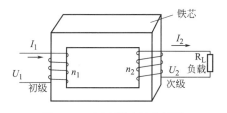

图 3-11　变压器原理示意图

图 3-12　变压器电路符号

2. 变压器的分类

变压器按照工作频率可分为高频变压器、中频变压器和低频变压器三种；按照功能可分为降压变压器和升压变压器；按用途可分为电源变压器、调压变压器、音频变压器、中频变压器、隔离变压器、输入变压器、输出变压器等多种；按耦合材料不同可为磁芯变压器和铁芯变压器等多种；按铁芯形状一般可分为 E、C、XED、ED、CD 型多种。

二、变压器的主要参数

变压器的主要参数有变压比、频率特性、额定功率和效率等。

1. 变压比 n

变压器的变压比 n 与一次、二次绕组的匝数和电压之间的关系是：$n = U_1/U_2 = n_1/n_2$。式中，n_1 为变压器一次（初级）绕组；n_2 为二次（次级）绕组；U_1 为一次绕组两端的电压，U_2 是二次绕组两端的电压。变压比 n 小于 1 的变压器是升压变压器，变压比 n 大于 1 的是降压变压器，变压比 n 等于 1 的是隔离变压器。

2. 额定功率 *P*

此参数通常用于电源变压器。它是指电源变压器在规定的工作频率和电压下，能长期工作而不超过限定温度时的输出功率。

变压器的额定功率与铁芯的截面积、漆包线的线径成正比，即变压器的铁芯截面积越大、漆包线的线径越粗，输出功率也就越大。

3. 频率特性

频率特性是指变压器可在一定工作频率范围内工作，不同工作频率范围的变压器，一般不能互换使用，否则可能会出现过热或工作异常等现象。

4. 效率

效率是指在额定负载时，变压器输出功率与输入功率的比值。该值与变压器的输出功率成正比，即变压器的输出功率越大，效率就越高；变压器的输出功率越小，效率就越低。

三、典型变压器的识别

1. 电源变压器

电源变压器就是将市电电压进行降压的变压器，典型的电源变压器如图 3-13 所示。

图 3-13　电源变压器

2. 开关变压器

开关变压器主要应用在开关电源内，典型的开关变压器如图 3-14 所示。

图 3-14　开关变压器

3. 隔离变压器

隔离变压器有两种：一种是信号输入隔离变压器；另一种是市电电压隔离变压器。典型的隔离变压器如图 3-15 所示。

图 3-15　隔离变压器

图 3-16　自耦变压器

4. 自耦变压器

自耦变压器是指它的绕组是初级和次级是在同一调绕组上的变压器。根据结构还可细分为可调压式和固定式两种。典型的自耦变压器如图3-16所示。

四、变压器的检测

1. 电源变压器的检测

（1）绝缘性能的测试

将万用表置于R×10kΩ挡，分别测量初级绕组与各次级绕组、铁芯、静电屏蔽层间电阻的阻值，阻值都应为无穷大；若阻值过小，说明有漏电现象，导致变压器的绝缘性能差。

（2）线圈好坏的检测

将万用表置于R×1Ω挡，测量各个绕组的阻值，判断线圈是否正常。若某个绕组的电阻值为无穷大，则说明此绕组有断路性故障；若阻值小，则说明有短路现象。

提示

许多低频电源变压器的初级绕组与接线端子之间安装了温度保险。一旦市电升高或负载过流引起变压器过热时该保险会过热熔断，产生初级绕组开路的故障。此时可小心地拆开初级绕组，就可发现该保险。更换后就可修复变压器，应急修理时也可用导线短接。

绕组短路会导致市电输入回路的保险管过流熔断或产生变压器初级绕组烧断、绕组烧焦等异常现象。

（3）判别初级、次级绕组（线圈）

普通电源变压器的初级、次级绕组引脚一般都是从它的两侧引出，并且初级绕组（一次绕组）上多标有220V字样，次级绕组（二次绕组）上标有额定输出电压值，如6V、9V、12V、15V、18V、24V等。通过这些标记就可以识别出一次、二次绕组。但有的变压器没有标记或标记不清晰，则需要通过万用表的检测，来判断变压器的一次、二次绕组。因普通的电源变压器多为降压型变压器，所以它的一次绕组因输入电压高、电流小，漆包线的匝数多且线径细，所以它的电阻阻值较大。而二次绕组虽然输出电压低，但电流大，所以二次绕组的漆包线的线径较粗，使得它的阻值较小。

通过如图3-17所示所得的阻值就可以确认被测变压器的一次、二次绕组。若被测绕组的阻值为无穷大，则说明该绕组开路。

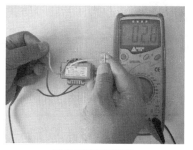

(a) 初级绕组的阻值　　　　　　(b) 次级绕组的阻值

图 3-17　检测电源变压器绕组阻值判断初、次级绕组示意图

（4）空载电流的检测

断开变压器的所有的次级绕组，再将万用表置于交流 500mA 电流挡，表笔串入初级绕组回路中，再为初级绕组输入 220V 市电电压，万用表所测出的数值就是空载电流值。该值应为变压器满载电流的 80%～90%，若过大，说明变压器的绕组发生短路。

提示

常见的电子设备电源变压器的正常空载电流应在 100mA 左右。

图 3-18 检测电源变压器次级绕组空载电压示意图

（5）空载电压的检测

顾名思义，空载电压的检测就是指变压器没有接负载时的电压。下面以 16V 电源变压器为例进行介绍。

为电源变压器的初级绕组输入 220V 市电电压，将数字万用表置于交流 20V 电压挡，两个表笔接在该变压器的二次绕组输出线后，屏幕上显示的 16.96V 电压值，就是该变压器的空载电压值，如图 3-18 所示。

（6）温度检测

接好变压器的所有次级绕组，为初级绕组输入 220V 市电电压，一般小功率电源变压器允许温升为 40～50℃，如果所用绝缘材料质量较好，允许温升还要高一些。

提示

若通电不久，变压器的温度就快速升高，则说明绕组或负载短路。

2. 开关变压器的检测

检测开关变压器的绕组是否开路时，将万用表置于通断挡（二极管挡）或 200Ω 挡，正常时蜂鸣器鸣叫或阻值较小，如图 3-19 所示。若蜂鸣器不鸣叫或阻值过大，说明绕组开路；若阻值时大时小，说明绕组接触不良。

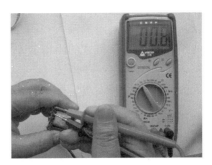

(a) 初级绕组　　　　　　　　　　(b) 次级绕组

图 3-19 开关变压器的非在路测量

提示

开关变压器的故障率较低，但有时也会出现绕组匝间短路或绕组引脚根部漆包线开路的现象。

方法与技巧

由于用万用表很难确认绕组匝间短路，所以最好采用同型号的高频变压器代换检查；引脚根部的铜线开路时，多会导致开关电源没有一种电压输出，这种情况可直接更换或拆开变压器后接好开路的部位。

第四节 电流互感器的识别与检测

一、电流互感器的识别

1. 电流互感器的作用

电流互感器的作用是可以把数值较大的一次电流通过一定的变比转换为数值较小的二次电流，用来进行保护、测量等用途。如变比为 20/1 的电流互感器，可以把实际为 20A 的电流转变为 1A 通渠道。

2. 电流互感器的构成与特点

电流互感器的结构较为简单，由相互绝缘的初级绕组、次级绕组、铁芯及构架、接线端子（引脚）等构成，如图 3-20 所示。其电路符号与变压器相同，工作原理与变压器也基本相同，初级绕组的匝数（N_1）较少，直接串联于市电供电回路中，次级绕组的匝数（N_2）较多，与检测电路串联形成闭合回路。初级绕组通过电流时，次级绕组产生按比例减小的电流。该电流通过检测电路形成检测信号。

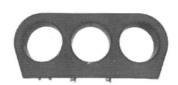

图 3-20　电流互感器外形示意图

注意

电流互感器运行时，次级回路不能开路。否则初级回路的电流会成为励磁电流，将导致磁通和次级回路电压大大超过正常值而危及人身及设备安全。因此，电流互感器次级回路中不允许接熔断器，也不允许在运行时未经旁路就拆卸电流表及继电器等设备。

3. 电流互感器的型号命名方法

电流互感器的型号由字母符号及数字组成，通常表示电流互感器绕组类型、绝缘种类、使用场所及电压等级等。字母符号含义如下：

第一位字母：L—电流互感器。

第二位字母：M—母线式（穿心式）；Q—线圈式；Y—低压式；D—单匝式；F—多匝式；A—穿墙式；R—装入式；C—瓷箱式。

第三位字母：K—塑料外壳式；Z—浇注式；W—户外式；G—改进型；C—瓷绝缘；P—中频。

第四位字母：B—过流保护；D—差动保护；J—接地保护或加大容量；S—速饱和；Q—加强型。

字母后面的数字一般表示使用电压等级，如 LMK-0.5S 型表示应用在额定电压为 500V

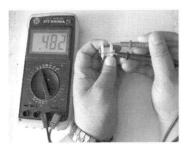

图 3-21　空调器用电流互
感器检测示意图

及以下电路，塑料外壳的穿心式 S 级电流互感器；再比如 LA-10 型表示应用在额定电压为 10kV 电路的穿墙式电流互感器。

二、电流互感器的检测与更换

1. 空调器电流互感器的检测

空调器电脑板上用的电流互感器检测方法如图 3-21 所示。

首先，将数字万用表置于 2kΩ 电阻挡，两个表笔接在它的次级绕组端子上，显示屏显示的数值，就是次级绕组的阻值，图中电流互感器次级绕组的阻值为 482Ω。

 提示

由于电流互感器的初级绕组就是一颗电源线，所以阻值肯定是为 0 的。

2. 电磁炉电流互感器的检测

由于电流互感器的初级绕组匝数极少，所以阻值肯定是为 0 的，用数字万用表的二极管挡检测即可，而它的次级绕组接整流桥，所以可以用数字万用表的 200Ω 电阻挡在路检测，如图 3-22 所示。

  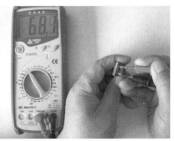

(a) 初级绕组　　　　　　(b) 次级绕组在路测量　　　　　(c) 次级绕组非在路测量

图 3-22　电流互感器测试示意图

悬空电流互感器的引脚后，就可以测量它的非在路阻值。

3. 电流互感器的更换

电流互感器损坏后，应采用相同型号或参数相近的电流互感器更换，否则可能会失去电流检测功能。

第五节 电磁炉谐振线圈(线盘)的识别与检测

一、谐振线圈的识别

1. 谐振线圈的作用

谐振线圈也叫加热线圈、线盘。谐振线圈的作用就是产生磁场，当磁场内的磁力线通过铁质锅底时，会产生无数的涡流，从而使锅具本身快速发热对锅内食物进行加热。典型的谐振线圈实物如图 3-23 所示。

(a) 大功率谐振线圈　　(b) 中小功率谐振线圈

图 3-23　谐振线圈外形示意图

2. 谐振线圈的构成

电磁炉的谐振线圈由线圈、圆盘骨架和磁条 3 部分构成，如图 3-24 所示。圆盘骨架采用塑料注射而成，它的外形与车轮相似，有六条轮辐，每条轮辐上有安装铁氧体磁条的通槽。磁条的作用是用来会聚磁力线，以免磁力线外泄而产生辐射。线圈采用高强度漆包线组成的绞合线，在圆盘骨架上由内至外顺时针平绕 32 匝，形成横截面为 2mm，电感量为 $137\mu H$、$140\mu H$、$210\mu H$ 等多种的线圈。

二、谐振线圈的检测

检测谐振线圈时，将万用表置于 200Ω 挡，表笔接在线圈的两个引脚上，就可以测出线圈的阻值，如图 3-25 所示。若阻值过大，说明线圈开路；若阻值过小，说明线圈短路。而匝间短路用万用表的电阻挡一般测不出来，最好采用代换法进行判断。

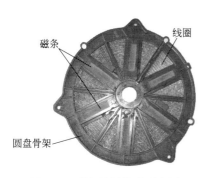

图 3-24 谐振线圈构成示意图　　　　图 3-25 谐振线圈的检测示意图

提示

虽然检测时，数字万用表显示的数值是 1.3，实际的阻值是 0。这也是数字万用表的缺陷之一，表即使测量导线时，也会显示一定数值。另外，打火的谐振线圈多有变色或损伤的痕迹。

注意

更换谐振线圈时不仅要采用相同参数的谐振线圈更换，而且引出线要连接正确，否则不仅可能会影响加热速度，而且可能会产生检锅不正常等故障。

电声器件、电加热器件的识别与检测

第四章

■　第一节　电声器件的使用与测量

■　第二节　电加热器件的识别与检测

电声器件（electroacoustic device）是指电和声相互转换的器件，它是利用电磁感应、静电感应或压电效应等来完成电声转换的，包括扬声器、耳机、话筒、唱头等。

一、扬声器

扬声器俗称喇叭，是一种十分常用的电声换能器件。是音响、电视机、收音机、放音机、复读机等电子产品中的主要器件。常见的扬声器实物如图 4-1 所示，它的电路符号如图 4-2 所示，在电路中常用字母 B 或 BL 表示。

图 4-1　扬声器

1. 扬声器的分类

（1）按换能机理和结构分类

扬声器按换能机理和结构分动圈式（电动式）、电容式（静电式）、压电式（晶体或陶瓷）、电磁式（压簧式）、电离子式和气动式扬声器等多种。由于电动式扬声器具有电声性能好、结构牢固、成本低等优点，所以是目前应用范围最广的扬声器。

（2）按声辐射材料分类

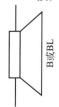

扬声器按声辐射材料可分为纸盆式、号筒式、膜片式等多种。

（3）按纸盆形状分类

扬声器按纸盆形状可分为圆形、椭圆形、双纸盆和橡皮折环等多种。

（4）按工作频率分类

扬声器按工作频率可分为低音、中音、高音三种。

图 4-2　扬声 （5）按阻抗分类

器的电路符号 扬声器按音圈的阻抗可分为低阻抗和高阻抗两种。

2. 扬声器的构成

扬声器由纸盆、磁铁（外磁铁或内磁铁）、铁芯、线圈、定位支架、防尘罩等构成，如图 4-3 所示。

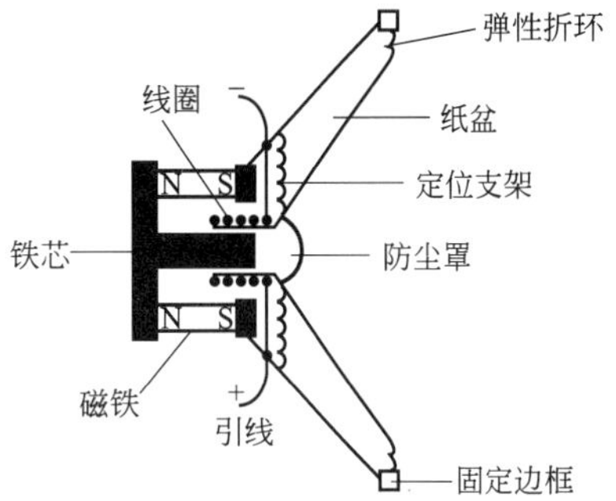

3. 电动式扬声器的工作原理

当处于磁场中的音圈（线圈）有音频电流通过时，就产生随音频电流变化的磁场，这一磁场和永久磁铁的磁场发生相互作用，使音圈沿着轴向振动，带动纸盆振动，使周围大面积的空气发生相应的振动，从而将机械能转换为声能，发出悦耳的声音。

图 4-3　扬声器构成示意图

4. 扬声器的主要性能指标

扬声器的主要性能指标包括额定功率、最大功率、额定阻抗、灵敏度、频率响应、指向性以及失真度等参数。

（1）额定功率

额定功率也叫标称功率、不失真功率。它是指扬声器在额定不失真范围内容许的最大输入功率，在扬声器的商标、技术说明书上标注的功率值就是标称功率值。

（2）最大功率

最大功率是指扬声器在某一瞬间所能承受的峰值功率。为保证扬扬器正常工作，要求扬声器的最大功率为标称功率的 2～3 倍。

（3）额定阻抗

扬声器的阻抗一般和频率有关。额定阻抗是指音频为 400Hz 时，从扬声器输入端测得的阻抗值。它一般是音圈直流电阻的 1.2～1.5 倍。常见的动圈式扬声器的阻抗有 4Ω、8Ω、16Ω、32Ω 等多种。

（4）频率响应

当扬声器的音圈输入了相同电压，但频率不同的音频信号后，就会产生变化的声压。一般情况下，中音频信号产生的声压较大，而低音频、高音频信号产生的声压较小。当声压下降为中音频信号的某一数值时的高、低音频率范围，这就是扬声器的频率响应特性，也就是频率响应范围。高音、中音、低音扬声器的频率响应特性不同，所以它们只能较好地重放音频信号的某一部分。

（5）失真

扬声器的失真有频率失真和非线性失真两种。其中，频率失真是由于对某些频率的信号放音较强，而对另一些频率的信号放音较弱造成的，失真破坏了原来高低音响度的比例，改变了原声音色。而非线性失真是由于扬声器振动系统的振动和信号的波动不能完全一致造成的，在输出的声波信号中增加一新的频率成分。

（6）指向特性

扬声器的指向特性是表示它在空间各方向辐射的声压分布特性，纸盆越大指向性越强，但频率越高指向性越差。

5. 扬声器好坏的检测

检测扬声器好坏时既可以使用数字万用表，也可以使用指针万用表，还可以使用电池，下面分别进行介绍。

（1）用数字万用表检测

采用数字测量扬声器时，将它置于 200Ω 挡，用两个表笔接在（线圈）的两个接线端子上，此时显示屏上显示 0.87 的数字，说明扬声器音圈的阻值为 8.7Ω，说明扬声器基本正常，如图 4-4 所示。若显示屏显示的数字为 1，则说明音圈或其引出线开路。

提示

由于数字万用表电阻挡的电流较小，所以用数字万用表测量扬声器音圈的阻值时仅显示数值，而扬声器不能发出"咔咔"声。因此，该方法不能测出音圈是否出现匝间短路的故障。

（2）用指针万用表检测

参见图 4-5，将指针万用表置于 R×1Ω 挡，用红表笔接音圈（线圈）的一个接线端子上，用黑表笔点击另一个接线端子，若扬声器能够发出"咔咔"的声音，并且表针摆动，说明扬声器正常，如图 4-5 所示。否则，说明扬声器的音圈或引线开路。

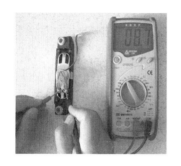 

图 4-4　用数字万用表测量扬声器示意图　　图 4-5　用指针万用表测量扬声器示意图

提示

由于指针万用表 R×1Ω 挡的电流较大，所以用它测量扬声器音圈的阻值时扬声器能发出"咔咔"声。这样，使扬声器的检测变得更直观准确。

（3）用电池检测

若手头没有万用表，也可以利用一节 5 号电池和一根导线判断扬声器的音圈是否正常，如图 4-6 所示。

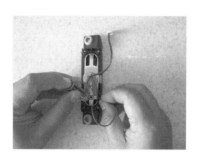

图 4-6　用电池测量扬声器示意图

将 5 号电池的正极与音圈的一个接线端子相接，导线的一端接电池的负极，用导线的另一端点击音圈的另一个接线端子，若扬声器能发出"咔咔"的声音，说明扬声器正常，否则说明扬声器异常。

注意

由于测量回路内没有限流电阻，所以采用该方法时不要长时间接触音圈端子，以免音圈过流损坏。

6. 极性的判别

两只或多只不是同极性的扬声器必须要按正确的极性连接，否则扬声器会因相位失真而影响音质。因此，需要对扬声器的极性进行判断。

（1）察看法

大部分扬声器在背面的接线支架（引脚）上通过标注"＋"、"－"的符号标出两根引线的正负极性。

提示

同一个厂家生产的扬声器背面接线架上标注的正、负极性基本是一致的。

（2）检测法

由于部分扬声器未标注极性，所以需要对它进行极性判别。判别极性的方法主要有万用表判别法、电池判别法两种。

第一种是利用指针万用表判别扬声器的极性，首先将它置于 R×1Ω 挡，用两个表笔分别点击扬声器音圈的两个接线端子，在点击的瞬间及时观察扬声器的纸盆振动方向，若纸盆向上振动，说明黑表笔接的是音圈的正极；若纸盆向下振动，说明黑表笔接的引脚是扬声器音圈的负极。

第二种是利用电池判别扬声器的极性，通过一节 5 号电池和一根导线构成的回路点击扬声器音圈的两个接线端子，点击的同时观察扬声器的纸盆振动方向，若纸盆向上振动，说明电池正极接的接线端子是音圈的正极，电池负极接的接线端子是音圈的负极。反之，若纸盆向下（靠近磁铁的方向）振动，说明电池的负极接的引脚是扬声器的正极。

7. 扬声器的更换

普通场合或电器的扬声器损坏后，更换时主要考虑尺寸、阻抗和功率三个指标是否符合要求。而特殊场合还要考虑频率特性、灵敏度、失真度。

二、耳机

耳机也是一种应用十分广泛的电声换能器件。它的构成和电动式扬声器基本相同，也是由磁铁、音圈、振动膜片和外壳构成，常见的耳机和电路符号如图 4-7 所示。

(a) 耳机实物外形　　　　　　(b) 耳机的电路符号

图 4-7　耳机

1. 耳机的分类

（1）按原理分类

耳机按原理可分为电动式和电容式两种。其中，电动式又称为动圈式，它具有灵敏度高、功率大、结构简单、音质好、音色稳定等优点，但也存在频带窄等缺点。电容式又称为静电式，它具有频带宽、音质好的优点，但也存在成本高、结构复杂等缺点。目前，市场上常见的是动圈式耳机。

提示

目前，动圈式耳机多为低阻抗类型，阻值多为 20Ω 或 30Ω。

（2）按外观形状分类

耳机按外观形状可分为封闭式、开放式和半开放式三种。

封闭式耳机就是通过其自带的耳垫将耳朵完全封闭起来。这种耳机的体积较大，适合在噪声较大的环境下使用。

开放式耳机是目前最为流行的耳机。它的特点就是采用柔软的海绵状的微孔发泡塑料作为透声耳垫。具有体积小、佩戴舒适、无与外界隔绝感的优点，但存在低频损失大的缺点。

半开放式耳机是综合了封闭式和开放式两种耳机优点生产的新型耳机，它采用了多振膜结构，除了有一个主动有源振膜之外，还有多个无源从振膜。因此，它发出的声音具有低频丰满绵柔，高频明亮自然，层次清晰等优点。

图 4-8　耳机的检测示意图

（3）按功能分类

按功能可分为普通耳机和两分频式耳机两种。两分频耳机是在半开放式耳机的基础上结合了电动式和电容式两种耳机优点制成的新一代耳机，具有动态范围大、瞬态响应好、放音透明纯真、音色丰富等优点。

2. 耳机的检测

用万用表判断耳机是否正常时，不仅可以使用数字万用表，也可以使用指针万用表。使用指针万用表测量时，将万用表置于 R×1 挡，把红表笔接在插头的接地端上，用黑表笔点击信号端，不仅指针应摆动，而且耳机能发出"咔咔"的声音，说明耳机正常，如图 4-8 所示。否则，说明耳机的音圈、引线或插头开路。

提示

由于数字万用表电阻挡的电流较小，所以用它测量耳机的阻值时它仅会显示阻值，而耳机不能发出"咔咔"声，没有指针万用表直观准确。

三、蜂鸣片和蜂鸣器

蜂鸣片、蜂鸣器是一种电声转换器件。蜂鸣片、蜂鸣器的电路符号如图 4-9 所示，在电路中通常用 B、BZ、BUZ 等字母表示。

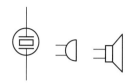

图 4-9　蜂鸣片、蜂鸣器的电路符号

(a) 裸露式　　　(b) 密封式

图 4-10　蜂鸣片

1. 蜂鸣片

蜂鸣片是压电陶瓷蜂鸣片的简称，它也是一种电声转换器件。压电蜂鸣片由锆钛酸铅或铌镁酸铅压电陶瓷材料制成。在陶瓷片的两面镀上银电极，经极化和老化处理后，再与黄铜片或不锈钢片粘在一起。

当通过引线为蜂鸣片输入脉冲信号时，它的压电陶瓷带动金属片产生振动，从而推动周围空气发出声音。蜂鸣片有裸露式和密封式两种，所谓的密封式就是蜂鸣片装在一个密封的塑料壳内。常见的蜂鸣片实物如图 4-10 所示。

由于蜂鸣片具有体积小、成本低、重量轻、可靠性高、功耗低、声响度高（最高可达到120dB），所以广泛应用在电子计时器、电子手表、玩具、门铃、报警器、豆浆机、电磁炉、空调器等电子产品中。

提示

目前，在家用电器中多将带有外壳的蜂鸣片称为"蜂鸣器"。

2. 蜂鸣器

这里介绍的蜂鸣器和前面介绍的蜂鸣器截然不同，不仅体积大，而且内部还设置了电路。此类蜂鸣器根据电路的构成可分为压电式和电磁式两种；根据供电方式可分为交流电（市电电压）、直流电压供电两种。常见的蜂鸣器如图 4-11 所示。

图 4-11　蜂鸣器

（1）压电式蜂鸣器

压电式蜂鸣器主要由多谐振荡器、压电蜂鸣片、阻抗匹配器及共鸣箱、外壳等组成，如图 4-12 所示。有的压电式蜂鸣器外壳上还安装了发光二极管，在蜂鸣器鸣叫的同时发光二极管闪烁发光。

多谐振荡器多由集成电路和电阻、电容等元件构成。当多谐振荡器得到 3～15V 的供电后开始起振，产生频率为 1.5～2.5kHz 的音频信号，通过阻抗匹配器放大后，驱动压电蜂鸣片发声。

（2）电磁式蜂鸣器

电磁式蜂鸣器由振荡器、电磁线圈、磁铁、振动膜片及外壳等组成。接通电源后，振荡器产生的音频信号电流通过电磁线圈，使电磁线圈产生磁场。该磁场与磁

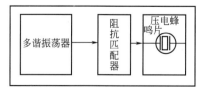

图 4-12　压电式蜂鸣器构成方框图

铁产生的磁场相互作用后，就可以使振动膜片发生振动，从而使蜂鸣器周期性地鸣叫。

3. 蜂鸣片、蜂鸣器的检测

（1）蜂鸣片的检测

将指针万用表置于 R×1 挡，用红表笔接蜂鸣器的一个接线端子上，用黑表笔点击另一个接线端子，若表针摆动且蜂鸣片能够发出"咔咔"的声音，说明蜂鸣片正常，如图 4-13 所示。否则，说明蜂鸣片异常或引线开路。

图 4-13　密封型蜂鸣片的在路检测示意图

目前电路板上使用的蜂鸣器都是由蜂鸣片与塑料外壳构成，与本节介绍的蜂鸣器截然不同。

（2）蜂鸣器的检测

对于直流供电方式的蜂鸣器，可将待测的蜂鸣器通过导线与直流稳压器的输出端相接（正极接正极、负极接负极），再将稳压器的输出电压调到蜂鸣器的工作电压值后，打开稳压器的电源开关，若蜂鸣器能发出响声，说明蜂鸣器正常。否则，说明蜂鸣器损坏。

对于交流供电方式的蜂鸣器，可将待测的蜂鸣器通过导线接市电电压，若蜂鸣器能发出响声，说明蜂鸣器正常。否则，说明蜂鸣器损坏。

四、话筒

话筒也叫传声器或麦克风，它是把声波信号转换成电信号的一种器件。话筒的电路符号如图 4-14 所示。话筒在电路中原来用 S、M 或 MIC 表示，现在多用 B 或 BM 表示。

1. 话筒的分类

话筒根据构成可分为动圈式、晶体式、铝带式、电容式等多种；根据信号传输方式的不同可分为有线式和无线式两种。目前，常用的话筒有动圈式和电容式两种。

2. 话筒的原理

（1）动圈式话筒

图 4-14　话筒的电路符号

动圈式话筒常见的实物如图 4-15（a）所示，它内部主要由磁铁、线圈、振动膜、升压变压器、软铁等构成，如图 4-15（b）所示。磁铁和软铁构成磁路，磁场集中于芯柱和外圈软铁所形成的缝隙中。在软铁前面装有振动膜，它上面带有线圈，正好套在芯柱上，位于强磁场中。当振动膜受声波压力前后振动时，线圈便切割磁力线而产生感应电动势，从而将声波信号转换成了电信号。

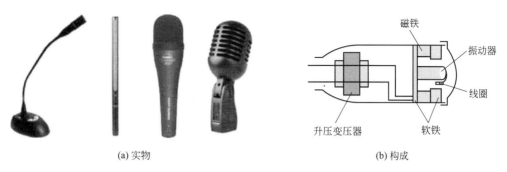

(a) 实物　　　　　　　　　　　　(b) 构成

图 4-15　动圈式话筒

由于话筒的线圈（通常称为音圈）的匝数很少，阻抗很低，输出的电压小，不能满足（与之相连接的）扩音机对输入信号的要求。因此，动圈式话筒中都装有升压变压器，初级接振动膜线圈（音圈），次级接输出线，将话筒输出的信号进行大幅度的提升。

根据升压变压器的初级、次级绕组匝数比不同，动圈式话筒有低阻抗和高阻抗两种输出阻抗。其中，低阻抗为 $200\sim600\Omega$，高阻抗为几十千欧。

动圈式话筒频率响应范围一般为 $50\sim10000\mathrm{Hz}$，输出电平范围为 $-70\sim-50\mathrm{dB}$，无方向性。组合式动圈话筒频率响应范围可达 $35\sim15000\mathrm{Hz}$，并具有不同的方向特性供使用时选择。

（2）电容式话筒

电容式话筒在整个音频范围内具有很好的频率响应特性，灵敏度高、失真小，但体积要比动圈式话筒大一些，多用在要求高音质的扩音、录音工作中。常见的普通电容式话筒实物如图 4-16(a) 所示，它内部主要由振动膜、极板、电阻等构成，如图 4-16(b) 所示。

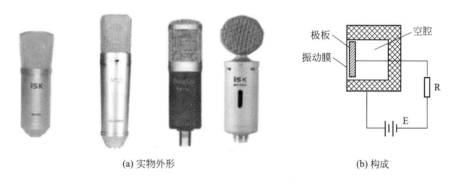

(a) 实物外形　　　　　　　　　　　(b) 构成

图 4-16　普通电容式话筒

振动膜是一块表面经过金属化处理且质量很轻、弹性很强的薄膜，它与极板构成一只电容。由于它们之间的间隙很小，所以面积很小的振动膜就形成了一定电容量的电容。当有声波传到振动膜上时，使它的电容量发生变化。这样，该电容两端并联的电阻 R 上就会产生随声音变化的交变电压，从而把声波信号转换成电信号。

（3）驻极体话筒

驻极体话筒是电容话筒的一种。驻极体话筒是用事先已注入电荷而被极化的驻极体代替极化电源的电容话筒。驻极体话筒有两种类型：一种是用驻体高分子薄膜材料做振膜（振模式），此时振膜同时担负着声波接收和极化电压双重任务；另一种是用驻极材料做后极板

（背极式），这时它仅起着极化电压的作用。由于该种话筒不需要极化电压，从而简化了结构。另外，由于其电声特性良好，所以在录声、扩声和户外噪声测量中已逐渐取代外加极化电压的话筒。常见的驻极体话筒的实物外形和构成如图 4-17 所示。

(a) 实物外形　　　　　　　　　　　　　　　(b) 构成

图 4-17　驻极体话筒

参见图 4-18，驻极体话筒有两块金属极板，其中一块表面涂有驻极体薄膜并将其接地，另一块极板接在场效应管的栅极上。这样，这两个极板之间就形成了一个电容。当驻极体膜片因声波振动时，电容两端就形成了变化的电压。该电压变化的大小，反映了外界声压的强弱，而电压变化频率反映了外界声音的频率。不过，电容两端产生的电压较小，所以必须通过场效应管对其进

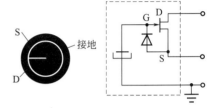

图 4-18　驻极体话筒内部电路

行放大。场效应管的栅极与源极之间接的二极管用作保护，以免它因过压等原因损坏。

3. 驻极体话筒的检测

将指针万用表置于 R×100Ω 挡，用红表棒接话筒的金属屏蔽网，黑表棒接其芯线，相当于给内部的场效应管漏极加上正电压，此时万用表指针应指在一定的刻度上，然后对着话筒吹气，若指针毫无反应，调换表笔后再次检测时仍无反应，说明驻极体损坏；如果对着话筒吹气，指针有一定幅度的摆动，说明它正常。

如果直接测试话筒的两根引出线的阻值时，若阻值为无穷大，说明内部驻极体或引出线开路；如果阻值为零，说明驻极体或引出线短路。

第二节　电加热器件的识别与检测

一、电加热器的作用、分类

电加热器件在获得供电后能够发热的器件。电加热器件不仅广泛应用在电水壶、电热水器、电饭锅、电炒锅、饮水机、滚筒洗衣机上，而且电冰箱、空调器还采用它进行化霜或辅助加热。

电加热器件按功率分为大功率加热器、中功率加热器和小功率加热器三种；按结构分为电加热管、加热盘（板）、裸线式加热器和 PTC 加热器等多种。

二、典型电加热器件的识别

1. 电加热管

电加热管具有绝缘性能好、功率大、防震、防潮等优点，所以广泛应用在电水壶、滚筒洗衣机等电器产品内，常见的电加热管如图4-19所示。此类电加热器是将电阻丝装在带有结晶氧化镁的圆形金属套管内，并添加绝缘材料制成，如图4-20所示。

图4-19 常见的电加热管

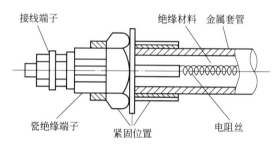

图4-20 电加热管构成示意图

2. 电加热盘（板）

将电加热管铸于铝盘、铝板中或焊接或镶嵌于铝盘、铝板上，构成各种形状的电加热盘（板），广泛应用在电饭锅、电熨斗、电水壶、电咖啡壶、电饼铛等电器产品内。常见的电加热盘如图4-21所示。

图4-21 电加热盘（板）

3. 裸线式加热器

裸线式加热器是将电阻丝、绝缘层及瓷绝缘子安装到支架上而成，如图4-22所示。它具有加热快、效率高等优点，但也存在易漏电的缺点。部分电加热辅助、热泵型空调器就采用此类加热器。

4. PTC式加热器

PTC式加热器是一种新型的加热器，具有寿命长、加热快、效率高、自动恒温、适应供电范围强、绝缘性能好等优点。典型的PTC式加热器如图4-23所示。它采用正温度系数热敏电阻作为发热器件，并与温控器、熔断器、散热片等构成，如图4-24所示。温控器用于温度控制，熔断器用于过热保护，散热片用于散热。

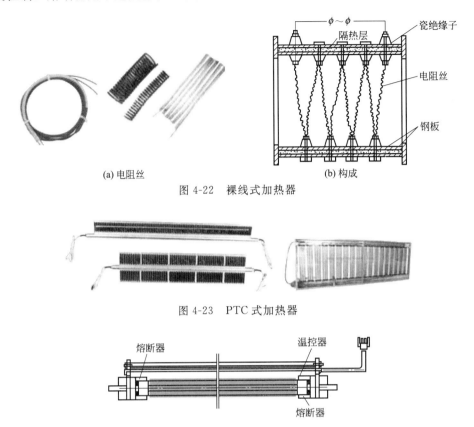

(a) 电阻丝   (b) 构成

图 4-22　裸线式加热器

图 4-23　PTC 式加热器

图 4-24　PTC 式加热器构成示意图

三、电加热器的检测

检测电加热器时，首先查看它的接头有无锈蚀和松动现象，若有，修复或更换；若正常，用数字万用表的 200Ω 电阻挡测它的接线端子间的阻值，进行判断，下面以电水壶的电加热器（加热环）为例进行介绍。

1. 通断的检测

将万用表置于 200Ω 挡，两个表笔接在电加热器的接线柱上，屏幕显示的数值就是电加热器的阻值，如图 4-25 所示。若阻值为无穷大，则说明它已开路。

提示

对于裸线式加热器部分故障通过直观检查就可以发现断点所在，若直观检查正常，再用万用表进行检测。

2. 绝缘性能的检测

采用数字万用表测量绝缘性能时，将它置于 $200M\Omega$ 挡，一个表笔接电加热器的接线柱上，另一个表笔接在电加热盘的外壳上，正常时阻值应为无穷大，如图 4-26 所示。若阻值较小，说明它已漏电。

提示

若采用阻值万用表测量绝缘性能时，应采用 R×10kΩ 挡。

图 4-25　电水壶的电加热器通断检测示意图

图 4-26　电水壶电加热器绝缘性能检测示意图

继电器、电磁阀的识别与检测

第五章

- ■ 第一节 继电器的识别与检测

- ■ 第二节 电磁阀的识别与检测

第一节 继电器的识别与检测

一、继电器的作用与分类

1. 继电器的作用

继电器是一种控制器件，通常应用于自动控制电路中，它由控制系统（又称输入回路）和被控制系统（又称输出回路）两部分构成，它实际上是用较小的电流、电压的电信号或热、声音、光照等非信号去控制较大电流的一种"自动开关"。由于继电器具有成本低、结构简单等优点，所以广泛应用在工业控制、交通运输、家用电器等领域。

2. 继电器的分类

（1）按工作原理分类

继电器按工作原理可分为电磁继电器、固态继电器、时间继电器、温度继电器、压力继电器、风速继电器、加速度继电器、光继电器、声继电器等多种。其中，电磁继电器和固态继电器（SSR）两种继电器应用范围最广。

（2）按功率分类

继电器按功率大小可分大功率继电器、中功率继电器和小功率继电器等多种。

（3）按封装形式分类

继电器按封装形式可分为密封型继电器和裸露式继电器两种。

二、电磁继电器

由于电磁继电器的线圈通过产生电磁场控制触点接通或断开，所以它被称为电磁继电器。电磁继电器一般由线圈、铁芯、衔铁、触点簧片、外壳、引脚等构成。常见的电磁继电器的实物如图 5-1 所示。

(a) 普通型　　　　　　(b) 双控制型　　　　　　(c) 裸露型　　　　(d) 小功率型

图 5-1　电磁继电器实物示意图

提示

在固态继电器未应用前，人们习惯将此类继电器称为继电器，所以目前资料上所介绍的继电器多属于电磁继电器。

1. 电磁继电器的分类

（1）按供电方式分类

电磁继电器根据线圈的供电方式可以分为直流电磁继电器和交流电磁继电器两种，交流继电器的外壳上标有“AC”字符，直流继电器的外壳上标有“DC”字符。

（2）按触点的工作状态分类

电磁继电器根据触点的状态可分为常开型继电器和常闭型继电器和转换型继电器三种。三种电磁式继电器的电路符号如图 5-2 所示。

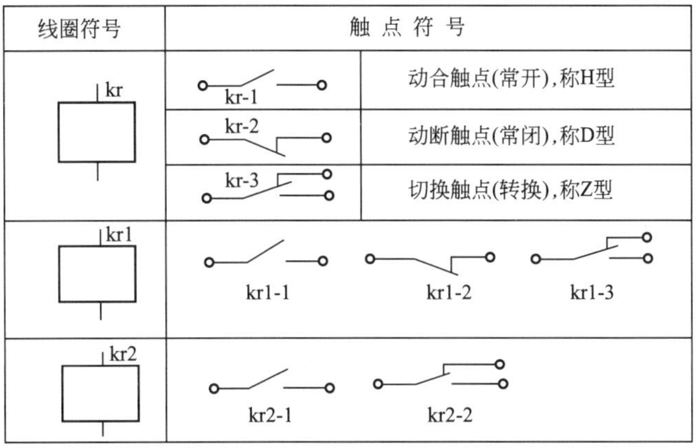

线圈符号
触 点 符 号
kr
kr-1
动合触点(常开),称H型
kr-2
动断触点(常闭),称D型
kr-3
切换触点(转换),称Z型
kr1
kr1-1
kr1-2
kr1-3
kr2
kr2-1
kr2-2

图 5-2 普通电磁继电器的电路符号

常开型继电器也叫动合型继电器，通常用合字的拼音字头 H 表示，此类继电器的线圈没有导通电流时，触点处于断开状态，当线圈通电后触点就闭合。

常闭型继电器也叫动断型继电器，通常用断字的拼音字头 D 表示，此类继电器的线圈没有电流时，触点处于接通状态，通电后触点就断开。

转换型继电器用转字的拼音字头 Z 表示，转换型有 3 个一字排开的触点，中间的触点是动触点，两侧的是静触点，此类继电器的线圈没有导通电流时，动触点与其中的一个触点接通，而与另一个断开，当线圈通电后触点移动，与原闭合的触点断开，与原断开的触点接通。

（3）按控制路数分类

按控制路数可分为单路继电器和双路继电器两大类。双路控制继电器就是设置了两组可以同时通断的触点，如图 5-3 所示。

2
1
3
5
4
6
KR
触点引出端
2
1
3
横杆
衔铁
铁芯
线圈
线圈引出端

(a) 电路符号 (b) 构成

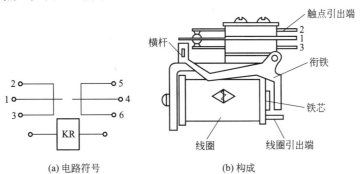

图 5-3 双控型电磁继电器

2. 电磁继电器的基本工作原理

参见图 5-4，为电磁继电器的线圈加上一定的电压，线圈中就会流过一定的电流，于是线圈在该电流的作用下使铁芯产生电磁场，将衔铁吸下，衔铁上的杠杆推动弹簧使动触点与

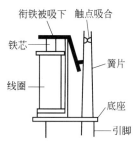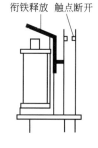

(a) 触点吸合状态　　(b) 触点断开状态

图 5-4　电磁继电器的工作原理示意图

静触点闭合。当线圈断电后，铁芯产生的电磁场消失，衔铁在簧片作用下复位，使动触点与静触点断开。

3. 电磁继电器的主要参数

（1）额定工作电压、额定工作电流

额定电压是指继电器在正常工作时线圈两端所加的电压。额定工作电流是指继电器在正常工作时线圈需要通过的电流。使用中必须满足线圈对工作电压、工作电流的要求，否则继电器不能正常工作。

（2）线圈直流电阻

线圈直流电阻是指继电器线圈直流电阻的阻值。

（3）吸合电压、吸合电流

吸合电压是使继电器能够产生吸合动作的最小电压值。吸合电流是使继电器能够产生吸合动作的最小电流值。为了确保继电器的触点能够可靠的吸合，必须给线圈加上稍大于额定电压（电流）的实际电压值，但不能太高，一般为额定值的 1.5 倍，否则会导致线圈损坏。

（4）释放电压、释放电流

释放电压是指使继电器从吸合状态到释放状态所需的最大电压值。释放电流是指使继电器从吸合状态到释放状态所需的最大电流值。为能保证继电器按需可靠地释放，在继电器释放时，其线圈所的电压必须小于释放电压。

（5）触点负荷

触点负荷是指继电器触点所允许通过的电流和所加的电压，也就是触点能够承受的负载大小。在使用时，为避免触点过流损坏，不能用触点负荷小的继电器去控制负载大的电路。

（6）吸合时间

吸合时间是指给继电器线圈通电后，触点从释放状态到吸合状态所需要的时间。

4. 电磁继电器的检测

下面以常见的 ZD-3FF 型 12V 直流电磁继电器为例介绍电磁继电器的检测方法。

（1）线圈、触点阻值的检测

将指针万用表置于 R×10 挡，将两表笔分别接到继电器线圈的两引脚，测量线圈的阻值为 390Ω，若阻值与标称值基本相同，表明线圈良好，如图 5-5(a) 所示；若阻值为∞，说明线圈开路；若阻值小，则说明线圈短路。但是，通过万用表测量线圈的阻值很难判断线圈是否匝间短路的。

提示

继电器的型号不一样，其线圈电阻的阻值也不一样，通过测量线圈的直流电阻，只能初步判断继电器是否正常。

参见图 5-5(b)，将指针万用表置于通断测量挡，表笔接接常开触点两引脚间的阻值应为∞；若阻值为 0，说明常开触点粘连；若有一定的阻值，说明内部漏电。

参见图 5-5(c)，将指针万用表置于通断测量挡，表笔接接常闭触点两引脚间的阻值应为

0，并且蜂鸣器鸣叫；若阻值较大，蜂鸣器不鸣叫，说明常闭触点开路；若阻值大，说明触点碳化或接触不良。

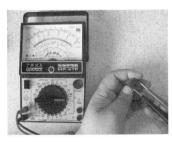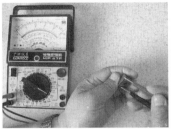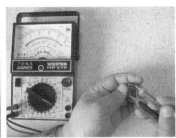

(a) 线圈的测量 (b) 常开触点的测量 (c) 常闭触点的测量

图 5-5 电磁继电器的好坏判断

提示

若使用的指针万用表没有通断测量功能，应使用 R×1 挡测量触点引脚间的阻值，就可以确认触点是否正常。

(2) 闭合/释放转换测量

参见图 5-6，用直流稳压电源为继电器的线圈供电，使衔铁动作，将常闭触点转为断开，而将常开触点转为闭合，再检测触点引脚的阻值，阻值正好与未加电时的测量结果相反，说明该继电器触点转换正常。否则，说明该继电器损坏。

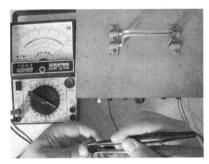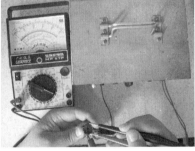

常闭触点闭合 常开触点断开

(a) 继电器线圈没有供电

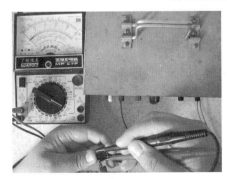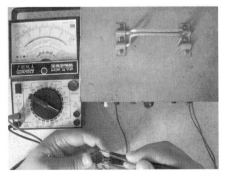

常闭触点断开 常开触点吸合

(b) 继电器的线圈有供电

图 5-6 电磁继电器触点转换的测量

提示

　　若使用的数字万用表测量电磁继电器时，应使用 2kΩ 电阻挡测量绕组阻值，使用通断挡测量触点。

　　（3）加电检测

　　参见图 5-6，用直流稳压电源为继电器的线圈供电，使衔铁动作，将常闭转为断开，而将常开转为闭合，再检测触点引脚的阻值，阻值正好与未加电时的测量结果相反，说明该继电器正常。否则，说明该继电器损坏。

三、干簧继电器

1. 干簧继电器的构成

　　干簧继电器由干簧管和线圈构成。而 2～4 个干簧管和一个线圈组装在一起，就可以构成多对触点的干簧继电器。典型的干簧继电器如图 5-7 所示。

2. 干簧继电器的特点

　　干簧继电器的特点：一是体积小，质量轻；二是簧片轻而短，有固有频率，可提高触点的通断速度，通断的时间仅为 1～3ms，是一般的电磁继电器的 1/10～1/5；三是由于采用密封结构，所以触点与空气隔绝，管内的稀有气体可降低触点的氧化和碳化，提高触点的使用寿命。

图 5-7　干簧继电器

3. 干簧继电器的检测

　　干簧继电器的检测方法和电磁继电器的检测方法基本一样，也可以通过测量线圈的阻值进行初步判断，若为线圈通电、断电时测触点间阻值能否出现 0 和无穷大的变化，若能，说明该继电器正常；若不能，说明继电器异常。

四、固态继电器

　　固态继电器（Solid State Relays，缩写 SSR）是一种由分立元器件、膜固定电阻和芯片构成的无触点电子开关，内部无任何可动的机械部件。常见的固态继电器实物如图 5-8 所示。

图 5-8　固态继电器实物示意图

1. 固态继电器的特点

　　固态继电器（SSR）的特点：一是输入控制电压低（3～14V），驱动电流小（3～15mA），输入控制电压与 TTL、DTL、HTL 电平兼容，直流或脉冲电压均能作输入控制电压；二是输出与输入之间采用光电隔离，可实现在以弱控强的同时，做到强电与弱电完全隔离，两部分之间的安全绝缘电压大于 2kV，符合国际电气标准；三是输出无触点、无噪声、无火花、开关速度快；四是输出部分内部一般含有 RC 过压吸收电路，以防止瞬间过压而损坏固态继电器；五是过零触发型固态继电器对外界的干扰非常小；六是采用环氧树脂全灌封装，具有防尘、耐湿、寿命长等优点。因此，SSR 已广泛应用在各个领域，不仅可以用于加热管、红外灯管、照明灯、电机、电磁阀等负载的供电控制，而且还应用到电磁继电器无法应用的单片机控制等领域，最终将逐步替代电磁继电器。

2. 固态继电器的分类

固态继电器按输出方式可分为直流型固态继电器（DCSSR）、交流型固态继电器（ACSSR）两种；按开、关形式可分为常开型和常闭型两种；按输入方式分有电阻限流直流、恒流直流和交流等类型；按输出额定电压分有（220～380V）交流电压及（30～180V）直流电压两种；按隔离类型可分为混合型、变压器隔离型和光电隔离型等多种。其中，以光电隔离型应用的最多。典型的固态继电器电路符号如图 5-9 所示。

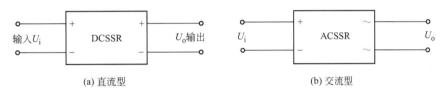

(a) 直流型　　　　　　　　　　　　　　(b) 交流型

图 5-9　固态继电器电路符号

提示

目前，DCSSR 的输出器件主要使用大功率三极管、大功率场效应管、IGBT等；ACSSR 的控制器件主要使用单向晶闸管、双向晶闸管器件。

ACSSR 按触发方式又分为过零触发型和随机导通型两种。其中，过零触发型SSR 是当控制信号输入后，在交流电源经过零电压附近时导通，故干扰很小。随机导通型 SSR 则是在交流电源的任一相位上导通或关断，因此在导通瞬间可能产生较大的干扰，并且它内部的晶闸管容易因功耗大而损坏。ACSSR 按采用的输出器件不同，分为双向晶闸管普通型和单向晶闸管反并联增强型两种。由于单向晶闸管比双向晶闸管具有阻断电压高和散热性能好等优点，多被用来制造高电压、大电流产品和用于感性、容性负载中。

3. 固态继电器的主要参数

固态继电器（SSR）的参数较多，现对主要的参数进行介绍。

（1）额定输入电压

额定输入电压是指 SSR 在规定条件下能承受的稳态阻性负载的最大允许电压的有效值。如果受控负载是非稳态或非阻性的，必须考虑所选产品是否能承受工作状态或冷热转换、静动转换、感应电势、瞬态峰值电压、变化周期等条件变化时所产生的最大合成电压。比如负载为感性时，要求 SSR 的额定输出电压必须大于两倍电源电压值，并且它的击穿电压值应高于负载电源电压峰值的两倍。

提示

电源电压为交流 220V 时，使用额定电压高于 400V 的 SSR 就可以满足一般小功率非阻性负载的需要，而选用额定电压高于 660V 的 SSR 就可以满足频繁启动的

单相或三相电机等负载的需要。

固态继电器使用时，因过流和负载短路会造成 SSR 内部的晶闸管永久损坏，可以在控制回路中设置快速熔断器和空气开关进行保护；也可在继电器输出端并接 RC 吸收回路和压敏电阻 MOV 来实现输出保护。选用原则是 220V 选用 500～600V 压敏电阻，380V 时可选用 800～900V 压敏电阻。

（2）额定输出电流

额定输出电流是指 SSR 在环境温度、额定电压、功率因素、有无散热器等条件下，所能承受的电流最大的有效值。一般生产厂家都提供热降额曲线，若 SSR 长期工作在高温状态下（40～80℃）时，用户可根据厂家提供的最大输出电流与环境温度曲线数据，考虑降额使用来保证它正常工作。

注意

固态继电器有强的温度敏感性，当工作温度接近标称值后，必须通过加散热器、风扇等措施进行散热，否则固态继电器不能正常工作，甚至可能会损坏。

提示

为了保证 SSR 的正常工作，应保证其有良好的散热条件，额定工作电流在 10A 以上的 SSR 应采用铝制或铜制的散热器进行散热，100A 以上的 SSR 应采用风扇强制散热。在安装时应注意继电器底部与散热器的良好接触，并考虑涂适量导热硅脂以达到最佳散热效果。

（3）浪涌电流

浪涌电流是指 SSR 在室温、额定电压、额定电流和持续的时间等条件下，不会造成永久性损坏所允许的最大非重复性峰值电流。交流 SSR 在一个周期的浪涌电流为额定电流的 5～10 倍，直流 SSR 在一秒内为额定电流的 1.5～5 倍。

实际应用中，若负载为稳态阻性，SSR 可全额或降额 10％使用。对于电加热器、接触器等负载，初始接通瞬间出现的浪涌电流可达 3 倍的稳态电流，所以 SSR 应降额 20％～30％使用。对于白炽灯（灯泡）类负载，SSR 应按降额 50％使用，并且还应加上适当的保护电路。对于变压器等负载，所选产品的额定电流必须高于负载工作电流的两倍。对于电机等感性负载，所选用 SSR 的额定电流值应为电机运转电流的 2～4 倍，SSR 的浪涌电流值应为额定电流的 10 倍。

（4）断态电压上升率（dv/dt）

在规定的环境温度下，固态继电器处于关断状态时，其输出端所能承受的最大电压上升速率。

（5）断态漏电流

在规定的环境温度下，SSR 处于关断状态，输出端为额定输出电压时，流经负载的电流（有效）值。

（6）通态电压降

在规定的环境温度下，SSR 处于接通时，在额定工作电流下，两输出端之间的压降。

（7）开通时间

当使常开型继电器接通时，从输入端加电压到保证接通电压开始，输入端电压达到其电压最终变化的 90％为止之间的时间间隔。

（8）关断时间

当使常开型继电器关断时，从切断输入电压至保证关断电压开始，到输出端达到其电压最终变化结束之间的时间间隔。

（9）热阻

在热平衡条件下，固态继电器芯片与底基板之间温度差与产生温差的耗散功率之比。

（10）绝缘电压（输入/输出）

固态继电器的输入和输出之间所能承受的隔离电压最小值。

（11）绝缘电压（输入、输出/基板）

固态继电器的输入、输出和底基板之间所能承受的隔离电压最小值。

4. 固态继电器的构成

固态继电器主要由输入（控制）电路、驱动电路、输出（负载控制）电路、外壳和引脚构成。

（1）输入电路

输入电路的功能是为固态继电器的触发信号提供输入回路。固态继电器的输入电路多为直流输入，个别的为交流输入。直流输入又分为阻性输入和恒流输入。阻性输入电路的输入控制电流随输入电压呈线性正向变化，恒流输入电路在输入电压达到预置值后，输入控制电流不再随电压的升高而明显增大，输入电压范围较宽。

（2）驱动电路

驱动电路包括隔离耦合电路、功能电路和触发电路三部分。隔离耦合电路目前多采用光电耦合和高频变压器耦合两种电路形式。常用的光电耦合器有发光管-光敏三极管、发光管-光晶闸管、发光管-光敏二极管阵列等。高频变压器耦合方式是将初级绕组输入的 10MHz 的脉冲信号，通过磁芯将高频信号传递到次级绕组，实现变压器耦合。功能电路可包括检波整流、过零点检测、放大、加速、保护等各种功能电路。触发电路的作用是给输出器件提供触发信号。

（3）输出电路

输出电路是在触发信号的驱动下，实现对负载供电的通断控制。输出电路主要由输出器件和起瞬态抑制作用的吸收回路组成，有的还包括反馈电路。目前，各种固态继电器使用的输出器件主要有晶体三极管、单向晶闸管、双向晶闸管、MOS 场效应管、绝缘栅型双极晶体管（IGBT）等。

5. 固态继电器的基本原理

（1）过零型交流固态继电器工作原理

典型的过零触发型 SSR 内部结构如图 5-10 所示。①、②脚是输入端，③、④脚是输出端。R_9 为限流电阻，D_1 是防止反向供电损坏光电耦合器 IC_1 而设置的保护管，IC_1 将输入与输出电路进行隔离，V_1 构成倒相放大器，R_4、R_5、V_2 和单向晶闸管 V_3 组成过零检测电路，$D_2 \sim D_5$ 构成为整流桥，为 $V_1 \sim V_3$ 和 IC_1 等电路供电，由 V_3 和 D_2、D_3 为双向晶闸管 V_4 提供开启的双向触发脉冲，R_3、R_7 为分流电阻，分别用来保护 V_3 和 V_4，R_8 和 C_1 组成浪涌吸收网络，以吸收电源中带有的尖峰电压或浪涌电流，防止给 V_4 带来冲击或干扰。

当 SSR 接入电路后，220V 市电电压通过负载 R_L 构成的回路，加到 SSR 的③、④脚上，经 R_6、R_7 限流，再经 $VD_2 \sim VD_5$ 桥式整流产生脉动电压 U_1，U_1 除了为 IC_1、$V_1 \sim$

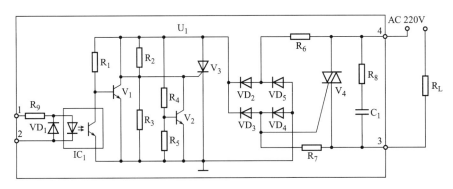

图 5-10　交流固态继电器的工作原理示意图

V_3 供电，还通过电阻取样后为 V_1、V_2 提供偏置电压。当 SSR 的①、②脚无电压信号输入时，光电耦合器 IC_1 内的发光管不发光，使它内部的光敏管因无光照而截止，U_1 通过 R_1 限流使 V_1 导通，致使晶闸管 V_3 因无触发电压而截止，进而使双向晶闸管 V_4 因 G 极无触发电压而截止，SSR 处于关闭状态。当 SSR 的①、②脚有信号输入后，通过 R_9 使 IC_1 内的发光管发光，它内部的光敏管导通，V_1 因 b 极没有电压输入而截止，V_1 不再对 V_3 的 G 极电位进行控制。此时，若市电电压较高，使 U_1 电压超过 25V 时，通过 R_4、R_5 取样后的电压超过 0.6V，使 V_2 导通，V_3 的 G 极仍然没有触发电压输入，V_3 仍截止，从而避免市电高时导通可能因功耗大而损坏。只有当市电电压接近过零区域，使 U_1 电压在 $10\sim25$V 的范围后，经 R_4 和 R_5 分压产生的电压不足 0.6V，使 V_2 截止，于是 U_1 通过 R_2、R_3 分压产生 0.7V 电压使 V_3 触发导通。V_3 导通后，220V 市电电压通过 R_6、VD_2、V_3、VD_4 构成的回路触发 V_4 导通，为负载提供 220V 的交流供电，从而实现了过零触发控制。由于 U_1 电压低于 10V 后，V_3 可能因触发电压而截止，导致 V_4 也截止，所以说过零触发实际上是与 220V 市电的幅值相比可近似看作"零"而已。

当①、②脚的电压信号消失后，IC_1 内的发光管和光敏管截止，V_1 导通，使 V_3 截止，但此时 V_4 仍保持导通，直到负载电流随市电减小到不能维持 V_4 导通后，V_4 截止，SSR 进入关断状态。

提示

SSR 在关断期间，虽然 220V 电压通过负载 R_L、R_6、R_7、$VD_2\sim VD_5$ 构成回路，但由于 R_L、R_6、R_7 的阻值较大，只有微弱的电流流过 R_L，所以 R_L 不工作。

（2）直流固态继电器工作原理

典型的直流触发型 SSR 内部结构如图 5-11 所示。①、②脚是输入端，③、④脚是输出端。R_1 为限流电阻，D_1 是防止反向供电损坏光电耦合器 IC_1 而设置的保护管，IC_1 将输入与输出电路进行隔离，V_1 构成射随放大器，V_2 是输出放大器，R_2、R_3 是分流电阻，D_2 是防止 V_2 反向击穿而设置的保护管。

当 SSR 的①、②脚无电压信号输入时，光电耦合器 IC_1 内的发光管不发光，使它内部的光敏管因无光照而截止，致使 V_1 和 V_2 相继

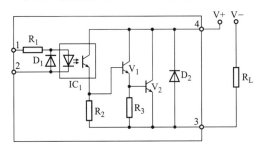

图 5-11　直流固态继电器的工作原理示意图

截止，SSR 处于关闭状态。当 SSR 的①、②脚有信号输入后，通过 R_1 使 IC_1 内的发光管发光，它内部的光敏管导通，由它发射极输出的电压加到 V_1 的 b 极，经 V_1 射随放大后，从它的 e 极输出，再使 V_2 饱和导通，负载提供直流电压，负载开始工作。

当①、②脚的电压信号消失后，IC_1 内的发光管和光敏管相继截止，V_1 和 V_2 因 b 极无导通电压输入而截止，SSR 才进入关断状态。

6. 固态继电器的检测

（1）好坏的检测

检测固态继电器时，首先测它的两个输入脚间的阻值，正向测量有通阻值、反向测量为无穷大，而测量它的两个输出脚间的正、反向阻值均为无穷大。否则，说明它损坏。

（2）输入电流和带载能力的检测

参见图 5-12，将直流稳压电源和万用表的 50mA 电流挡、2.2kΩ 的可调电阻 RP、SP2210 型固态继电器（SSR）的输入端引脚组成串联回路，再将 SP2210 的输出端与 60W 的白炽灯和 220V 市电构成回路。随后，将 RP 调整到最大，打开直流稳压器的电源开关，调整直流稳压器的输出电压旋钮，使输出电压电压为 5V，

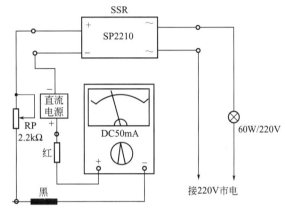

图 5-12　固态继电器供电后检测示意图

此时白炽灯不应发光，调整 RP 使白炽灯发光并且亮度逐渐增大，说明 SP2210 正常，若白炽灯不能发光，或调整 RP 时白炽灯不能亮暗变化，说明 SP2210 损坏。

五、交流接触器

交流接触器是根据电磁感应原理做成的广泛用作电力自动控制的开关，它主要应用在三相电的供电系统内。常见的交流接触器的实物如图 5-13 所示。

图 5-13　交流接触器的实物

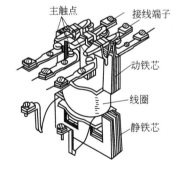

图 5-14　交流接触器构成

1. 构成和特点

交流接触器由线圈、铁芯、主触点、辅助触点（图中未画出）、接线端子等构成，如图 5-14 所示。主触点用来控制 380V 供电回路的通断，辅助触点来执行控制指令。主触点一般只有常开功能，而辅助触点通常由两对常开和常闭功能的触点构成。

交流接触器的触点由银钨合金制成，具有良好的导电性和耐高温烧蚀性。交流接触器的铁芯由动铁芯和静铁芯两部分构成，静铁芯是固定的，在它上面套上线圈，为线圈供电后，线圈和铁芯产生的磁场将动、静铁芯吸合，从而控制主触点吸合，压缩机得到供电开始工作。当交流接触器的线圈断电后，动铁芯依靠弹簧复位，使主触点断开，压缩机停止工作。

提示

为了使磁力稳定，铁芯的吸合面安装了短路环。20A 以上的交流接触器需要设置灭弧罩，利用它产生的电磁力，快速拉断电弧，避免了触点被弧光烧蚀损坏，实现触点的保护。

2. 工作原理

图 5-15 是典型的三相电空调器的室外机电气接线图。室外机 6 位端子板上的 R 为 R 相火线，S 为 S 相火线，T 为 T 相火线，N 为零线，而两侧的都是接地线。其中，S 相、R 相、T 相火线不仅输入到交流接触器的三个输入端子上，而且送到相序板。当相序板检测 R、S、T 三相电相序正确并将该信息送给室内机电脑板后，室内机电脑板输出压缩机运转指令，通过供电控制电路为交流接触器线圈提供 220V 交流电压，使交流接触器的 3 对触点闭合，三相电加到压缩机 U、V、W 的三个端子上，压缩机电机获得供电后开始运转。

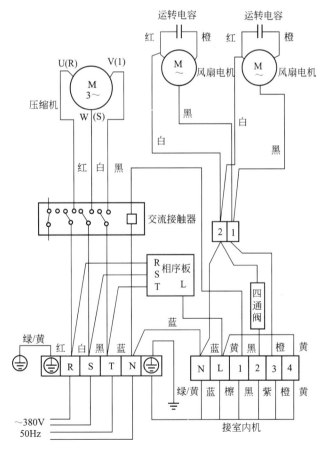

图 5-15 典型三相电空调器室外机电气接线图

3. 检测

交流接触器异常后，一是触点不能吸合，使压缩机不工作；二是触点接触不良使压缩机等器件有时能工作，有时不能工作。

交流接触器工作异常一个原因是自身故障，另一个是线圈的供电电路异常。对于触点不能吸合的故障，用数字万用表的交流电压挡测线圈两端有无 220V 的供电，若没有供电，查供电电路；若有供电，说明交流接触器的线圈或触点部分异常。确认后供电正常后，测交流接触器线圈的阻值是否正常，若阻值为无穷大，说明线圈开路；若阻值为 500Ω 左右，如图5-16 所示，说明触点或控制部分异常。

图 5-16　交流接触器线圈阻值的检测

六、热继电器

1. 热继电器的特点

热继电器是一种利用电流热效应的保护继电器，正常时它的触点处于接通状态，当过热时自动转入断开状态，主要用于对三相电异步电动机等设备进行过载保护。典型的过热继电器如图 5-17 所示。

2. 热继电器的构成和工作原理

热继电器由双金属片、发热元件、动作机构、触点、复位按钮等组成。发热器件接在压缩机供电电路的控制电路中。当电机等负载过流时，发热元件因过流产生较大的热量，使双金属片弯曲，通过动作机构，推动触点分离，最终切断电机的供

图 5-17　热继电器

电电路，电机停止运行，实现过热保护。故障排除后，按动过热继电器顶部的复位按钮可使用触点重新闭合，再次接通电机的供电电路。

3. 热继电器的检测

过热继电器的触点不能吸合故障多因双金属片、触点异常所致，而触点接触不良多因触点烧蚀所致。用万用表的二极管挡测量触点间的阻值为无穷大，说明触点没有接通。

七、继电器的更换

更换继电器时需要注意的几点：一是必须采用同类产品更换，也就交流继电器损坏后必须用交流继电器更换，直流继电器损坏后必须用直流继电器更换；二是必须采用体积相当的

继电器，而否则会给安装带来困难；三是采用功率相当的继电器更换，否则可能影响使用寿命，甚至可能会产生新的故障；四是更换直流继电器时，还要注意更换继电器的额定电压和额定电流，以免更换后的继电器不能工作或工作不正常。

第二节 电磁阀的识别与检测

电磁阀是一种流体控制器件，通常应用于自动控制电路中，它由控制系统（又称输入回路）和被控制系统（阀门）两部分构成，它实际上是用较小的电流、电压的电信号去控制流体管路通断的一种"自动开关"。由于电磁阀具有成本低、体积小，开关速度快，接线简单，功耗低，性价比高，经济实用等显著特点而被广泛应用在自动控制领域的各个环节。

一、电磁阀的构成与分类

1. 电磁阀的构成

阀体部分被封闭在密封管内，由滑阀芯、滑阀套、弹簧底座等组成。电磁阀的电磁部件由固定铁芯、动铁芯、线圈等部件组成，电磁线圈被直接安装在阀体上。这样阀体部分和电磁部分就构成一个简洁、紧凑的组件。

2. 电磁阀的分类

（1）按被控制管路内的介质及使用工况分类

电磁阀按被控制管路内的介质及使用工况的不同可将电磁阀分为液用电磁阀、气用电磁阀、蒸汽电磁阀、燃气电磁阀、油用电磁阀、消防专用电磁阀、制冷电磁阀、防腐电磁阀、高温电磁阀、高压电磁阀、无压差电磁阀、超低温电磁阀（深冷电磁阀）、真空电磁阀等多种。

（2）按线圈的驱动方式分类

电磁阀按线圈的驱动方式的不同可分为先导式、直动式、复合式、反冲式、自保持式、脉冲式、双稳态等多种。

（3）按阀门工作方式分类

电磁阀根据阀门的工作方式可分为常闭型和常开型两种。常闭型指线圈没通电时阀门是关闭的，常开型指线圈没通电时阀门是打开的。

（4）按内部结构分类

电磁阀按内部结构可分为二位二通阀、二位三通阀、二位四通阀、二位五通阀等多种。其中，二位二通电磁阀有一个进气（液）孔、一个出气（液）孔；液体二位三通电磁阀是一个进液孔、二个出液孔（一个常开、一个常闭）；气用二位三通电磁阀是一个进气孔、一个出气孔、一个排气孔；油用（液压）二位三通电磁阀是一个进油孔、一个出油孔、一个回油孔。

（5）按使用材质分类

电磁阀按电磁阀的使用材质不同可分为铸铁体（灰口铸铁、球墨铸铁）、铜体（铸铜、锻铜）、铸钢体、全不锈钢体（304、316）、非金属材料（ABS、聚四氟乙烯）多种。

（6）按管道中介质的压力分类

按管道中介质的压力不同可分为真空型（-0.1～0MPa）、低压型（0～0.8MPa）、中压型（1～2.5MPa）、高压型（4～6.4MPa）、超高压型（10～21MPa）多种。

（7）按介质温度分类

电磁阀按介质温度的不同可分为常温型（5～80℃）、中温型（100～150℃）、高温型（150～220℃）、超高温型（250～450℃）、低温型（-40～0℃）、超低温型（-196℃）多种。

（8）按工作电压不同分类

电磁阀按工作电压的不同可分为交流电压和直流电压两种。而交流电压型根据供电电压高低又分为 AC24V、AC110V、AC220V 和 AC380V 等多种。直流电压型根据供电电压高低又分为 DC6V、DC12V、DC24V 等多种。目前，常用的是 AC220V 和 DC24V 两种。

（9）按防护等级分类

电磁阀按防护等级的不同可分为防水型、户外型、防爆型等多种。

二、二位二通电磁阀

二位二通电磁阀主要应用在全自动洗衣机、淋浴器、饮水机等产品内，常见的二位二通电磁阀如图 5-18 所示。

(a) 进水电磁阀　　　　　　　　(b) 排水电磁阀

图 5-18　典型的二位二通电磁阀

1. 进水电磁阀

下面以全自动洗衣机的进水电磁阀为例介绍进水电磁阀的工作原理，工作原理如图 5-19 所示。

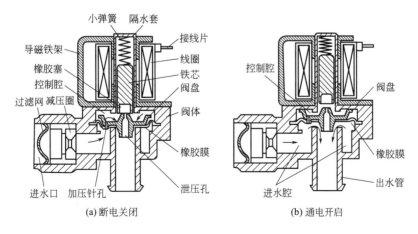

(a) 断电关闭　　　　　　　　(b) 通电开启

图 5-19　洗衣机进水电磁阀构成与工作原理示意图

进水电磁阀的线圈不通电时，不能产生磁场，于是铁芯在小弹簧推力和自身重量的作用下下压，使橡胶塞堵住泄压孔，此时，从进水孔流入的自来水再经加压针孔进入控制腔，使控制腔内的水压逐渐增大，将阀盘和橡胶膜紧压在出水管的管口上，关闭阀门。为线圈通电，使其产生磁场后，克服小弹簧推力和铁芯自身的重量，将铁芯吸起，橡胶塞随之上移，泄压孔被打开，此时，控制腔内的水通过泄压孔流入出水管，使控制腔内的水压逐渐减小，阀盘和橡胶膜被在水压的作用下上移，打开阀门。这样，实现注水功能。

2. 排水电磁阀

下面以全自动洗衣机的排水电磁阀为例介绍进水电磁阀的工作原理，工作原理如图5-20所示。

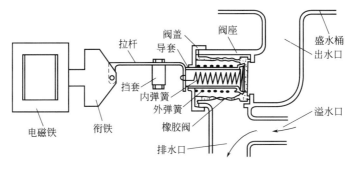

(a) 洗涤、漂洗状态(电磁铁断电)

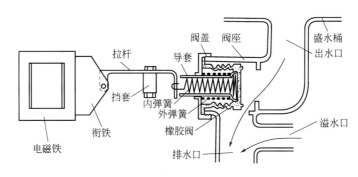

(b) 排水、脱水状态(电磁铁通电)

图 5-20　洗衣机排水电磁阀构成与工作原理示意图

排水电磁阀的线圈不通电时，不能产生磁场，衔铁在导套内的外弹簧推力下向右移动，使橡胶阀被紧压在阀座上，阀门关闭。为线圈通电，使其产生磁场后，吸引衔铁左移，通过拉杆向左拉动内弹簧，将外弹簧压缩后使虚假阀左移，打开阀门，将桶内的水排出。

提示

　　目前，许多全自动洗衣机的排水系统采用了牵引器和排水阀构成，而牵引器是以交流电机为核心构成的。

3. 二位二通电磁阀的检测

（1）进水电磁阀的检测

下面以海尔波轮全自动洗衣机的进水电磁阀为例介绍进水电磁阀的检测，如图5-21所示。

图 5-21　洗衣机进水电磁阀的检测示意图

图 5-22　万用表检测洗衣机排水电磁阀

将数字万用表置于 20kΩ 挡，两个表笔接在线圈的引脚上，显示屏显示的数值为 4.68，说明它的阻值为 4.68kΩ；若阻值为无穷大，说明线圈开路；如阻值过小，说明线圈短路。另外，为进水电磁阀的线圈通电、断电，若不能听到阀芯吸合、释放所发出"咔嗒"的声音，则说明该电磁阀的线圈损坏或阀芯未工作。

 提示

> 不同的进水电磁阀的线圈阻值有所不同，但阻值多为 3.5k～5kΩ。

（2）排水电磁阀的检测

为脱水电磁阀的线圈通电、断电，若不能听到阀芯吸合、释放所发出"咔嗒"的声音，则说明该电磁阀的线圈损坏或阀芯未工作。维修时，也可以测量线圈的阻值判断线圈是否正常。参见图 5-22，将数字万用表置于电阻/电压自动挡，两个表笔接在线圈的引脚上，显示屏显示的阻值为 91.9Ω；若阻值过大或为无穷大，说明线圈开路；如阻值过小，说明线圈短路。

 提示

> 不同的脱水电磁阀的线圈阻值有所不同，维修时要加以区别。

三、二位三通电磁阀

由于二位三通直动式电磁阀具有零压启动、密封性能好、开启速度快、可靠性能好、使用寿命长等特点，所以二位三通电磁阀不仅应用在双温双控、多温多控电冰箱内，而且还广泛在医疗器械、制冷设备、仪器仪表、冶金、制药等行业。常见的二位三通电磁阀实物如图 5-23 所示，内部构成如图 5-24 所示。

参见图 5-24、图 5-25，二位三通阀的线圈不通电时，阀芯处于原位置，使管口 1 关闭、管口 2 打开，于是冷冻室、冷藏室的蒸发器同时工作，冷藏室、冷冻室同时制冷；线圈通电后产生的磁场将阀芯吸起，将管口 2 关闭，使管口 1 畅通，仅冷冻室蒸发器吸收热量，冷冻室继续制冷。这样，通过它的控制，实现了冷藏室、冷冻室同时制冷或冷冻室单独制冷的需要。

四、四通阀

四通阀也叫四通电磁阀、四通换向阀，它们都是四通换向电磁阀的简称。四通阀主要是通过切换制冷剂的走向，改变室内、室外热交换器的功能，实现制冷或制热功能，也就是说

图 5-23　二位三通电磁阀实物示意图

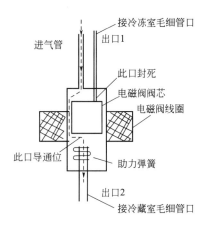

图 5-24　二位三通电磁阀的构成示意图

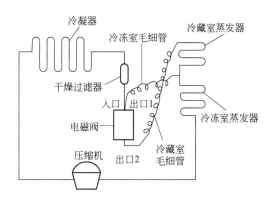

图 5-25　二位三通电磁阀在
电冰箱制冷系统内的位置

它是热泵冷暖型空调器区别于单冷型空调器最主要的器件之一。典型的四通阀实物外形如图 5-26 所示，它的安装位置如图 5-27 所示。

1. 构成

四通阀由电磁导向阀和换向阀两部分组成。其中，电磁导向阀由阀体和电磁线圈两部分组成。阀体内部设置了弹簧和阀芯、衔铁，阀体外部有 C、D、E 三个阀孔，它们通过 C、D、E 三根导向毛细管与换向阀连接。四通阀的阀体内设半圆形滑块和两个带小孔的活塞，阀体外有管口 1、管口 2、管口 3、管口 4 四个管口，它们分别与压缩机排气管、吸气管、室内热交换器、室外热交换器的管口连接，如图 5-28 所示。

图 5-26　四通阀的实物外形

图 5-27　四通阀的安装位置

2. 工作原理

（1）制冷状态

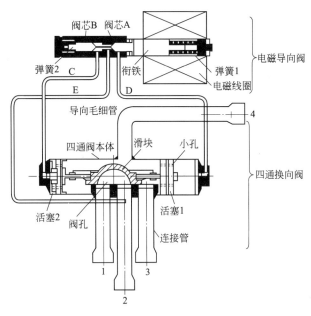

图 5-28　四通阀内部结构

参见图 5-29，当空调器设置于制冷状态时，电气系统不为电磁导向阀的线圈提供 220V 市电电压，线圈不能产生磁场，衔铁不动作。此时，弹簧 1 的弹力大于弹簧 2，推动阀芯 A、B 一起向左移动，于是阀芯 A 使导向毛细管 D 关闭，而阀芯 B 使导向毛细管 C、E 接通。由于换向阀的活塞 2 通过 C 管、导向阀、E 管接压缩机的回气管，所以活塞 2 因左侧压力减小而带动滑块左移，将管口 4 与管口 3 接通，管口 2 与管口 1 接通，此时室内热交换器作为蒸发器，室外热交换器作为冷凝器。这样压缩机排出的高压高温气体经换向阀的管口 4 和管口 3 进入室外热交换器，利用室外热交换器开始散热，再经毛细管进入室内热交换器，利用室内蒸发器吸热汽化后，经管口 1 和管口 2 构成的回路返回压缩机。因此，空调器工作制冷状态。

（2）制热状态

参见图 5-30，当空调器设置于制热状态时，电气系统为导向阀的线圈提供 220V 市电电压，线圈产生磁场，使衔铁右移，致使阀芯 A、B 在向右移动，于是阀芯 A 使导向毛细管 D、E 接通，而阀芯 B 将导向毛细管 C 关闭。由于换向阀的活塞 1 通过 D 管、导向阀、E 管接压缩机的回气管，所以活塞 1 因右侧压力减小而带动滑块右移，将管口 4 与管口 1 接通，管口 2 与管口 2 接通，此时室内分热交换器作为冷凝器，室外热交换器作为蒸发器。这样压缩机排出的高压高温气体经换向阀的管口 4 和管口 1 构成的回路进入室内热交换器，利用室内热交换器开始散热，再经毛细管节流降压后进入室外热交换器，利用室外交换器吸热汽化，随后通过管口 3 和管口 2 构成的回路返回压缩机。因此，空调器工作制热状态。

3. 检测

（1）线圈的检测

参见图 5-31，将数字万用表置于 2kΩ 挡，测四通阀线圈的阻值，若阻值为 1.340kΩ 左右，说明线圈正常；若阻值过大，说明线圈开路；若阻值过小，说明线圈短路。还可以采用交流电压挡测量线圈两端电压的方法进行判断，若线圈两端有无 220V 市电电压时，四通阀内部应该换向，否则说明四通阀损坏。另外，通电后若线圈过热，说明线圈有匝间短路的现象。

（2）阀芯的检测

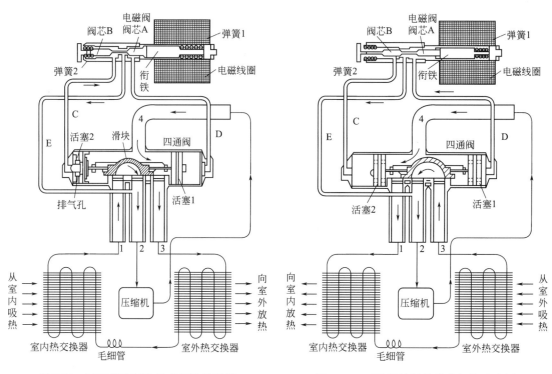

图 5-29　四通阀的制冷状态切换示意图　　　　图 5-30　四通阀的制热状态切换示意图

图 5-31　四通阀线圈的检测示意图

　　参见图 5-32，在不为四通阀加市电电压的情况下，用手指堵住四通阀的管口 1、2，由管口 4 吹入氮气，管口 3 应有气体吹出；为线圈加市电电压后，用手指堵住四通阀管口 2 和 3，由管口 4 吹入氮气，在听到内部滑块动作声的同时，管口 1 应有气体吹出。否则，说明四通阀不能换向。

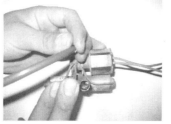

图 5-32　四通阀阀芯的检测示意图

温度控制器件、定时器件的识别与检测

第六章

- 第一节　温度控制器件的设备与检测

- 第二节　定时器件的识别与检测

第一节 温度控制器件的设备与检测

为了控制电冰箱、空调器等制冷设备的制冷温度和控制电热器具的加热温度，所有制冷设备和电热器具上都安装了温度控制器（简称温控器）。

一、分类

1. 根据原理分类

温控器根据原理可分为机械式和电子式两种。机械式温控器通过感温囊对温度检测，再通过机械系统对压缩机供电系统进行控制，进而实现温度控制。而电子式温控器通过负温度系统热敏电阻对温度进行检测，再通过继电器或可控硅对压缩机供电系统进行控制，进而实现温度控制。

2. 根据材料构成分类

温控器根据材料构成可分为双金属温控器、制冷剂温控器、磁性温控器、热电偶温控器和电子温控器等多种。

3. 根据功能分类

温控器根据功能可分为电冰箱温控器、空调器温控器、电饭锅温控器、电热水器温控器、淋浴器温控器、微波炉温控器、烧烤炉温控器等多种。

4. 根据触点工作方式分类

温控器根据触点工作方式可分为动合型（常开触点）和动断型（常闭触点）两种。

二、双金属温控器

双金属温控器也叫温控开关，它的作用主要是控制电加热器件的加热时间。常见的双金属温控器如图 6-1 所示。

图 6-1　双金属温控器实物示意图

1. 双金属温控器的构成与原理

双金属温控器由热敏器、双金属片、销钉、触点、触点簧片等构成，如图 6-2 所示。

电热器具通电后开始加热，温控器检测到的温度较低时，双金属片向上弯曲，不接触销钉，触点在触点簧片的作用下吸合。随着加热不断进行，温控器检测的温度达到设置值后，双金属片变形下压，通过销钉使触点簧片向下弯曲，致使触点释放，加热器因无供电而停止工作，电热器具进入保温状态。随着保温时间的延长，温度开始下降，被温控器检测后，它的双金属片复位，触点在簧片的作用下吸合，再次接通加热器的供电回路，开始加热。重复以上过程，实现了温度的自动控制。

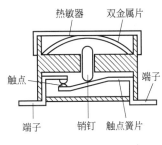

图 6-2　双金属温控器
构成示意图

提示

部分电饭锅采用的双金属温控器的控制温度点是可以调整的。通过调整它上面的调整螺钉，可以预先改变作用在触点上的压力，从而可改变动作的温度点。

2. 双金属温控器的检测

（1）电热器具用温控器检测

图 6-3　电热器件用
双金属温控器
检测示意图

参见图 6-3，未受热时，用万用表的二极管挡测它的接线端子间的阻值，若阻值为 0，并且蜂鸣器鸣叫，说明它正常；若阻值为无穷大，则说明它已开路。而它检测的温度达到标称后阻值不能为无穷大，仍然为 0，则说明它内部的触点粘连。

（2）空调器风扇电机用温控器检测

参见图 6-4（a），未受热时，用万用表的二极管挡测它的接线端子间的阻值，若阻值为 0，并且蜂鸣器鸣叫，说明内部触点接通，若阻值为无穷大，则说明它已开路。

参见图 6-4（b），为它加热后，阻值应变为无穷大，说明达到温度后触点能断开，若阻值仍然为 0，则说明它内部的触点粘连。

(a) 常温下　　　　　　　　　(b) 受热后

图 6-4　空调器风扇电机用双金属温控器检测示意图

三、磁性温控器

磁性温控器也叫磁钢限温器，俗称磁钢，它主要应用在电饭锅内，它的作用是控制电饭锅煮饭时间的长短。常见的磁性温控器如图6-5所示。

1. 磁性温控器的构成

磁性温控器由感温磁铁、弹簧、永久磁钢、拉杆、内外套等构成，如图6-6所示。

图6-5 磁性温控器实物示意图

2. 磁性温控器的工作原理

电饭锅的操作按键按下后，磁性温控器内的永久磁铁在杠杆的作用下克服动作弹簧推力，上移与感温磁铁吸合，银触点在磷青铜片的作用下闭合，电饭锅的加热盘开始加热。随着加热的不断进行，锅底的温度升高，当温度达到感温磁铁的设置值后，感温磁铁的磁性消失，永久磁铁在动作弹簧的作用下复位，通过杠杆将触点断开，加热器因无供电而停止工作，电饭锅进入保温状态。

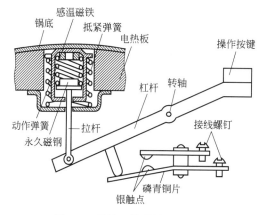

图6-6 磁性温控器构成示意图

四、制冷温控器

制冷温控器（机械型）主要应用在普通直冷型电冰箱，它的主要作用是控制压缩机运转、停止时间，实现制冷控制。常见的制冷温控器的实物如图6-7所示。

图6-7 制冷温控器实物示意图

1. 制冷温控器的构成

制冷温控器（机械型）主要由感温管、传动膜片、温度调整螺钉、触头等构成，如图6-8所示。

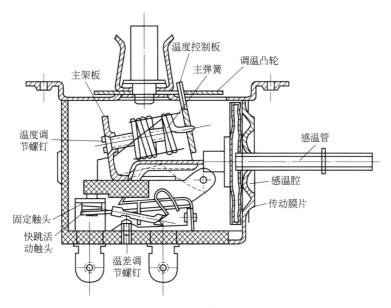

图 6-8　制冷温控器的构成

2. 工作原理

电冰箱箱内温度较高时，安装在电冰箱内胆表面上感温管的温度也随之升高，管内感温剂膨胀使压力增大，致使感温囊（感温腔）前面的传动膜片向前移动，当升高到某个温度时，使动触点（快跳活动接点）与固定触点闭合，接通压缩机供电回路，压缩机开始运转，电冰箱进入制冷状态。随着制冷的不断进行，蒸发器表面温度逐渐下降，感温管温度和压力也随之下降，感温腔的膜片向后位移，当降到某个温度时，动触点在主弹簧的作用下与固定触点分离，切断压缩机供电电路，压缩机停转，制冷结束。重复上述过程，温控器对压缩机运行时间进行控制，确保箱内温度在一定范围内变化。

电冰箱箱内温度高低的控制，是通过旋转温控器调节钮来实现的。当温度高低范围不符合要求（温度控制有误差）时，可通过调整温差调节螺钉进行校正。不过，一般维修时不要调整，特别是对带有化霜装置的温控器，以免带来不必要的麻烦。

3. 制冷温控器的检测

参见图 6-9，室温状态下，用数字万用表的二极管挡测量触点端子阻值为 0，并且蜂鸣器鸣叫；若将温控器放入电冰箱冷冻室进行冷冻后，测触点阻值为无穷大，说明温控器控制正常。同样，若将温控器的旋钮扭到最小时，触点间的阻值应为无穷大；若为 0，说明温控器内的触点粘连。而温控器的旋钮扭到最大时，触点间的阻值应为 0；若为无穷大，说明温

(a) 旋钮最大位置

(b) 旋钮最小位置

图 6-9　制冷温控器检测示意图

控器内的机械系统异常。

第二节 定时器件的识别与检测

定时器件是一种控制用电设备通电时间长短的时间控制器件。按定时器的结构可分为发条机械式定时器、电机驱动机械式定时器和电子定时器三种。

一、发条机械式定时器

发条机械式定时器主要应用在普通洗衣机、消毒柜等电子产品上。常见的发条机械式定时器如图 6-10 所示。

图 6-10　发条机械式定时器实物示意图

1. 发条机械式定时器的构成与工作原理

发条机械式定时器由发条、主轴、齿轮、凸轮、触点等构成，如图 6-11 所示。

发条是该定时器的动力源，它由 0.3～0.5mm 的不锈钢钢条经特殊工艺制作而成。它的一端固定在主轴上，另一端与齿轮连接。用手旋转定时器上的旋钮使发条卷紧，待松手后卷紧的发条就转换为机械能驱动齿轮转动。而齿轮转到后，就会驱动凸轮运转。当凸轮的圆弧部位与触点的簧片接触时，上面的簧片受力向下弯曲，使触点闭合，接通负载的电源；当凸轮的缺口部位对准触点簧片时，上面的簧片向上弹起，使触点分离，切断负载的电源，实现定时控制。

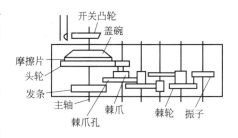

图 6-11　发条机械式定时器的构成

2. 发条机械式定时器的检测

（1）洗涤定时器的检测

参见图 6-12，旋转定时器的旋钮后，用数字万用表的二极管挡测量触点端子的阻值交替为 0 和无穷大，若阻值始终为 0，说明触点粘连；若阻值始终为无穷大，说明定时器的触点不能吸合。

（2）脱水（甩干）定时器的检测

脱水（甩干）定时器在进入定时状态后，它的触点是始终接通的，检测时阻值始终为 0，如图 6-13 所示。

图 6-12　洗涤定时器的检测示意图　　　图 6-13　脱水定时器的检测示意图

二、电机驱动机械式定时器

电机驱动定时器应用在洗衣机、微波炉、洗碗机、电冰箱的化霜电路上。常见的电机驱动机械式定时器如图 6-14 所示。

图 6-14　电机驱动机械式
定时器实物示意图

1. 电机驱动机械式定时器的构成与工作原理

图 6-15 是电冰箱化霜采用电机驱动机械式定时器实物和构成示意图，它由电机、齿轮、凸轮、触点等构成。

化霜定时器内的开关不仅串联在压缩机供电回路中，而且还控制化霜供电电路。化霜定时器通电后，它内部的电机旋转带动齿轮转动，进而带动凸轮做间歇运动，每隔 8h 凸轮使开关接通一次，使化霜加热器的供电电路，开始化霜。接通化霜供电电路时，切断压缩机的供电回路，使压缩机停止工作，其余时间接通压缩机供电回路。

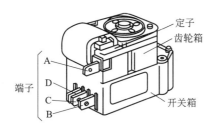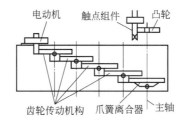

图 6-15　电机驱动机械式定时器的构成

2. 电机驱动机械式定时器的检测

参见图 6-15，先测化霜定时器电机绕组（AB 或 AC）两端子电阻，正常值应为 8kΩ 左右，若阻值为无穷大，说明绕组开路；若阻值过小，说明绕组短路。其次测量 B、C、D 三触点的三接线端子之间电阻，并旋转化霜定时器钮，正常时 CD、CB 端子间应交替通（阻值为 0Ω）断（阻值为无穷大），若两个端子间的阻值不稳定，说明触点接触不良。

电子元器件识别与检测 **完全掌握**

电动机、启动器的识别与检测

第七章

电动机通常简称为电机，俗称马达，在电路中用字母"M"（旧标准用"D"）表示。它的作用就是将电能转换为机械能。许多电子产品都使用了电机做动力源。启动器主要介绍压缩机的启动器。

第一节 小家电用电动机识别与检测

一、吸油烟机风扇电机

1. 吸油烟机风扇电机的识别

电风扇采用的是单相异步电机，如图 7-1 所示，由于电风扇电机仅正向运转，所以它的副绕组的参匝数仅为主绕组的 20%～40%。

2. 小家电风扇电机的检测

小家电用电机的检测方法基本相同，下面以杭州老板 YYHS-135 型油烟换气双速电动机为例介绍吸油烟机风扇电机的测量方法。

（1）慢速绕组通断的检测

首先，将指针万用表置于 R×10 挡，两个表笔分别接绕组两个接线端子，表盘上指示的数值就是该绕组的阻值，如图

图 7-1 电风扇电机实物示意图

7-2 所示。若阻值为无穷大，则说明它已开路；若阻值过小，说明绕组短路。

(a) 运行+启动　　　　　　　　(b) 启动　　　　　　　　(c) 运行

图 7-2 吸油烟机电机慢速绕组通断的检测

提示

不同功率电机的阻值是不同的。电机的绕组短路后，不仅会导致电机出现转动无力、噪声大等异常现象，而且电机外壳会发热，甚至会发出焦味。

（2）快速绕组通断的检测

由于快速绕组和慢速绕组是采用抽头方式安装，所以只要测量快速绕组的红色引线和蓝线之间的阻值是否正常，基本可以确认快速绕组是否正常。首先，将指针万用表置于 R×10

挡，两个表笔分别接绕组两个接线端子，表盘上指示的数值就是该绕组的阻值，如图 7-3 所示。若阻值为无穷大，则说明它已开路；若阻值过小，说明绕组短路。

图 7-3　吸油烟机电机快速绕组通断的检测　　　　图 7-4　吸油烟机电机绕组的绝缘性能的检测

（3）绕组是否漏电的检测

将指针万用表置于 R×10k 挡，一个表笔接电机的绕组引出线，另一个表笔接在电机的外壳上，阻值应为无穷大，如图 7-4 所示。否则说明它已漏电。

二、电风扇（吊扇）电机

1. 电风扇电机的识别

电风扇采用的是单相异步电机，由于电风扇电机仅正向运转，所以它的副绕组的参匝数仅为主绕组的 20%～40%，该电机也采用电容运转式。

2. 电风扇电机的检测

电风扇电机的检测方法与吸油烟机的风扇电机的检测方法基本相同。

第二节　洗衣机电动机识别与检测

一、双桶波轮洗衣机电机

1. 洗涤电机的识别

波轮双桶洗衣机的洗涤电机采用的是单相异步电动机，如图 7-5 所示。

图 7-5　洗涤电机实物示意图

图 7-6　典型脱水电机

2. 脱水电动机的识别

波轮双桶洗衣机的脱水电机也采用单相异步电动机，如图 7-6 所示。

3. 洗涤电机的检测

（1）电机绕组的检测

用万用表的 R×1Ω 挡或 R×10Ω 挡测它的接线端子间的阻值，如图 7-7 所示。若阻值为无穷大，则说明它已开路。若阻值过小，说明绕组短路。

图 7-7　洗涤电动机的检测示意图

（2）电机绝缘性能的检测

将指针万用表置于 R×10kΩ 挡或将数字万用表置于 20MΩ 挡，一个表笔接电动机的绕组引出线，另一个表笔接在电动机的外壳上，正常时阻值应为无穷大，否则说明它已漏电。

提示

由于洗涤衣物时，需要洗涤电动机带动波轮正向、反向交替运转，所以洗涤电机主、副绕组的参数完全相同。

4. 脱水电动机的检测

参见图 7-8，用数字万用表的 200Ω 挡测它的接线端子间的阻值，若阻值为无穷大，则说明它已开路。若阻值过小，说明绕组短路。

（a）运行绕组　　　　　　　　　　　　（b）启动绕组

（c）运行+启动绕组　　　　　　　　　　（d）绝缘电阻

图 7-8　脱水电动机检测示意图

将数字万用表置于 20MΩ 挡，一个表笔接电动机的绕组引出线，另一个表笔接在电动机的外壳上，正常时阻值应为无穷大（显示屏显示的数字为 1），否则说明它已漏电。若采用指针万用表测量绝缘电阻时，应将它置于 R×10kΩ 挡。

注意

有的脱水电动机漏电后会导致脱水桶带电，所以使用、维修时要注意安全，以免发生危险。

二、滚筒洗衣机电机

滚筒洗衣机电机为了完成洗涤和脱水工作，采用了双速电机和单相串激电机。滚筒洗衣机采用的电机如图 7-9 所示。其中，双速电机具有优异的启动特性和运转性能、过载能力强等优点，但也存在功率不足和转速低的缺点。单相串励电机具有启动力矩大、过载能力强、转速高、体积小等优点，但它也存在需要经常维护的缺点。

图 7-9　滚筒洗衣机电机实物示意图

提示

另外，单相串励电动机还广泛应用在电钻、电锤、电刨、电动缝纫机、吹尘器、电吹风、榨汁搅拌机、微波炉、豆浆机、电动按摩器、电推子等电动工具和家用电器中。

1. 双速电机

由于洗涤、脱水两种状态下的速度和功率相差较大，采用单绕组抽头或变极的方法很难实现，所以许多滚筒洗衣机采用了双速电机。双速电机实现双速的方法是在定子铁芯嵌入了 2 极和 12 极或 16 极两套绕组。其中，12 极或 16 极绕组来实现洗涤、漂洗驱动，2 极绕组来实现脱水驱动。

（1）12 极或 16 极绕组的构成

12 极或 16 极绕组采用星形接法，包括主绕组、副绕组和公共绕组三部分，主、副绕组采用相同线径的漆包线绕制，匝数比为 1：1，而公共绕组与主、副绕组的线径和匝数比不同，3 套绕组在空间互成 120°，如图 7-10 所示。

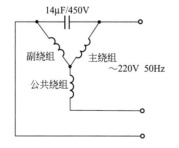

图 7-10　12 极或 16 极绕组构成示意图

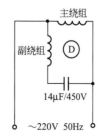

图 7-11　2 极绕组构成示意图

（2）2 极绕组的构成

2极绕组采用同心式正弦绕制方式，它由主、副两套绕组组成，节距相等，轴线夹角为90°，如图7-11所示。

（3）过载保护

为了防止双速电机过载损坏，在2极绕组和12极绕组的端部中间设置了过载保护器。当该电机发生堵转或过载时，流过绕组的电流增大，使过载保护器动作，切断电机的供电回路，避免了电机绕组过载损坏。当过载现象消失后，过载保护器会再次吸合，电机恢复工作。

（4）运行电容

速度电机的2极绕组、12极或16极绕组共用一个运转电容，通过切换开关进行控制，接入2极或12极绕组的回路，使电机高速或低速运转，实现洗涤、脱水功能。

2. 串励电机

串励电机的励磁绕组与转子绕组之间通过电刷和换向器相串联，励磁电流与电枢电流成正比，定子的磁通量随着励磁电流的增大而增大，转矩近似与电枢电流的平方成正比，转速随转矩或电流的增加而迅速下降。其启动转矩可达额定转矩的5倍以上，短时间过载转矩可达额定转矩的4倍以上，转速变化率较大。可通过串励绕组串联（或并联）电阻的方法或将串励绕组并联换接来实现调速。在调速模块的控制下，滚筒洗衣机采用的串励电机的转速可以从30r/min无级调速到1600r/min。因此，采用串励电机的滚筒洗衣机转速高、振动小。

3. 滚筒洗衣机电机的检测

滚筒洗衣机电机的检测方法与前面介绍的电机基本相同，不再介绍。

三、排水牵引器的检测

1. 识别

排水牵引器（排水电机）的功能与排水电磁阀的作用是一样的，全自动洗衣机常见的排水牵引器如图7-12所示。

排水牵引器

(a) 实物   (b) 安装位置

图 7-12　洗衣机使用的排水牵引器

2. 检测

下面介绍两种自动洗衣机的排水牵引器（排水泵电机）的检测方法，如图7-13所示。

将数字万用表置于20k电阻挡，两个表笔接在一种典型牵引器的供电端子上，显示屏显示的9.17的数值就是该牵引器电机的阻值，如图7-13(a)所示；将数字万用表置于电阻/电压自动挡，两个表笔接在另一种典型牵引器的供电端子上，显示屏显示的12.24的数值就是该牵引器电机的阻值，如图7-13(b) 所示。

图 7-13 两种典型的洗衣机排水牵引器的测量

若阻值为无穷大，说明线圈开路；若阻值过小，说明线圈短路。

方法与技巧

正常的牵引器，在它的供电端子有供电电压时，电机应该转动；若不能听到电机转动的声音，则说明该牵引器的电机未工作。

第三节 电动自行车用电动机识别与检测

电动自行车电机的作用就是将蓄电池的电能转换为机械能，以便驱动电动自行车车轮旋转。电动自行车采用的电机有刷直流电机和无刷直流电机两大类。常见的电动自行车电机如图7-14 所示。

(a) 有刷直流电机   (b) 无刷直流电机

图 7-14 电动自行车电机实物示意图

提示

有刷直流电机对外只有2条引出线，无刷直流电机对外有8条引出线。

一、有刷直流电机

1. 有刷电机的识别

有刷直流电机就是采用了电刷（俗称碳刷）的直流电机。有刷电机是靠整流子（俗称换向器）和电刷配合来改变电流极性的交替转换，自动完成换向（相），换向器和电刷装在电机内部。有刷电机又分为高速和低速两种。

相关链接

有刷电机最大的优点驱动电路简单、过载能力强、容易控制，而它的主要缺点是成本较高、故障率高、维修难度大。

有刷电机故障率高的主要原因：一是电刷因磨损容易发生打火等故障；二是磁钢散热条件差，容易退磁。电刷磨损不仅与时间有关，而且与电流大小以及电刷含银量有关，所以大部分电刷的使用寿命为2000h左右。

资料

电刷的含金量实际是指含银量或含铜铜量大小。由于银的价格较高，所以目前的含金量多是指含铜量多少。若颜色发红则含铜量大，若颜色发黑则含铜量少。含铜量大的损耗小、发热量低、抗摩性好，但对换向器损害大；含铜量少的电流大时发热严重，自身抗摩能力差，但是对换向器损害小。

方法与技巧

简单的方法将不同电刷对头串联，接到放电电路，摸温度、测压降就可以知道含铜量的大小。若温度低、压降小则说明含铜量高，否则含铜量低。

2. 工作原理

参见图7-15，有刷直流电机的定子上安装了永久磁铁（磁钢），由它构成主磁极N和S，在转子上安装了电枢铁芯和绕组，绕组的两端接换向器的铜片，再通过铜片与电刷相接。由于控制器输出的驱动电压加到电刷正、负极，所以当换向器的条状铜片交替与电刷的正、负极接触时，绕组就能通过换向器得到交替变化的导通电流，从而使绕组产生不同方向的电动势，从而产生交变磁场，吸引转子旋转。

当电机绕组两端电压越高，使磁场强度增大，转子转动的转矩也越大，电机的转速也就越快，反之亦反。因此，通过调整绕组两端所加电压大小就可实现电机转速的调整。而改变绕组的供电方向可改变电机旋转方向。

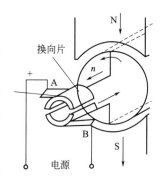

图7-15 有刷直流电机
工作原理示意图

二、无刷直流电机

1. 无刷直流电机的特点

无刷电机就是未采用电刷的电机。为了实现换向，无刷电机采用了晶体管和位置传感器（霍尔元件）代替电刷和换向器。由于此类电机取消了电刷和换向器，所以不仅消除了电磁干扰和降低了机械噪声，而且延长了使用寿命。但此类电机的控制器（电机驱动、控制电路）比较复杂，增大了成本，并且低速启动时轻微抖动。

2. 无刷直流电机工作原理

无刷直流电机的运动原理与专用电机的运行原理相似，都是通过给两相绕组通电使它产生一定的磁场。由于磁通具有走最短路径的特点，从而使转子和定子的相对位置发生了变化。当按照一定的顺序为不同两相绕组供电时，则可使电机内部的磁场旋转起来，从而使电机转动。电机通电顺序不同，电机转动的方向也就不同。

参见图 7-16、图 7-17，无刷直流电机由电机主体、位置传感器及电子换向开关电路三个基本部分组成。其中位置传感器的定子和电子换向开关电路相当于一个静止的换向器，与位置传感器旋转着的"电刷"一起组成一个没有机械接触的电子换向装置。

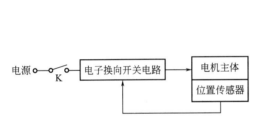

图 7-16　无刷电机工作原理方框图

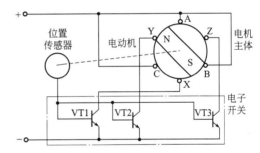

图 7-17　无刷电机及传感器位置示意图

电枢绕组分别与相应的电子换向开关电路连接。为了保持电枢绕组电流与磁场极性相对关系不变，设有检测转子位置的传感器，使电枢绕组能随转子位置变化依次通电。

位置传感器是一种无机械接触的检测转子位置的装置，由传感器定子和转子传感器构成，分别装在定子机壳内和转子轴上，由它提供的信号通过控制器内的解码器处理后，再通过放大器放大后就可按一定顺序触发电子换向开关电路。目前，无刷电机常用的传感器定子为霍尔传感器，传感器的转子为永磁体。

电子换向开关电路中各功率元件分别与相应的各相定子绕组串联，各功率元件的导通与截止取决于位置传感器的检测信号。绕组电路的导通可以是一相一相依次导通，也可以是两相两相依次导通。

当电机绕组两端电压越高使磁场强度增大时，转子转动的转矩也越大，电机的转速也就越快，反之亦反。因此，通过调整绕组两端所加电压大小就可实现电机转速的调整。当主转子 N 极在定子 Y 位置时，垂直换向传感器将产生 X 方向上的电动势，此信号使电子开关导通，与此串联的定子 X 绕组中将有电流流过，并使定子 X 极磁化为 S 极，以吸引转子旋转 90°，N 极到达定子 X 位置，此时垂直换向传感器输出为 0，水平换向传感器将产生 Y 方向电动势，并使定子 Y 极磁化为 S 极，以吸引转子继续旋转 90°。因此，对于不同的主转子位置，换向传感器依次输出不同信号，使主定子绕组按 X→Y→Z→X→Y 的循环顺序轮流通电，形成旋转磁场，吸引转子旋转。

相关链接

无刷电机的磁钢数量一般是 12 片、16 片或 18 片，其对应的定子槽数是 36 槽、48 槽或 54 槽。电机在静止状态时，转子磁钢的磁力线有沿磁阻最小方向行走的特性，因此转子磁钢所停顿的位置恰好为定子槽凸极的位置。磁钢不会停在定子槽心的位置，这样转子与定子的相对位置只有 36 种、48 种或 54 种这有限的几个位置。因此无刷电机的最小磁拉力角就是 360°/36°、360°/48°或 360°/54°。

霍尔组件通常安装在转子有引线一端，并靠近定子磁钢的地方。

三、电动车用电机的检测

当有刷电机工作异常，测电机的供电正常后，则说明电机异常。对于无刷电机可采用测量电机的三个绕组的阻值是否相同，若阻值不同，则说明电机异常。当然，也可以采用代换法确认。

第四节 制冷设备用电动机识别与检测

一、电冰箱风扇电机

1. 电冰箱风扇电机的识别

间冷式电冰箱为了实现冷藏室制冷，采用风扇电机强制箱内的空气进行循环。间冷式电冰箱采用的风扇电机如图 7-18 所示。

风扇电机的绕组输入市电电压后，产生磁场驱动转子旋转，带动扇叶旋转，将蒸发器产生的冷气吹向冷冻室和冷藏室。由于该电机工作在低温、高湿的恶劣环境中，所以要求采用免注润滑油的电机，并且转速为 2100～2500r/min，噪声低于35dB（测量距离 0.6m）。

图 7-18　风扇电机实物示意图

2. 电冰箱风扇电机的检测

若风扇电机不转，在检测它的绕组有无市电电压输入，若有，则说明它内部的绕组开路，断电后再用电阻挡测量绕组的阻值就可确认。

提示

风扇电机不转多因化霜电路损坏，使扇叶被冰冻住而不能转动，导致风扇电机的绕组过流损坏。

二、空调器风扇电机

空调器的风扇电机主要有室内与室外风扇电机、室内导风电机。由于室内、室外风扇电机对转矩和过载能力要求不高，所以它们多采用单相异步电机，部分大功率空调器采用三相异步电机。而导风电机对转矩要求较高，多采用精度高的同步电机或步进电机。

1. 单相异步电机

（1）分类

根据排风、送风的不同，窗式空调器或分体空调器的室外机、室内机采用的风扇电机有单端轴伸和双端轴伸两种类型。双端轴伸的单相异步电机主要应用在窗式空调器内，单端轴伸的单相异步电机主要应用在分体式空调器内。根据外壳的材料不同，有铁封和塑封两种。空调器采用的典型单相异步电机如图 7-19 所示。

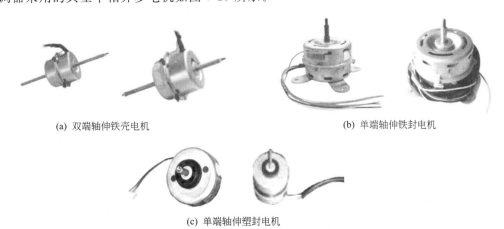

(a) 双端轴伸铁壳电机　　　　　　　　　　(b) 单端轴伸铁封电机

(c) 单端轴伸塑封电机

图 7-19　空调器典型单相异步电机实物示意图

铁封电机的外壳由上下两部分构成，再通过螺钉紧固。优点是维修电机时便于拆卸，缺点是噪声大。由于带有散热孔的铁壳散热效果好，所以铁壳电机的功率较大。因此，空调器不仅利用铁壳电机驱动室外机内的轴流风扇，而且利用它驱动窗式空调器、分体柜机的离心风扇。

提示

由于铁壳电机功率较大，为了防止电机过热损坏，所以一般都需要设置过热保护电路。有的热保护器件安装在电机内部，而有的电机内部无保护器件，则需要在供电回路中安装。因此，更换电机时要注意电机是否内置保护器件。

塑封电机的外壳是由树脂在高温下定型而成。优点是电机噪声小、免维护，缺点是功率小。因此，塑封电机多应用在室内机，用于驱动贯流风扇。

（2）运转及保护

空调器的轴流、离心、贯流风扇电机均采用电容运转式，如图 7-20 所示。空调器风扇电机采用的运转电容与电风扇电机采用的运转电容基本相同。

电机从启动到正常运转后，运转电容都参与工作，使电机运行稳定、可靠，并且还提高了功率因数和工作效率，但也存在启动转矩小、空载电流大的缺点。因此，为了防止电机过载（或过热）损坏，需要在供电回路安装过热（过载）保护器。一旦电机过热或过载时，过热保护器断开，使电机因供电回路被切断，避免了电机因过载或过热而损坏。

 提示

  风扇运转电容的容量为 $1\sim4\mu F$，耐压为 400V 或 450V。另外，电机过载时必然会导致电机过热。

（3）调速控制

  轴流、贯流、离心风扇电机根据使用的需要，通常有单速、双速和高速三种调速方式。调速方法多采用定子绕组抽头法，如图 7-21 所示。所谓的定子绕组抽头调速法就是通过改变定子绕组的匝数来改变磁通量的大小，进而改变转子的转速，实现调速控制。

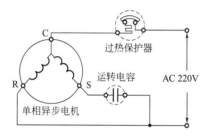

图 7-20　单相异步电机工作原理图

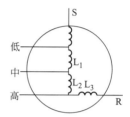

图 7-21　风扇电机调速原理图

  单片机通过控制供电电路为电机的哪个抽头供电，通过运行绕组匝数不同，来产生不同强度的旋转磁场，也就改变了转子转动速度。当 220V 由高速抽头输入时，运行绕组匝数最少（L_3 绕组），形成的旋转磁场最强，转速最高；当 220V 由中速抽头输入时，运行绕组匝数为 L_2+L_3，产生的磁场使电机运转在中速；当 220V 由低速抽头输入时，运行绕组匝最多（$L_1+L_2+L_3$），形成的旋转磁场最弱，转速最低。

 提示

  若空调器仅设计了低速、高速挡时，只要将电机的中间的抽头悬空即可。随着单片机控制技术的发展，目前许多空调器利用单片机控制风扇电机供电电路内的双向晶闸管导通角大小，通过改变电机绕组供电电压的高低，实现电机转速的调整。

2. 步进电机

  步进电机是将脉冲信号转变为角位移或线位移的开环控制元件。由于步进电机在非超载的情况下，它的转速、停止的位置只取决于脉冲信号的频率，而不受负载变化的影响。因此，许多室内机的摆风电机采用步进电机。空调器采用的步进电机如图 7-22 所示。步进电机通常有 5 根引出线，其中红线为 12V 电源线，其他 4 根是脉冲驱动信号输入线。

  参见图 7-23，空调器的电脑板通过 A、B、C、D 四个端子为步进电机的绕组输入不同的相序驱动信号后，绕组产生的磁场可以驱动转子正转或反转，而改变驱动信号的频率时可改变电机的转速，频率高时电机转速快，频率低时电机转速慢。

图 7-22　典型步进电机实物示意图

图 7-23　步进电机绕组连接示意图

3. 空调器风扇电机的检测

提示

检测电机时，首先查看它的接头有无锈蚀和松动现象，若有，修复或更换；若正常，再进行阻值的检测。另外，绕组短路后，不仅电机会转动无力、噪声大等异常现象，而且电机外壳的表面会发热，甚至会发出焦味。

注意

测量电机绕组的阻值时，不同的功率的电机的阻值有所不同，维修时要引起注意，不要误判。

（1）轴流风扇电机的检测

空调器采用轴流风扇电机主要用作室外风扇电机。下面介绍它的检测方法。

① 绕组通断的检测　采用数字万用表测量该电机绕组通断时，先将万用表置于 2k 电阻挡，再把两个表笔分别接在绕组两个接线端子上，屏幕上显示的数值就是该绕组的阻值，如图 7-24 所示。若阻值为无穷大，则说明它已开路；若阻值过小，说明绕组短路。

(a) 运行绕组+启动绕组　　　　(b) 运行绕组　　　　(c) 启动绕组

图 7-24　轴流风扇电机的检测示意图

② 绕组是否漏电的检测　将数字万用表置于 200MΩ 挡，一个表笔接电机的绕组引出线，另一个表笔接在电机的外壳上，正常时阻值应为无穷大，如图 7-25 所示。若测量时出现阻值，说明绕组对外壳漏电，需要进行烘干处理。

（2）贯流风扇电机的检测

① 电机绕组通断的检测　参见图 7-26，将数字万用表置于 2kΩ 挡，两个表笔分别接绕组两个接线端子，表盘上指示的数值就是该绕组的阻值。若阻值为无穷大，则说明它已开路。若阻值过小，说明绕组短路。

图 7-25　空调器室外风扇电机的绕组绝缘性能的检测

(a) 运行绕组　　　　　　　(b) 启动绕组　　　　　　(c) 运行+启动绕组

图 7-26　贯流电机绕组通断的检测示意图

　② 速度传感器的检测　将数字万用表置于二极管挡，将表笔接在信号输出端、电源端与接地端的引脚上，所测的阻值如图 7-27 所示。

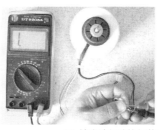

(a) 输出端与地线间的正、反向的阻值的测量

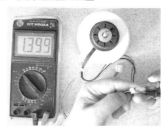

(b) 电源端与地线间的正、反向的阻值的测量

(c) 电源端与输出端间阻值的测量

图 7-27　贯流风扇电机速度传感器的检测示意图

（3）同步电机的检测

由于同步电机的 4 个绕组的阻值相同，所以仅介绍一个绕组的阻值和两个绕组间阻值的检测方法。

参见图 7-28(a)，一根表笔接在红线（电源线）上，另一根表笔接某个绕组的信号输入线，就可以测出但一绕组的阻值。

参见图 7-28(b)，将表笔接在两颗信号线（非红线）上，就可以测出两个绕组的阻值。

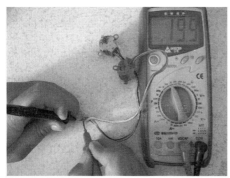
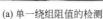
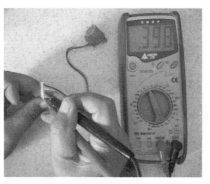

(a) 单一绕组阻值的检测　　　　　　　　　　(b) 两个绕组阻值的检测

图 7-28　同步电机的检测示意图

第五节　压缩机识别与检测

电冰箱、空调器压缩机的作用是将电能转换为机械能，推动制冷剂在制冷系统内循环流动，并重复工作在气态、液态。在这个相互转换过程中，制冷剂通过蒸发器不断地吸收热量，并通过冷凝器散热，实现制冷的目的。空调器、电冰箱采用的压缩机如图 7-29 所示。

(a) 空调器压缩机实物　　　　　　(b) 电冰箱压缩机实物　　　　　　(c) 电路符号

图 7-29　空调器、电冰箱的压缩机

一、压缩机的分类

1. 按结构分类

压缩机按结构分类有往复式、旋转式、变频式三种。目前，普通电冰箱、电冰柜采用最多的是往复式压缩机，普通空调器采用最多的是旋转式压缩机，而变频式压缩机仅用于变频电冰箱和变频空调器。

2. 按制冷剂类型分类

压缩机按采用的制冷剂不同可分为 R12 型压缩机、R22 型压缩机、R134a 型压缩机、R600a 型压缩机、混合工质型压缩机。通过查看压缩机表面的铭牌就可确认是压缩机的种类。

3. 按外形分类

压缩机按外形可分为立式压缩机和卧式压缩机两大类。立式压缩机主要应用在电冰箱内、冷水机等产品内，而立式压缩机多应用在空调器内。

二、电机绕组参数

参见图 7-30，电冰箱压缩机外壳的侧面有一个三接线端子，分别是公用端子 C、启动端子 S、运行端子 M。空调器压缩机外壳的上面有一个三接线端子，分别是公用端子 C、启动端子 S、运行端子 R。压缩机的电路符号如图 7-31 所示。

  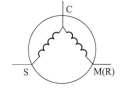

(a) 电冰箱压缩机绕组引出端子　　　(b) 空调器压缩机绕组引出端子

图 7-30　压缩机绕组引出端子示意图　　　图 7-31　压缩机绕组电路符号

因压缩机运行绕组（又称主绕组，用 CM 或 CR 表示）所用漆包线线径粗，故电阻值较小；启动绕组（又称副绕组，用 CS 表示）所用漆包线线径细，故电阻阻值大。又因运行绕组与启动绕组串联在一起，所以运行端子与启动端子之间阻值等于运行绕组与启动绕组的阻值之和，即电冰箱压缩机的是 MS＝CM＋CS，空调器压缩机的是 RS＝CR＋CS。

三、压缩机电机绕组的检测

1. 电冰箱压缩机的检测

参见图 7-32(a)～(c)，将数字万用表置于 200Ω 挡，用万用表电阻挡测外壳接线柱间阻值（绕组的阻值）来判断，正常时启动绕组 CS、运行绕组 MC 的阻值之和等于 MS 间的阻值。若阻值为无穷大或过大，说明绕组开路；若阻值偏小，说明绕组匝间短路。若采用指针万用表测量绕组阻值时，应采用 R×1 挡。

参见图 7-32(d)，将数字万用表置于 20MΩ 挡，测压缩机绕组接线柱与外壳间的电阻，正常时的阻值应为无穷大。若有一定的阻值，说明压缩机发生漏电故障。采用指针万用表测量绝缘强度时，应采用 R×10k 挡。

2. 空调器压缩机的检测

将数字万用表置于 200Ω 电阻挡，分别接压缩机电机绕组的 3 颗引线，就可以测出压缩电机电机绕组的阻值，如图 7-33 所示。

(a) 启动绕组阻值

(b) 运行绕组阻值

(c) 运作+启动绕组阻值

(d) 压缩机绝缘性能的检测

图 7-32　压缩机检测示意图

(a) 运行绕组

(b) 启动绕组

(c) 运行绕组+启动绕组

图 7-33　压缩机电机绕组的检测示意图

第六节　启动器、过载保护器的检测

一、重锤启动器的检测

　　启动器用于在加电瞬间接通压缩机电机启动绕组回路，使启动绕组有电流流过，产生与运行绕组方向不同磁场，合成为旋转磁场，使电机转子旋转。目前，普通电动机的启动方式主要是电容启动方式，而制冷设备的压缩机电机启动方式主要有重锤启动、PTC 启动、电压启动三种。PTC 启动器属于正温度系数热敏电阻，它的工作原理与检测方法与彩电消磁电阻一样，下面仅介绍重锤启动器的识别与检测。

1. 安装位置

电冰箱、冷饮机采用的重锤启动器的外形如图 7-34 所示。它在压缩机上的安装位置如图 7-35 所示。

图 7-34 典型重锤启动器实物

图 7-35 重锤式启动器的安装位置

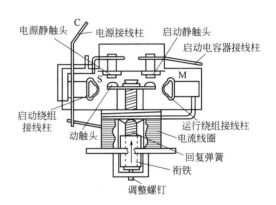

图 7-36 重锤式启动器的构成

2. 基本原理

重锤式启动器由驱动线圈、重锤（衔铁）、触点、接线柱等构成，如图 7-36 所示。典型的重锤启动电路如图 7-37 所示。

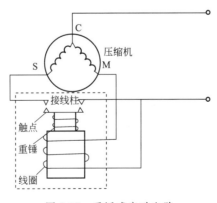

图 7-37 重锤式启动电路

因重锤启动器的触点在压缩机电机启动前是断开的，所以接通电源后，启动绕组（CS 绕组）没有供电，压缩机电机无法启动，导致流过它运行绕组（MC 绕组）的电流较大，使启动器的驱动线圈产生较大的磁场，衔铁（重锤）被吸起，使触点闭合，接通压缩机启动绕组的供电回路，压缩机电机启动，开始运转。当压缩机运转后，运行电流下降到正常值，驱动器驱动线圈产生的磁场减小，衔铁在自身重量和回复（复位）弹簧的作用下复位，切断启动绕组的供电回路，完成启动过程。

提示

压缩机功率不同，配套使用的重锤式启动器的吸合和释放电流也不同。启动器触点的闭合、释放电流随压缩机的功率增大而增大

3. 检测

将万用表置于通断测量挡，将启动器正置，把两个表笔接在它的两个引线上，数值近于0且蜂鸣器鸣叫，如图7-38(a)所示；若显示1，说明启动器开路或触点接触不良，如图7-38(b)所示；将正常的启动器倒置后不仅能听到重锤下坠发出的响声，而且接线端子间的数值应变为1，说明触点可以断开，如图7-38(c)所示，否则说明触点短路。

(a) 接通　　　　　　　(b) 故障　　　　　　　(c) 断开

图7-38　万用表通断挡检测重锤式启动器

二、过载保护器的检测

1. 作用

过载保护器全称过载过热保护器或过热保护器。顾名思义，它就是为了防止压缩机不因过热、过流损坏而设置的。当压缩机运行电流正常时，过载保护器为接通状态，压缩机正常工作。当压缩机因供电异常、启动器异常等原因引起工作电流过大或工作温度过高时，过载保护器动作，切断压缩机的供电回路，压缩机停止工作，实现保护压缩机的目的。它在压缩机上的安装位置见图7-35。

2. 分类

电冰箱采用的过流保护区主要有外置式和内藏式两种。部分老式电冰箱有的使用启动器、过载保护器是一体式的。常见的过载保护器实物外形和内部构成如图7-39所示。

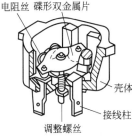

电阻丝　碟形双金属片

壳体

接线柱

调整螺丝

(a) 实物　　　　　　(b) 内部构成

图7-39　过载保护器

3. 构成和工作原理

下面以最常用的是碟形过载保护器为例介绍过载保护器的构成和工作原理。

碟形过载保护器由加热丝、双金属片及一对常闭型触点构成，如图 7-39（b）所示。它串联于压缩机供电电路中，开口端紧贴在压缩机外壳上。当电流过大时，电阻丝温度升高，烘烤双金属片使它反向弯起，将触点分离，切断压缩机的供电回路。同样，当制冷系统异常等原因使压缩机外壳的温度过高时，双金属片受热变形，使触点分离，切断供电电路，实现压缩机过流保护。

提示

压缩机功率不同，配套使用的过载保护器型号不同，接通和断开温度也不同，维修时更换型号相同或参数相近的过载保护器，以免丧失保护功能，给压缩机带来危害。

4. 检测

将数字万用表置于通断测量挡，两个表笔接它的接线端子上，正常时数值应接近 0，如图 7-40 所示。若数值仍过大，说明触点开路，不能完成启动功能。

参见图 7-41，为它加热或翻转后，数值应变为无穷大，说明达到温度后触点能断开，若数值仍为 0，则说明它内部的触点粘连，失去了保护功能。

(a) 蝶形过载保护器

(b) 插入式过载保护器

图 7-40　过载保护器触点接通时的检测

图 7-41　过载保护器触点断开时的检测

电子元器件识别与检测 *完全掌握*

传感器的识别与检测

第八章

传感器 transducer/sensor（感觉）是一种能够探测、感受外界的信号、物理条件（如光、热、湿度）或化学组成（如烟雾）的装置或器件。它是实现自动检测和自动控制的基础。

第一节 传感器的组成与分类

传感器的基本功能是检测信号和信号转换。传感器位于测试系统的最前端，以获取检测信息，对测量精确度起着决定性作用。传感器的组成一般由敏感元件、变换元件、信号处理电路三部分组成，有时还需电源电路（多为 5V 电压）为转换电路供电，如图 8-1 所示。

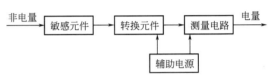

图 8-1　传感器构成方框图

图中的敏感元件直接感受被测量（一般为非电量）并将其转换为易于转换成电量的其他物理量，再经变换元件转换成电参量（电压、电流、电阻、电感、电容等），最后通过信号处理电路转换成便于传输和处理的量。当然，不是所有的传感器都有敏感元件、变换元件之分，有些传感器是将两者合二为一，还有些新型的传感器将敏感元件、变换元件及信号处理电路集成为一个器件。

一、传感器的分类

1. 按工作原理分类

传感器根据工作原理可分为物理传感器和化学传感器两大类。其中，物理传感器应用的是物理原理，诸如压电效应、磁致伸缩现象以及热电、光电、磁电、离化、极化等原理。化学传感器应用的是化学吸附、电化学反应原理，被测信号量的微小变化会被转换成电信号。目前，大多数传感器是以物理原理为基础运作的。随着技术发展和成本的降低，化学传感器将会得到更广泛的应用。

> **提示**
>
> 在机械量（如力、压力、位移、速度等）测量中，常采用弹性元件作为敏感元件。这种弹性元件也叫弹性敏感元件或测量敏感元件，它可以把被测量由一种物理状态变换为所需要的另一种物理状态。

2. 按用途分类

传感器按用途可分为压力传感器、力敏传感器、位置传感器、热敏传感器、磁敏传感器、气敏传感器、液面传感器、能耗传感器、速度传感器、加速度传感器、射线辐射传感器、湿敏传感器、真空度传感器、生物传感器等。目前，常见的是热敏传感器、湿敏传感器、磁敏传感器、气敏传感器、光敏传感器和位置传感器等。

3. 按构成的材料分类

传感器按构成材料的类别可分为金属、聚合物、陶瓷、混合物等多种；按材料的物理性质可分为导体、绝缘体、半导体、磁性材料等多种；按材料的晶体结构可分为单晶、多晶、非晶材料等多种。

4. 按制造工艺分类

传感器按制造工艺可分为陶瓷传感器、集成传感器、薄膜传感器、厚膜传感器等多种。常见的有陶瓷和厚膜传感器。

二、传感器的主要特性

1. 传感器的静态特性

传感器的静态特性是指传感器输入静态信号后，传感器的输出量与输入量之间所具有的相互关系。传感器静态特性主要包括线性度、灵敏度、分辨力等参数。

（1）灵敏度

灵敏度是指传感器在稳态工作情况下输出量变化 Δy 对输入量变化 Δx 的比值。它是输出-输入特性曲线的斜率。如果传感器的输出和输入之间呈线性关系，则灵敏度是一个常数。否则，它将随输入量的变化而变化。

（2）分辨力

分辨力是指传感器可能感受到的被测量的最小变化的能力，也就是说，如果输入量从某一非零值缓慢地变化。当输入变化值未超过某一数值时，传感器的输出不会发生变化，即传感器对此输入量的变化是分辨不出来的。只有当输入量的变化超过分辨力时，其输出才会发生变化。通常传感器在满量程范围内各点的分辨力并不相同，因此常用满量程中能使输出量产生阶跃变化的输入量中的最大变化值作为衡量分辨力的指标。

2. 传感器的动态特性

所谓动态特性，是指传感器在输入变化时，它的输出特性。在实际工作中，传感器的动态特性常用它对某些标准输入信号的响应来表示。

第二节　磁敏传感器的识别与检测

磁敏传感器利用磁场作为媒介来检测位移、振动、力、转速、加速度、流量、电流、电功率等物理量。它不仅可实现非接触测量，并且从磁场中获取能量。在很多情况下，可采用永久磁铁来产生磁场，不需要附加能源，因此，这一类传感器应特别广泛。

一、典型磁敏传感器的识别

1. 干簧管的识别

干簧管是一种特殊的磁敏开关。典型的干簧管实物和电路符号如图 8-2 所示。

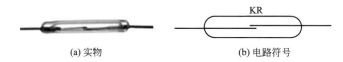

(a) 实物　　　　　　　　　　　　　　(b) 电路符号

图 8-2　典型的干簧管

（1）构成

干簧管通常由两个或三个既导磁又导电材料做成的簧片触点，被封装在充有氮、氢等惰性气体或真空的玻璃管里。

（2）干簧管的分类

干簧管按接点形式分为常开型和转换型两种。常开型干簧管内的触点平时打开，只有干簧管靠近磁场被磁化时，触点才能吸合；而转换型单簧管在结构上有三个簧片，第一片由导电不导磁的材料做成，第二、第三片用既导电又导磁的材料做成，上中下依次是1、3、2。当它不接近磁场时，1、3片上的触点在弹力的作用下吸合；当它接近磁场时，3片上的触点与1片上的触点断开，而与2片上的触点吸合，从而形成了一个转换开关。

（3）干簧管的工作原理

下面以常开型干簧管为例简单介绍干簧管的工作原理。

当干簧管靠近磁铁时，或者由绕在干簧管上面的线圈通电后形成磁场使簧片磁化时，簧片就会感应出极性相反的磁极。由于磁极的极性相反而相互吸引，当吸引的磁力超过簧片的自身的弹力时，簧片移动使触点吸合；当磁力减小到一定值时，在簧片自身弹力的作用下触点断开。

（4）干簧管的应用

干簧管可作为传感器使用，用于计数、限位等等。有一种自行车公里计时器，就是在轮胎上粘上磁铁，同时在附近的车架上安装两个干簧管构成的。许多门铃也使用了干簧管，将它装在门上，就可以实现开门时的报警、问候等。而有的"断线报警器"中也使用了干簧管。

2. 霍尔元件

霍尔元件是由具有霍尔效应的砷化铟（InAs）、锑化铟（InSb）、砷化镓（GaAS）等半导体构成的磁敏元件。霍尔效应是指置于磁场中的静止载流导体，当电流方向与磁场方向垂直时，在垂直于电流和磁场方向上的两个面之间产生电动势的现象。霍尔元件的工作原理示意图和常见实物如图 8-3 所示。

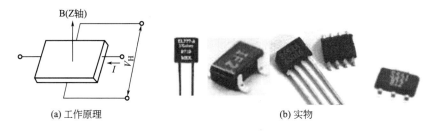

(a) 工作原理　　　　　　　　　　　　　　(b) 实物

图 8-3　霍尔元件

3. 霍尔传感器

（1）霍尔传感器的特点

霍尔传感器是利用霍尔元件为核心构成的一种传感器。霍尔传感器具有结构牢固、体积小、寿命长、安装方便、功耗小、频率高、耐震动，不怕灰尘、油污及盐雾等的污染或腐蚀等优点。常见的霍尔传感器如图 8-4 所示。

图 8-4　霍尔传感器实物外形示意图

（2）霍尔传感器的分类和构成

霍尔传感器按照输出方式可分为线性输出型和开关输出型两类。

线性输出型霍尔传感器是由霍尔元件、放大器、温度补偿电路等构成，如图 8-5 所示。所谓的线性输出型霍尔传感器就是当由强到弱的磁场靠近它时，其输出电压随之逐渐增大或减小。开关输出型霍尔传感器是由霍尔元件、放大器、整形电路、放大管等构成，如图 8-6 所示。而开关输出型霍尔传感器就是当一个磁场靠近或远离霍尔元件时，其输出电压随之改变为低电平或高电平。

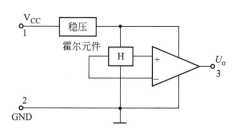

图 8-5　线性输出型霍尔传感器内部构成

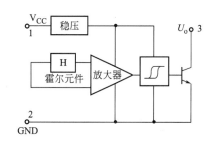

图 8-6　开关输出型霍尔传感器内部构成

4. 接近传感器（接近开关）

接近开关也叫接近传感器，它可以在不与目标物实际接触的情况下，就可以检测到靠近传感器的目标物。接近开关主要应用在自动化控制系统中，常见的接近开关实物和控制示意图如图 8-7 所示。

（a）实物　　　　　　　　　　　　（b）控制示意图

图 8-7　接近开关

根据操作原理，接近开关大致可以分为电磁式、磁力式和电容式三种，下面简述电磁式和电容式接近开关的工作原理。

（1）电磁式接近开关

电磁式接近开关属于一种有开关量输出的位置传感器，它由 LC 高频振荡器和放大电路组成。LC 高频振荡器通过振荡产生振荡脉冲。当金属物体在接近这个能产生电磁场的振荡感应头时，它的内部产生涡流。这个涡流使接近开关内的振荡器振荡能力减弱，于是该开关判断出有无金属物体接近，进而控制开关接通。反之，当金属物体离开后，该开关自动关断。

（2）电容式接近开关

电容式接近开关也属于一种具有开关量输出的位置传感器，它的测量头通常是构成电容器的一个极板，而另一个极板是物体的本身。这种接近开关不仅可以检测接近的金属物体，而且可以检测绝缘的液体或粉状物体。

当物体移向接近开关时，物体和接近开关的介电常数发生变化，通过放大电路放大后，控制开关的接通。反之，物体离开后，该开关自动关断。在检测较低介电常数的物体时，可以顺时针调节位于开关后部的电位器来增大感应灵敏度。

二、磁敏传感器的检测

1. 干簧管的检测

（1）数字万用表检测

采用数字万用表检测干簧管时，先将它置于通断测量挡，再将它的两根表笔接在干簧管的两根引线上，未靠近磁铁时，万用表显示的数字为1，说明干簧管内的触点断开，如图8-8（a）所示；靠近磁铁后，显示屏显示数字为0，并且蜂鸣器鸣叫，说明干簧管内的触点受磁后接通。当脱离磁铁后，万用表的显示又回到1，说明干簧管的触点又断开。若干簧管的触点在受磁后仍旧不能吸合，说明触点开路；若未受磁时就吸合，则说明它内部的触点粘连。

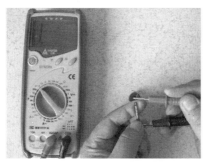

(a) 未受磁   (b) 受磁

图8-8 采用数字万用表检测干簧管的示意图

（2）指针万用表检测

将万用表置于R×1挡或通断挡，两根表笔分别接干簧管的两根引脚后，若表针摆到0的位置或蜂鸣器鸣叫，说明触点吸合，如图8-9（a）所示。当把干簧管靠近磁铁，万用表的表针能向左偏转到"无穷大"的位置或蜂鸣器停止鸣叫，说明触点断开，如图8-9（b）所示。否则，说明干簧管损坏。

2. 霍尔元件的检测

检测霍尔开关时需要采用两块指针型万用表或指针万用表、数字万用表各一块，测试方法如图8-10所示。

将一块指针万用表置于2.5V直流电压挡，两个表笔接在霍尔元件的输出端上，再将指针万用表置于R×1Ω或R×10Ω挡，两个表笔接在霍尔元件的两个输入端上，为霍尔元件供电，此时用一块条形磁铁靠近霍尔元件，若表Ⅱ的表笔摆动，说明霍尔元件正常。否则，说明被测的霍尔元件异常。

 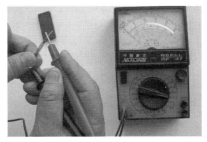

(a) 远离磁铁   (b) 接近磁铁

图 8-9 采用指针万用表检测干簧管的示意图

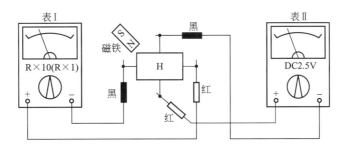

图 8-10 霍尔元件检测示意图

第三节 气敏传感器的识别与检测

气敏传感器是一种基于声表面波器件波速和频率随外界环境的变化而发生漂移的原理制作而成的一种新型的传感器。气敏传感器除了应用在抽油烟机内，实现厨房油烟的自动检测，而且广泛应用在矿山、石油、机械、化工等领域，实现火灾、爆炸、空气污染等事故的检测、报警和控制。常见的气敏传感器实物如图 8-11 所示。

图 8-11 气敏传感器

一、气敏传感器的识别

气敏传感器由气敏电阻、不锈钢网罩（过滤器）、螺旋状加热器、塑料底座和引脚构成，如图 8-12(a) 所示。气敏传感器的电路符号如图 8-12(b) 所示。其中，A－a 两个脚内部短接，是气敏电阻的一个引出端；B－b 两个脚内部短接，是气敏电阻的另一个引出端；H－h 两个脚是加热器供电端。

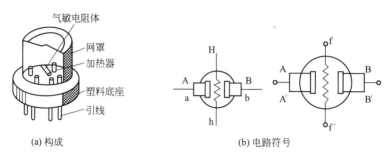

(a) 构成 　　　　　　　　　　　　　(b) 电路符号

图 8-12　气敏传感器构成和电路符号

 提示

许多资料将 H、h 脚标注为 F、f。

当加热器得到供电后，开始为气敏电阻加热，使它的阻值会急剧下降，随后进入稳定值。进入稳定状态后，气敏电阻的阻值会随着被检测气体的吸附值而发生变化。N 型气敏电阻的阻值随气体浓度的增大而减小，P 型气敏电阻的阻值会增大。

二、气敏传感器的检测

1. 加热器的检测

用万用表的 R×1Ω 或 R×10Ω 挡测量气敏传感器加热器的两个引脚间阻值，若阻值为无穷大，说明加热器开路。

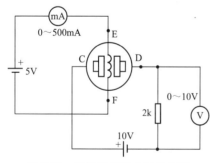

图 8-13　气敏传感器内气敏电阻
的检测示意图

2. 气敏电阻的检测

参见图 8-13，检测气敏电阻时最好采用两块万用表。其中，一块置于 500mA 电流挡后，将两个表笔串接在加热器的供电回路中；另一块万用表置于 10V 直流电压挡，黑表笔接地，红表笔接在气敏传感器的输出端上。为气敏传感器供电后，电压表的表针会反反向偏转，几秒钟后返回到 0 的位置，然后逐渐上升到一个稳定值，电流表指示的电流在 150mA 内，说明气敏电阻已完成预热，此时将吸入口内的香烟对准气敏传感器的网罩吐出，电压表的数值应该发生变化，否则，说明网罩或气敏传感器异常。检查网罩正常后，就可确认气敏传感器内部的气敏电阻异常。

 提示

若采用一块万用表测量气敏传感器的输出电压时，将吸入口内的香烟对准气敏传感器的网罩吐出后，若有变化的电压值，则说明它正常。

第四节　温度传感器的识别与检测

温度传感器是最早开发，应用范围最广的一种传感器。从 17 世纪初人们开始利用温度进行测量。在半导体技术的支持下，相继开发热敏电阻传感器、热敏三极管传感器、半导体热电偶传感器、三极管 PN 结温度传感器和集成温度传感器。热敏电阻的识别与检测在第一章已做过详细介绍，本章仅介绍热敏三极管、热电偶传感器、热释电传感器的识别与检测。

一、热敏三极管

热敏三极管也叫热敏晶体管，是一种新型的热敏器件，它是利用晶体管基极和发射极压降来检测温度的。当检测的温度增大时，热敏三极管的基极、发射极的压降减小。由于热敏三极管生产的基极与发射极之间的压降较小，所以需要对它进行放大后才能送到后级电路进行处理。

摩托罗拉公司生产的 MTS 系列热敏三极管中，有 MTS102、MTS103、MTS105 三种型号。

二、热电偶传感器

热电偶是一种特殊的传感器，它能够将热信号转换为电信号，并且有一定的带载能力。

1. 热电偶的识别

热电偶传感器是将 A、B 两种成分且热电性能的不同的材料一端焊接在一起，另一端与放大器等电路相接，如图 8-14 所示。常见的热电偶传感器如图 8-15 所示。

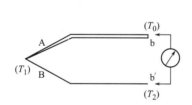

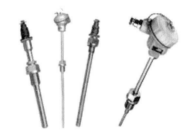

图 8-14　热电偶传感器示意图　　　　图 8-15　典型热电偶传感器实物示意图

热电偶温控器焊接端称为检测端或热端。该端安装在被检测温度的部位，设其温度为 T_1；未焊接端称为自由端或冷端，设其温度为 T_2。当 $T_1 > T_2$ 时，回路中就会产生热电动势。该电动势经放大后控制执行部件，便可实现对被控制器件的温度控制。

2. 热电偶的检测

用万用表的二极管挡测量热电偶的两个引脚间阻值，应为 0 且蜂鸣器鸣叫，否则说明它异常。

三、热释电传感器

1. 热释电传感器的识别

热释电传感器除了应用在防盗系统内，而且广泛应用在自动门、自动灯、自动烘干机、高级光电玩具等产品内，实现自动控制。常见的热释电传感器实物外形和内部构成如图8-16所示。

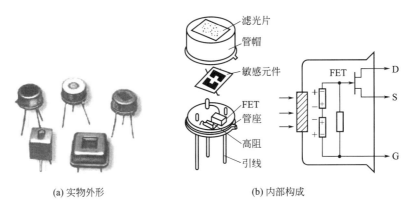

(a) 实物外形　　　　　　　(b) 内部构成

图 8-16　热释电传感器

2. 热释电传感器的构成和工作原理

参见图 8-16(b)，热释电传感器由敏感元件、菲涅耳透镜（图中未画出）、高阻、场效应管、滤光片、管帽和引线构成。

当人体辐射的红外线通过滤光片滤除太阳光、灯光等可见光中的红外线，仅让人体发出的红外光进入传感器。传感器内的菲涅耳透镜将输入的人体红外光转换成一个"盲区"和"高灵敏区"交替的光脉冲信号。该脉冲信号加在热释电传感器的敏感元件后，再由它转换为电信号，随后通过场效应管放大，从热释电传感器的输出端输出。

第五节　光敏传感器的识别与检测

光敏传感器（光电传感器）是采用光电元件作为检测元件的传感器。它首先把被测量的变化转换成光信号的变化，然后借助光电元件进一步将光信号转换成电信号。光电传感器一般由光源、光学通路和光电元件三部分组成。光电检测方法具有精度高、反应快、非接触等优点，而且可测参数多，传感器的结构简单，形式灵活多样，所以光电式传感器在检测和控制中应用非常广泛。

一、典型光敏传感器的识别

典型的光敏传感器主要有光敏电阻、光敏二极管、光敏三极管、光电耦合器、光电开关。光敏电阻、光敏二极管、光敏三极管的识别与检测方法见第一章、第二章相关内容，下面介绍光电耦合器、光电开关的识别与检测方法。

1. 光电耦合器的识别

光电耦合器又称光耦合器或光耦，它属于较新型的电子产品，已经广泛应用在彩色电视机、彩色显示器、计算机、音视频等各种控制电路中。常见的光电耦合器有 4 脚直插和 6 脚两种，典型实物和电路符号如图 8-17 所示。

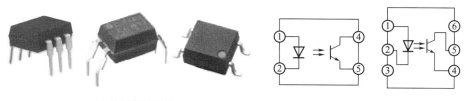

(a) 光电耦合器实物　　　　　　　　　　(b) 电路符号

图 8-17　光电耦合器

光电耦合器通常由一只发光二极管和一只光敏三极管构成。当发光二极管流过导通电流后开始发光，光敏三极管受到光照后导通，这样通过控制发光二极管导通电流的大小，改变其发光的强弱就可以控制光敏三极管的导通程度，所以它属于一种具有隔离传输性能的器件。

2. 光电开关的识别

光电开关是通过把光强度的变化转换成电信号的变化来实现控制的。光电开关主要应用在录像机、复印机、打印机等电子产品内。常见的光电开关实物如图 8-18 所示。

图 8-18　光电开关

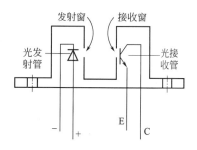

图 8-19　典型光电开关的构成

（1）光电开关的构成

光电开关主要由光发射管（发送器）、光接收管（接收器）、发射窗、接收窗、外壳、引脚构成，如图 8-19 所示。

（2）光电开关的分类

光电开关主要分为槽型光电开关、对射型光电开关、反光型光电开关和扩散反射型光电开关四种。

① 槽型光电开关　槽型光电开关是把一个光发射管（发光二极管）和一个光接收管（光敏三极管）面对面地装在一个槽的两侧。光发射管能通过发射窗发出红外光或可见光，在无阻情况下，光接收管通过接收窗接收到光信号而导通。当有物体从槽中通过时，光发射管发出的光被遮挡，光接收管因无光照而截止，输出一个开关控制信号，切断或接通负载电流，从而完成一次控制过程。

提示

槽形开关的发射窗口与接收窗口因受整体结构的限制，一般只有几十毫米到几厘米。

② 对射型光电开关　对射分离式光电开关简称对射式光电开关，它是把光发射管和光接收管分开安装，加大了检测距离，能够达到几米甚至几十米。使用时把光发射管和光接收

管分别安装在检测物通过路径的两侧，检测物通过时阻挡光路，光接收管就截止，输出一个开关控制信号，实现开关控制。

③ 反光板型光电开关　反光板反射式也叫反射镜反射式，它是把光发射管和光接收管装入同一个装置内，在它的前方装一块反光板，利用反射原理完成光电控制作用的。正常情况下，反光板将光发射管发出的光反射给光接收管，使它导通。当有物体将光路挡住，光接收管因收不到光信号而截止，输出一个开关控制信号。

④ 扩散反射型光电开关　扩散发射型光电开关的前方没有反光板，而在检测头里安装了一个光发射管和一个光接收管。正常情况下，光发射管发出的光线是不能被光接收管接收的，使光接收管截止。当检测物通过时挡住了光信号，并把部分光线反射给光接收管，光接收管收到光信号后导通，输出一个开关信号。

二、典型光电传感器的检测

1. 光电耦合器的检测

（1）引脚、穿透电流的检测

用数字万用表的二极管挡或指针万用表的电阻挡测量，就可以判断出光电耦合器的引脚和穿透电流的大小。由于发光二极管具有二极管的单向导通特性，所以以测量时只要发现两个引脚有导通压降值，则说明这一侧是发光二极管，并且红色表笔接的引脚是 1 脚，另一侧为光敏三极管的引脚。下面介绍用数字万用表判断引脚和穿透电流的方法，如图 8-20 所示。

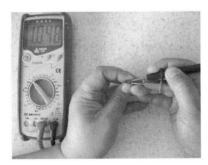
(a) 发光二极管正向导通压降

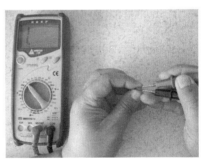
(b) 发光二极管反向导通压降

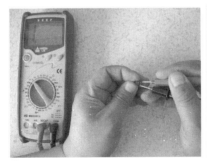
(c) 光敏三极管ce结正向导通压降

(d) 光敏三极管ce结反向导通压降

图 8-20　光电耦合器引脚判断和穿透电流检测示意图

一般情况下，发光二极管的正向导通压降为 1.048 左右，调换表笔后显示的数值为 1，说明它的反向导通压降值为无穷大。而光敏三极管 C、E 极间的正、反向导通压降值都应为无穷大。若光发光二极管的正向导通压降值大，说明它的导通性能下降；若发光二极管的反向导通压降小或光敏三极管的C、E极间的导通压降值小，说明发光二极管或光敏三极管漏电。

提示

数据由四脚的光电耦合器PC123上测得。若采用指针万用表R×1kΩ测量时，发光二极管的正向电阻阻值为20kΩ左右，它的反向电阻阻值及光敏三极管的正、反向电阻阻值均为无穷大。

（2）光电效应的检测

检测光电耦合器的光电效应时需要采用两块指针万用表或指针万用表、数字万用表各一块，测试方法如图8-21所示。

将数字万用表置于二极管挡，表笔接在光敏三极管的C、E极上，再将指针万用表置于R×1挡，黑表笔接发光二极管的正极、红表笔接发光二极管的负极，此时数字万用表屏幕上显示的导通压降值为0.093，表笔不动，将指针万用表置于R×10挡后，导通压降值增大为0.174。这说明，增大指针万用表的挡位，使流过发光二极管的电流减小后，光敏三极管的导通程度可以减弱，也就可以说明被测试的光电耦合器PC123的光电效应正常。

(a) R×1挡检测

(b) R×10挡检测

图8-21　光电耦合器的光电效应检测示意图

提示

在使用R×1挡、R×10挡为发光二极管提供电流时，光敏三极管的导通程度与万用表内的电池容量成正比，也就是指针万用表的电池容量下降后，会导致数字万用表检测的数值增大。

方法与技巧

若没有指针万用表，也可以将一节5号电池负极与一只1kΩ可调电阻串联后，为光电耦合器的发光二极管供电，再调整可调电阻的阻值，为发光二极管提供的电流由小到大时，若光敏管的ce结导通压降（ce结内阻）可以随之变小，则说明被测的光电耦合器正常。

2. 光电开关的检测

（1）引脚、穿透电流的判断

用数字万用表的导通压降测量挡（二极管挡）或指针万用表的电阻挡测量，就可以判断出光电开关的引脚和穿透电流的大小，如图 8-22 所示。

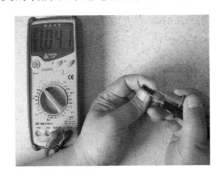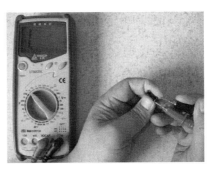

(a) 光发射管的检测

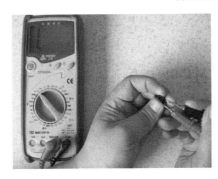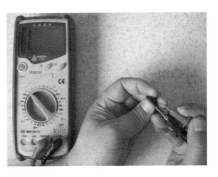

(b) 光接收管的检测

图 8-22　光电开关引脚判断和穿透电流检测示意图

由于光发射管（发光二极管）具有二极管的单向导通特性，所以测量时只要发现两个引脚有导通压降值，则说明这一侧是光发射管，并且红色表笔接的引脚是光发射管的正极，另一侧为光接收管的引脚。

一般情况下，光发射管的正向导通压降为 1.041 左右，调换表笔后，显示的数值为 1，说明反向导通压降值为无穷大。而光接收管 C、E 极间的正、反向导通压降值都应为无穷大。若光发射管的正向导通压降值大，说明它的导通性能下降；若光发射管的反向导通压降小或光接收管的 C、E 极间的导通压降值小，说明发光二极管或光三极管漏电。

（2）光电效应的检测

检测光电开关的光电效应时需要采用两块指针万用表或指针万用表、数字万用表各一块，测试方法如图 8-23 所示。

将数字万用表置于二极管挡，表笔接在光接收管的 C、E 极上，再将指针万用表置于 R×1 挡，黑表笔接光发射管的正极、红表笔接光发射管的负极，为光发射管（发光二极管）提供导通电流，使其发光，致使光接收管因受光照而导通，此时显示屏显示的导通压降值为 0.146，表笔不动，将指针万用表置于 R×10 挡后，显示屏显示的导通压降值增大为 1.298。这说明在增大指针万用表的挡位，使流过光发射管的电流减小后，光接收管的导通程度减小，被测试的光电开关的光电效应正常。值得一提的是，测试过程中，若将不透光的物体放在光电开关的槽中间，光接收管的阻值会变为无穷大，说明光接收管在无光照时能截止。

(a) R×1挡检测　　　　　　　　(b) R×10挡检测

图 8-23　万用表检测光电开关的光电效应

提示

在使用 R×1 挡、R×10 挡为光发射管提供电流时，光发射管的导通程度与万用表内的电池容量成正比，也就是指针万用表的电池容量下降后，会导致数字万用表检测的数值增大。

方法与技巧

若没有指针万用表，也可以将一节 5 号电池串联一只 1kΩ 的可调电阻后，为光发射管供电，再调整可调电阻的阻值，为光发射管提供的电流由小到大时，若光接收管的 ce 结导通压降（ce 结电阻）可以随之变小，则说明被测光电开关是正常的。

第六节 湿敏传感器的识别与检测

湿敏传感器在工业、农业、气象、医疗以及日常生活等方面都得到了广泛的应用，特别是随着科学技术的发展，湿度的检测和控制越来越得到广泛应用。常见的湿敏传感器如图 8-24 所示。

一、湿敏传感器的特性和构成

1. 湿敏传感器的特性

理想的湿敏传感器的特性如下。

适合于在宽温、湿范围内使用，测量精度要高；使用寿命长，稳定性好；响应速度快，湿滞回差小，重现性好；灵敏度高，线

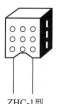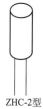

ZHC-1型　　ZHC-2型

图 8-24　常见的湿敏传感器

形好，温度系数小；制造工艺简单，易于批量生产，转换电路简单，成本低；抗腐蚀，耐低温和高温特性等。

2. 湿敏传感器的构成

湿敏传感器是由湿敏元件和转换电路等组成，它是将环境湿度变换为电信号的装置。湿敏元件是最简单的湿度传感器。湿敏元件主要有电阻式、电容式两大类。

湿敏电阻的特点是在基片上覆盖一层用感湿材料制成的膜，当空气中的水蒸气吸附在感湿膜上时，元件的电阻率和电阻值都发生变化，利用这一特性即可测量湿度。

湿敏电容一般是用高分子薄膜电容制成的，常用的高分子材料有聚苯乙烯、聚酰亚胺、酪酸醋酸纤维等。当环境湿度发生改变时，湿敏电容的介电常数发生变化，使其电容量也发生变化，其电容变化量与相对湿度成正比。

电子式湿敏传感器的准确度可达 2%～3%RH，这比干湿球测量湿度的精度高许多。

二、典型湿敏传感器的识别

1. 氯化锂湿敏电阻

氯化锂湿敏电阻由感湿层、衬底基片、氯化锂胶膜、金属电极（引脚）等构成，如图8-25 所示。

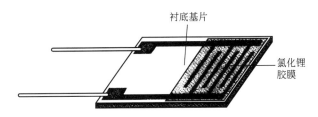

图 8-25 氯化锂湿敏电阻构成示意图

氯化锂胶膜涂敷在基片上，由于氯化锂胶膜在吸收空气中的水分后极易潮解，电离出正、负离子，随着离子的浓度的增加，胶膜的导电能力加强，使湿敏电阻的阻值减小，反之，阻值增大。这样，通过阻值的变化就反映出空气的湿度。

2. 半导瓷湿敏电阻

半导瓷湿敏电阻由金属氧化物半导体制成，典型的多孔陶瓷器件，具有检测湿度范围大、工作稳定、响应迅速等优点。目前，应用较多的半导瓷湿敏电阻是 ZHC 系列传感器，该系列传感器有 ZHC-1、ZHC-2 型两种型号。其中，ZHC-1 型湿敏传感器的外壳采用耐高温的塑料制成，并且形状为长方体，广泛应用在加湿器、去湿器、空调器等产品中。ZHC-2型湿敏传感器的外壳采用铜材制成，并且形状为圆柱体，广泛应用在仓库、车间、蔬菜大棚等场合。

三、典型湿敏传感器的检测

湿敏传感器检测比较简单，就是在湿度增大后阻值减小或输出电压发生变化。若阻值或输出电压没有变化，则说明该传感器或其供电电路工作异常。

第七节　遥控接收器的识别与检测

遥控接收器也叫红外接收器，俗称遥控接收头或接收头，它的英文全称为 Infrared Receiver Module，简称为 IRM 或 RCM。它的功能是将红外遥控器发出的红外遥控信号进行接收、放大、解调后，为编码识别电路（多为单片机）提供可以处理的数据操作信号。

目前，常见的遥控接收器属于 3 端集成元件，3 个引脚分别是供电、接地、信号输出。典型的遥控接收器如图 8-26 所示。

图 8-26　遥控接收器实物

一、遥控接收器的识别

1. 构成与原理

红外接收头内部是将光电二极管（俗称接收管）和集成 IC 共同组合封装而成，其 IC 设计主要以类比式控制，一般可以接收 850～1100nm 波段的红外光，其中主要以接收 940nm 波段的红外光信号为主。

红外接收管将接收的遥控器红外发射管发射出来的光信号转换为微弱的电信号，此信号经由 IC 内部放大器进行放大，然后通过自动增益控制、带通滤波、解调变、波形整形后还原为遥控器发射出的原始编码，经由接收头的信号输出脚输入到电器上的编码识别电路。

2. 红外接收器的主要参数

（1）工作电压

现在市场上接收器件的工作电压主要有三种：第一种是 2～6.5V，此种供电的遥控接收器主要应用在采用电池供电的红外接收头上；第二种是 2.7～6.5V，此类接收器主要应用在 3V、5V 供电方式的电子类产品上；第三种是 4.5～6.5V，此类接收主要应用在家用电器类产品上。

（2）中心频率

遥控接收器的中心频率主要有 32.7kHz（33kHz）、36.7kHz（36kHz）、37.9kHz（38kHz）、40kHz、56.7kHz（56kHz）等多种。遥控器的中心频率要与接收头所用的频率一致，这样才能使用并达到较好的接收效果。

（3）工作电流

一般的红外接收器的静态电流为 0.8～1.5mA，而低功耗的红外遥控接收器的静态电流为 0.1～0.6mA。

（4）接收距离

接收距离是指遥控接收器可以接收到遥控器发出操作信号的距离。

二、遥控接收器的检测

维修不能进行遥控操作的故障时，确认遥控器正常后，可通过测量阻值的方法判断遥控接收器是否正常。测量方法如图 8-27 所示。

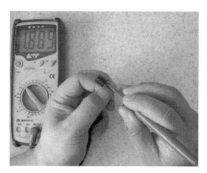

(a) 黑表笔接地端,红表笔接5V供电端

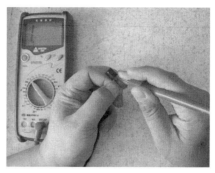

(b) 黑表笔接地端,红表笔接信号输出端

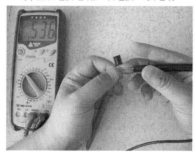

(c) 红表笔接地端,黑表笔接5V供电端

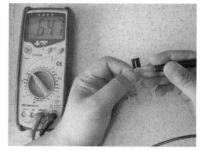

(d) 红表笔接地端,黑表笔接信号输出端

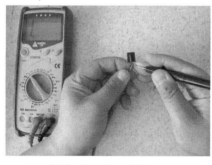

(e) 黑表笔信号输出端,红表笔接5V供电端

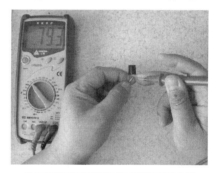

(f) 红表笔信号输出端,黑表笔接5V供电端

图 8-27　遥控接收器的测量示意图

开关、连接器件、磁控管的识别与检测

第九章

第一节 开关器件的使用与检测

开关主要的功能是用于接通、断开和切换电路。早期电路上的机械开关用 K 或 SB 表示，现在电路上多用 S 或 SX 表示。开关的电路符号如图9-1所示。

图 9-1 开关的电路符号

一、开关的分类

开关可以根据其构成、极数、位数、功能、操作方式、锁紧形式进行分类。

1. 按构成分类

开关按构成可分为按钮开关、拨动开关、薄膜开关、微动开关、水银开关、杠杆式开关、行程开关等。

2. 按极数、位数分类

开关按极数、位数可分为单极单位开关、双极双位开关、单极多位开关、多极单位开关和多极多位开关等。

3. 按功能分类

开关按功能可分为电源开关、录放开关、波段开关、预选开关、静音开关、消噪开关、限位开关、脚踏开关、转换开关、控制开关等。

4. 按操作方式分类

开关按操作方式可分为直键开关、船形开关、拨动开关、杠杆开关等多种。

5. 按锁紧形式分类

开关按锁紧方式可分为自锁、互锁和无锁三种。自锁型开关就是按压它使其置于接通位置后，待手松开后仍处于接通状态，需要再次按它才能使其置于断开位置；无锁型开关就是按压它使其触点接通，待手松开后就自动断开。

二、开关的主要参数

1. 额定电压

额定电压是指开关在正常工作时所允许的安全电压。若加在开关两端的电压大于此值，便会造成两个触点之间打火击穿。

2. 额定电流

额定电流是指开关接通时所允许通过的最大安全工作电流。当电流超过此值时，开关的触点就会因电流过大而烧毁。

3. 绝缘

绝缘是指开关的导体部分（金属部件）与绝缘部件间的电阻值。绝缘电阻的阻值应大于 100MΩ。

4. 接触电阻

接触电阻是指开关在导通状态下，每对触点之间的电阻值。一般要求接触电阻值在 0.1～0.5Ω 以下，此值越小越好。

5. 耐压

耐压是指开关的导体与地之间所能承受的最低电压值。

6. 操作次数

操作次数是指开关在正常工作条件下能操作的次数。一般要求在 5000～35000 次左右。

三、典型开关的识别

1. 直键开关

常见的直键开关主要有单极开关和多极开关两种。单极直键开关主要应用在彩电、显示器、音响等设备内做电源开关，而多极直键开关主要应用在收录机、收音机内做波段开关，常见的直键开关如图 9-2 所示。

(a) 单极开关   (b) 多极开关

图 9-2　直键开关

2. 船形开关

船形开关主要应用在电吹风、打印机、饮水机等设备上做电源开关或功能开关。常见的船形开关如图 9-3 所示。

(a) 单极开关   (b) 双极开关

图 9-3　船形开关

3. 拨动开关

拨动开关主要用于功能切换，常见的拨动开关如图 9-4 所示。

图 9-4　拨动开关

4. 杠杆开关

杠杆开关主要用于功能切换，常见的杠杆开关如图 9-5 所示。

图9-5　杠杆开关

5. 轻触开关

轻触开关主要用于电视机、显示器、电磁炉等电器功能操作键。轻触开关实物外形和电路符号如图9-6所示。

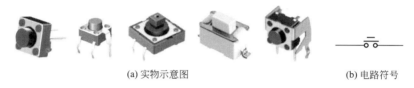

(a) 实物示意图　　　　　　　　　　　　　　　　(b) 电路符号

图9-6　轻触开关

6. 薄膜开关

薄膜开关实际上是一组点触式开关，它只担负传递操作指令给整机被控电路的作用。轻触开关实物外形和16键标标准键盘的电路符号如图9-7所示。

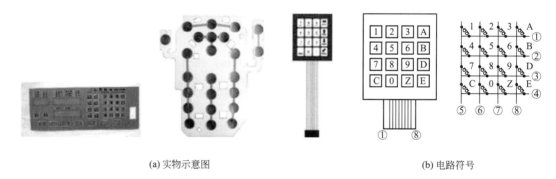

(a) 实物示意图　　　　　　　　　　　　　　　　(b) 电路符号

图9-7　薄膜开关

（1）作用

薄膜开关既不是单一的新型面板，也不是单一的开关元件，而是新颖的电子器件，它至少包含如下功能。

整机面板、功能标记、外观装饰、开关按键、开关电路及引出线、读数显示窗、指示灯透明窗，部分薄膜开关还具有信息反馈功能，例如，键体透明薄膜开关、声响或语言提示功能薄膜开关等。因此，有的人将薄膜开关称为集功能与装饰为一体的电子整机产品操作的总成。目前，薄膜开关已广泛应用在工业、农业、国防、科研、医疗、办公自动化、家用电器、玩具等领域，尤其是电子仪器的操作系统应用的更广泛。

（2）工作原理

在常态下，由于薄膜开关中窗式隔离层的厚度所确定的间隙，上、下层电路的触点是分离的（即便是单层电路结构，其电路触盘也是以迷宫方式相分离），当对面板上某一功能按键施加1～3N的外力时，按键所对应的两个触点瞬间闭合，与此同时，通过与整机相连的接插件将信号传递给后置电路，从而使整机按既定的指令工作。当去除外力后，鉴于薄膜开关基材的弹性，触点迅速分离、复位，此时一次信号的输入已经建立，整机工作状态并不受触点分离的影响。

四、典型开关的检测

1. 机械开关的检测

检测时，将数字万用表置于通断挡测，表笔接在触点的引脚上，在未按压开关时，显示的数值是无穷大，说明触点断开，如图9-8(a)所示，说明触点断开；按压开关后使它的触点接通，蜂鸣器鸣叫且数值变为0，如图9-8(b)所示。否则，说明开关损坏。

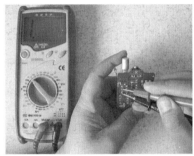

(a) 触点断开　　　　　　　　　　　　　(b) 触点接通

图9-8　机械开关的检测示意图

2. 轻触开关的检测

参见图9-9，用数字万用表的二极管挡测它的引脚的阻值，未按压按钮时它的阻值应为1.776，按压按钮时它的阻值应为0，否则说明开关损坏。

> **提示**
>
> 以上测量是在路测量，若非在路测量时，未按开关的按钮时数值应为无穷大，也就是显示屏显示的数字为1。

(a) 未按开关前的测量　　　　　　　　　(b) 按开关后的测量

图9-9　轻触开关的检测示意图

3. 薄膜开关的检测

参见图9-7，将数字万用表置于二极管挡，红表笔接第1根引出线，黑表笔接第5根引出线，阻值应为无穷大，若阻值小，说明漏电；按开关1时，蜂鸣器应鸣叫，否则说明开关或引出线开路。红表笔不动，而黑表笔接第6根引出线时，阻值也应为无穷大，而在按压开关2后蜂鸣器应鸣叫，否则说明开关2或引出线损坏。以此类推，就可以对所有的开关进行检测。

第二节 连接器件的识别与检测

连接器的英文是 CONNECTOR，一般情况下是指电连接器，即连接两个有源器件的器件，传输电流或信号国内习惯将其称为接插件、插头和插座。

一、连接器的识别

连接器也是一种常见的电子元器件。它在电路内被阻断处或孤立不通的电路之间，架起沟通的桥梁，实现电路的预定功能。连接器形式和结构是千变万化的，随着应用对象、频率、功率、应用环境等不同，有各种不同形式的连接器。常见的连接器如图9-10所示。

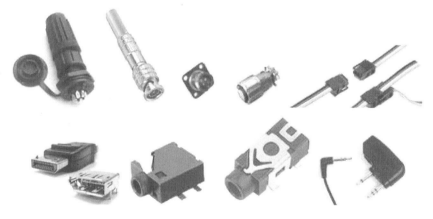

图 9-10 连接器

二、连接器的检测

1. 普通连接器的检测

用数字万用表的二极管挡测一对连接器相应引脚间的阻值应为0，若阻值为无穷大，说明开路，如图9-11(a)所示；用数字万用表的二极管挡测连接器两个相邻的引脚间的阻值不能为0或过小，若阻值为0或过小，说明漏电或短路，如图9-11(b)所示。

2. 显示器信号电缆连接器的检测

由于显示器RGB信号输入电路都对地接有75Ω的匹配电阻，所以检测信号电缆是否开路时，无需打开就可以判断，只要用万用表 R×10Ω 挡测量信号电缆插针与地的阻值为75Ω，则说明电缆、插针正常；若阻值过大，说明电缆开路或插针开路，如图9-12所示。

(a) 通断的检测　　　　　　　　　　(b) 漏电的检测

图 9-11　普通连接器的检测示意图

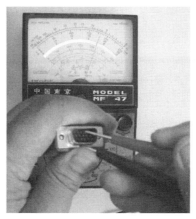

图 9-12　显示器信号电缆连接器的检测示意图

第三节　磁控管的识别与检测

磁控管也称微波发生器、磁控微波管，它是一种电子管。常见的微波炉磁控管如图9-13所示。

图 9-13　微波炉常见的磁控管

一、磁控管的构成

磁控管主要由管芯和磁铁两大部分组成，是微波炉的心脏，从外观上看，它主要由微波发射器（波导管）、散热片、磁铁、灯丝端子及其两个插脚等构成，如图9-14(a)所示。而它内部还有一个圆筒形的阴极，如图9-14(b)所示。

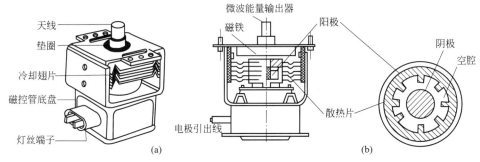

图9-14　磁控管的构成示意图

1. 管芯

管芯由灯丝、阴极、阳极和微波能量输出器组成。

（1）灯丝

灯丝采用钍钨丝或纯钨丝绕制成螺旋状，其作用是用来加热阴极。

（2）阴极

阴极采用发射电子能力很强的材料制成。它分为直热式和间热式两种。直热式的阴极和灯丝组合在一体，采用此种方式的阴极只需10～20s的延时，就可以进行工作；间热式的阴极做成圆筒状，灯丝安装在圆筒内，加热灯丝间接地加热阴极而使其发射电子。阴极被加热后，就开始发射电子。

（3）阳极

阳极由高导电率的无氧铜制成。阳极上有多个谐振腔，用以接收阴极发射的电子。谐振腔由无氧铜制成，一般采用孔槽式和扇形式，它们是产生高频振荡的选频谐振回路。而谐振频率的大小取决于空腔的尺寸。为了方便安装和使用安全，它的阳极接地，而阴极输入负高压，这样在阳极和阴极之间就形成了一个径向直流电场。

（4）微波能量输出器

将管芯产生的微波能量输送到负载上用来加热食物。

2. 磁铁（磁路系统）

磁控管正常工作时要求有很强的恒定磁场，其磁场感应强度一般为数千高斯。工作频率越高，所加磁场越强。

磁控管的磁铁就是产生恒定磁场的装置。磁路系统分永磁和电磁两大类。永磁系统一般用于小功率管，磁钢与管芯牢固合为一体构成所谓包装式。大功率管多用电磁铁产生磁场，管芯和电磁铁配合使用，管芯内有上、下极靴，以固定磁隙的距离。磁控管工作时，可以很方便地靠改变磁场强度的大小，来调整输出功率和工作频率。另外，还可以将阳极电流馈入电磁线圈以提高管子工作的稳定性。

二、磁控管的工作原理

高压变压器的低压绕组输出3.4V左右的交流电压，高压绕组输出2000～4000V的高压交流电压。其中，3.4V左右的交流电压为磁控管的灯丝供电，为阴极加热；2000～4000V左右的交流电压通过高压整流管整流，高压滤波电容滤波后产生负高压，为磁控管的阴极供电。当阴极被预热后开始发射电子，连续不断地向阳极移动，电子在移动的过程中受到垂直磁场的作用而做圆周运动，并在各谐振腔产生高频振荡，经射频输出端送出 2450MHz 的微波，然后通过波导管传输到炉腔，再经炉腔各壁作反射，实现烹饪食物的功能。

三、磁控管的检测

1. 灯丝的检测

由于灯丝的阻值较小，所以测量时应将数字万用表置于 200Ω 挡，再把两个表笔接在磁控管灯丝两个引脚间上，屏幕上显示的数值就是灯丝的阻值，如图 9-15 所示。若阻值过大或无穷大，说明灯丝不良或开路。

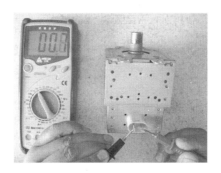

图 9-15　磁控管灯丝的检测示意图

2. 绝缘性能检测

（1）灯丝与外壳绝缘性能的检测

将万用表置于 200M 电阻挡，把表笔接在磁控管灯丝引脚、外壳上，正常时的绝缘电阻阻值为无穷大，如图 9-16（a）所示；若阻值较小，调小挡位后仍小，则说明有漏电或击穿，如图 9-16（b）所示。

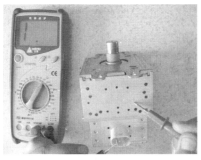 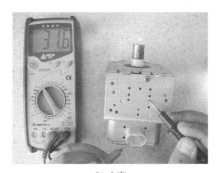

（a）正常　　　　　　　　　　　　　　　　（b）击穿

图 9-16　磁控管灯丝绝缘性能的检测

（2）天线与外壳的绝缘性能检测

将万用表置于 200M 电阻挡，测磁控管天线引脚、外壳间的电阻，正常时阻值应为无穷大，如图 9-17（a）所示；若阻值较小，调小挡位让小，则说明有漏电或击穿，如图 9-17（b）所示。

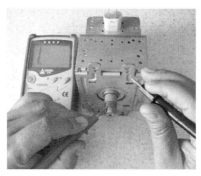
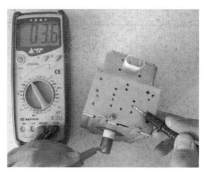

(a) 正常   (b) 击穿

图 9-17　万用表检测磁控管天线绝缘性能

 提示

若采用指针万用表测量绝缘性能时应采用 R×10k 挡。

电子元器件识别与检测 完全掌握

熔断器、晶振、陶瓷元件的识别与检测

第十章

第一节 熔断器件的识别与检测

熔断器件安装在供电回路最前面，当负载因过流或过热引起电源过载时自动切断供电回路，避免故障进一步扩大，实现过载保护。

一、熔断器的识别

熔断器俗称保险丝、保险管，它在电路中通常用 F、FU、FUSE 等表示，它的电路符号如图 10-1 所示。

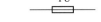

图 10-1　熔断器电路符号

熔断器按工作性质分有过流熔断器和过热熔断器两种；按封装结构可分为玻璃熔断器、陶瓷熔断器和塑料熔断器等多种；按电压高低可分为高压熔断器和低压熔断器两种；按能否恢复分为不可恢复熔断器和可恢复熔断器两种；按动作时间可分为普通熔断器、快速熔断器和延时熔断器三种。

1. 普通熔断器

普通熔断器最常用的是玻璃熔断器，它是由熔体、玻璃壳、金属帽构成的保护元件，如图 10-2 所示。普通熔断器根据额定电流的不同，有 0.5A、0.75A、1A、1.5A、2A、3A、5A、8A、10A 等几十种规格。

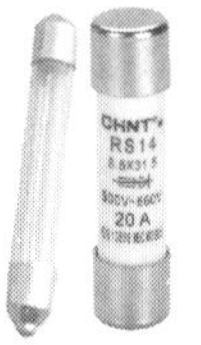

图 10-2　普通熔断器实物示意图

图 10-3　延迟熔断器实物示意图

2. 延时熔断器

延时熔断器也叫延迟保险管，它的构成和普通熔断器基本相同，不同的是它常用的熔体具有延时性，它的熔体常用高熔点金属与低熔点金属所组成的复合而成，既有抗脉冲的延时功能，又有过流快速熔断的特点，从外观上看它的熔体的中间部位突起或熔体采用螺旋结构，如图 10-3 所示。

3. 快速熔断器

快速熔断器是指集成电路型熔断器 ICP，它的特点是熔断时间短，适用于要求快速切断电源的电路，多用于进口电器中，常见的 ICP 的外形类似小三极管，如图 10-4 所示。

4. 温度熔断器

温度熔断器也叫超温熔断器、过热熔断器或温度保险丝等，常见的超温熔断器如图10-5所示。温度熔断器早期主要应用在电饭锅内，现在还应用空调器、变压器等产品内。

温度熔断器的作用就是当它检测到的温度达到标称值后，它内部的熔体自动熔断，切断发热源的供电电路，使发热源停止工作，实现超温保护。

图 10-4　快速熔断器实物示意图　　　　　　图 10-5　温度熔断器实物示意图

二、熔断器的检测

下面介绍用数字万用表测量熔断器的方法，若采用指针万用表测量时应采用 R×1Ω 挡。

1. 普通熔断器的检测

将数字万用表置于二极管挡，将表笔接在它的两端，测它的阻值，若阻值为 0，并且蜂鸣器鸣叫，说明它正常；若不鸣叫且阻值为无穷大，则说明它已开路，如图 10-6 所示。

 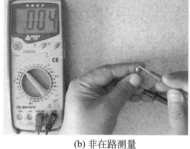

(a) 在路测量　　　　　　　　　　　　　　　(b) 非在路测量

图 10-6　普通熔断器检测示意图

2. 温度熔断器的检测

温度熔断器的检测方法和普通熔断器一样，如图 10-7 所示。

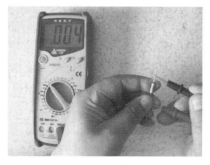

图 10-7　温度熔断器检测示意图

 **晶振的识别与检测**

第二节

晶振是石英振荡器的简称，英文名为 Crystal，它是利用石英晶体（二氧化硅的结晶体）

的压电效应制成的一种谐振器件。晶振是时钟电路中最重要的部件，它的作用是单片机向被控电路提供基准频率，它就像个标尺，工作频率不稳定会造成相关设备工作频率不稳定，自然容易出现问题。由于制造工艺不断提高，现在晶振的频率偏差、温度稳定性、老化率、密封性等重要技术指标都得到大幅度的提高，大大降低了故障率，但在选用时仍要注意选择质量好的晶振。

一、晶振的识别

1. 构成

晶振是从一块石英晶体上按一种特殊工艺切成薄晶片（简称为晶片，它可以是正方形、矩形或圆形等），在晶片的两面涂上银层，然后夹在（或焊在）两个金属引脚之间，再用金属、陶瓷等材料制成的外壳密封，如图10-8所示。

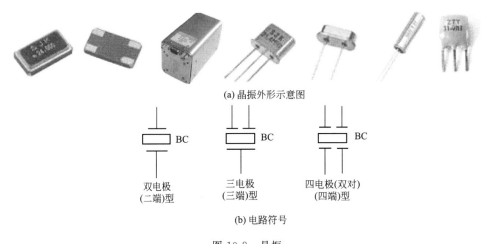

(a) 晶振外形示意图

(b) 电路符号

图 10-8　晶振

2. 晶振的特性

若在晶片的两个电极上加一电场，晶片就会产生机械变形。反之，若在晶片的两侧施加机械压力，则在晶片相应的方向上产生电场，这种物理现象称为压电效应。如果在晶片的两极上加交变电压，晶片就会产生机械振动，同时晶片的机械振动又会产生交变电场。在一般情况下，晶片机械振动的振幅和交变电场的振幅非常微小，但当外加交变电压的频率为某一特定值时，振幅明显加大，比其他频率下的振幅大得多，这种现象称为压电谐振。它与LC回路的谐振现象十分相似。它的谐振频率与晶片的切割方式、几何形状、尺寸等有关。

3. 晶振的命名方法

国产晶振命名由三部分组成，各部分的含义如下：

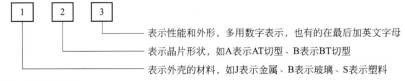

　— 表示性能和外形，多用数字表示，也有的在最后加英文字母
　— 表示晶片形状，如A表示AT切型、B表示BT切型
　— 表示外壳的材料，如J表示金属、B表示玻璃、S表示塑料

4. 晶振的主要参数

晶振的主要参数有标称频率，负载电容、频率精度、频率稳定度等。这些参数决定了晶振的品质和性能。因此，在实际应用中要根据具体要求选择适当的晶振，如通信网络、无线

数据传输等系统就需要精度更高的晶振。不过，由于性能越高的晶振价格也越贵，所以购买时选择符合要求的晶振即可。

（1）标称频率

不同的晶振标称频率不同，标称频率大都标明在晶振外壳上。不过，CRB、ZTB、Ja等系列晶振的外壳上通常不标注标称频率。

（2）负载电容

负载电容是指晶振的两条引线连接 IC 块内部及外部所有有效电容之和，可看作晶振片在电路中串接电容。负载电容不同决定振荡器的振荡频率不同。标称频率相同的晶振，负载电容不一定相同。因为石英晶体振荡器有两个谐振频率，一个是串联谐振晶振的低负载电容晶振；另一个为并联谐振晶振的高负载电容晶振。因此，标称频率相同的晶振互换时还必须要求负载电容一致，不能轻易互换，否则会造成振荡器工作异常。

（3）频率精度和频率稳定度

由于普通晶振的性能基本都能达到一般电器的要求，对于高档设备还需要有一定的频率精度和频率稳定度。频率精度从 10^{-4} 量级到 10^{-10} 量级不等，稳定度从 1ppm 到 100ppm不等。

5. 晶振的分类

晶振按封装结构可分为塑料封装、金属封装、玻璃封装和胶木封装等多种；按工作频率可分为 455kHz、480kHz、3.58MHz、4MHz、6MHz、8MHz、10MHz、16MHz 等几十种；按产生的频率精度可分为普通型和高精度型两种；按工作方式分为普通晶体振荡（TCXO）、电压控制式晶体振荡器（VCXO）、温度补偿式晶体振荡（TCXO）、恒温控制式晶体振荡（OCXO）四种。目前，数字补偿式晶体损振荡（DCXO）等新型晶振开始逐步得到应用。

提示

普通晶体振荡器的频率稳定度是 100ppm，此类晶振价格低廉，但没有采用任何温度频率补偿措施，通常用作微处理器的时钟器件。电压控制式晶振的频率稳定度是 50ppm，通常用于锁相环路。温度补偿式晶振采用温度敏感器件进行温度频率补偿，频率稳定度在四种类型振荡器中最高，为 1～2.5ppm，通常用于手持电话、蜂窝电话、双向无线通信设备等。恒温控制式晶体振荡器将晶体和振荡电路置于恒温箱中，以消除环境温度变化对频率的影响。

6. 晶振的工作原理

晶片和金属板构成的电容器称为静电电容 C_1，它的大小与晶片的几何尺寸、电极面积大小有关，一般约几皮法到几十皮法，如图 10-9 所示。当晶体振荡时，机械振动的惯性可等效为电感 L_1。一般 L_1 的值为几十毫亨到几百毫亨，而晶片的弹性可用电容 C_2 来表示，C_2 的值很小，一般只有 0.0002～0.1pF。晶片振动时因摩擦而产生的损耗用 R 来表示，它的数值约为 100。由于 L_1 很大，而 C_2 和 R 很小，所以该振荡回路的品质因数 Q 很高，可高达 1000～10000。

该振荡回路有两个谐振频率，即当 L_1、C_2、R_1 支路发生串联谐振时，它的等效阻抗最小（等于 R_1），串联谐振频率用 f_s 表示，石英晶体对于串联谐振频率 f_s 呈纯阻性；当频率高于 f_s 时 L_1、C_2、R_1 支路呈感性，可与电容 C_1 发生并联谐振，其并联频率用 f_d 表示。

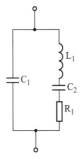

图 10-9　晶振的等效电路　　　　　　　　图 10-10　晶振的检测示意图

二、晶振的检测

1. 电阻测量法

参见图 10-10，将指针万用表置于 R×10kΩ 挡，用表笔接晶振的两个引脚，测量晶振的阻值，正常时应为无穷大，若阻值过小，说明晶振漏电或短路。

2. 电容测量法

通过图 10-9 可知，晶振在结构上类似一只小电容，所以可以通过所测得容量值来判断它是否正常。下面以常见的 3.58MHz、4.43MHz、22.1MHz 晶振为例进行介绍。

（1）二端晶振的检测

将数字万用表置于 2nF 挡，两根表笔接在晶振的两个引脚上，容量值如图 10-11 所示。

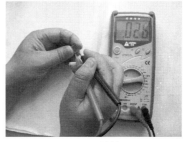

(a) 3.58MHz晶振　　　　　　　　　(b) 4.43MHz晶振

图 10-11　二端晶振的容量检测示意图

（2）三端晶振的检测

将数字万用表置于 2nF 挡，两根表笔接在晶振的外侧两个引脚上，容量值如图 10-12(a)

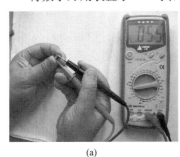
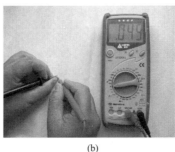
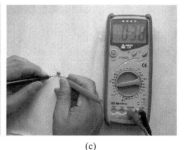

(a)　　　　　　　　　　(b)　　　　　　　　　　(c)

图 10-12　22.1MHz 晶振的容量检测示意图

所示；一根表笔接外侧引脚，另一根表笔接中间引脚，容量值如图 10-12（b）所示，调换表笔后，容量值如图 10-12（c）所示。

提示

由于以上两种检测方法都是估测，不能准确判断晶振是否正常，所以最可靠的方法还是采用正常的、同规格的晶振代换检查。

第三节　陶瓷元件的识别与检测

陶瓷元件是由陶瓷制成的谐振元件。它与晶振一样，也是由压电效应工作的。目前的陶瓷元件通常采用锆钛酸铅陶瓷材料做成薄片，再在两面涂上银层，焊上引线后，用塑料或金属进行封装。目前，它在电路中用字母"Z"或"ZC"表示，旧标准用字母"SF"或"CF"、"X"表示。

一、陶瓷元件的命名、分类和主要参数

1. 陶瓷元件的命名方法
国产晶振命名由三部分组成，各部分的含义如下：

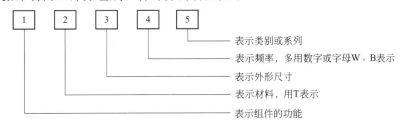

2. 陶瓷元件的主要参数
晶振的主要参数有标称频率、通带宽度、插入损耗、陷波深度、失真度、鉴频输出电压、频率精度、频率稳定度、谐振阻抗等。

3. 陶瓷元件的分类
陶瓷元件按功能和用途陶瓷滤波器、陶瓷鉴频器、陶瓷陷波器等；按封装结构可分为塑料封装和金属封装两种；按引脚数量可分为 2 端组件、3 端组件、4 端和多端组件等多种。

二、典型陶瓷元件识别

典型的陶瓷元件有陶瓷滤波器、陶瓷陷波器、陶瓷鉴频器。

1. 陶瓷滤波器的识别
陶瓷滤波器的作用是将信号内需要的分量选取出来。它是利用压电陶瓷的压电效应制成

(a) 实物外形

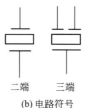

二端　三端

(b) 电路符号

图 10-13　陶瓷滤波器

的带通滤波器，具有性能稳定、无需调整、价格低等优点，取代了 LC 滤波回路广泛应用在电视机、录像机、收音机等产品中。常见的陶瓷滤波器有三端和二端两种结构。它的实物和电路符号如图 10-13 所示。

电视机、录像机中常用的陶瓷滤波器有 5.5MHz、6MHz 和 6.5MHz 伴音中频滤波器，其作用是将全电视信号内的视频信号衰减，并取出第二伴音中频信号。常见型号有 LT6.5M、LT6.5MA、LT6.5MB、LT5.5MB、LT6.0M、SFE6.5/1B、EFCS6RSS4、EFC-S6R5MS3、EILTER6.5MC、CF6.5MC、SFC6.5、FCM6.5、6.5S4、6.5S3、LTB6.5、LTW6.5 等。

AM 调幅收音机中使用的中频滤波与选频用的陶瓷滤波器为 465kHz，常见的型号有 UX1A、31A65、LT465、LT465MA、LT465MB 等。

FM 调频收音机和收录机中使用的中频滤波器用的陶瓷滤波器为 10.7MHz，常见型号有 LT10.7、LT10.7MA、LT10.7MB、LT10.7MC、LTB10.7 等。

2. 陶瓷陷波器的识别

陶瓷陷波器是利用压电陶瓷的压电效应制成的带阻滤波器，它的作用是阻止或滤掉信号中有害分量对电路的影响。陶瓷陷波器也有二端型和三端型两种结构，它在电路中的文字符号及图形符号与陶瓷滤波器相同。

电视机中使用的陶瓷陷波器有 6.5MHz、6MHz、5.5MHz 和 4.5MHz 等几种标准频率。其中 4.5MHz 陶瓷陷波器用来消除副载波信号对图像的干扰，5.5MHz、6MHz 和 6.5MHz 陶瓷陷波器用来消除伴音信号对图像的干扰。常用的陶瓷陷波器有 XT4.43M、XT6.0MA、XT5.5MA、XT4.5MB、XT6.5MA、XT6.5MB、TPS6.5MB、2TP4.5、2TP6.5 等型号。

3. 陶瓷鉴频器的识别

陶瓷鉴频器是一种具有移相鉴频特性的陶瓷滤波元件，主要用在电视机或录像机的伴音中频放大或解调电路中以及 FM 调频收音机的鉴频器电路中。它分为平衡型和微分型两种类型，前者用于同步鉴相器作平衡式鉴频解调，后者用于差分峰值鉴频器作差动微分式鉴频解调。陶瓷鉴频器的文字符号和电路图形符号与陶瓷滤波器相同。

用于电视机或录像机中的陶瓷鉴频器有 JT4.5MD、JT5.5MB、JT6.0MB、JT6.5MD、JT6.5MB2、CDA6.5MC、CDA6.5MD 等型号。用于 FM 调整收音机中的陶瓷鉴频器有 JT10.7MG3 等型号。

4. 声表面滤波器的识别

声表面滤波器是利用压电陶瓷、铌酸锂、石英等压电晶体振荡材料的压电效应和声表面波传播的物理特性制成的一种换能式无源带通滤波器，它的英文缩写为 SAWF 或 SAW。它用于电视机和录像机的中频输入电路中作选频元件，取代了中频放大器的输入吸收回路和多级调谐回路。

声表面滤波器在电路中用字母“Z”或“ZC”（旧标准用“X”、“SF”、“CF”）表示。它的实物和常见的电路符号如图 10-14 所示。

声表面滤波器内部由输入换能器、压电基片、输出换能器和吸声材料等组成，如图 10-15 所示。当其输入端有中频电视信号输入时，输入换能器将电信号转换为机械振动信号，

<table>
</table>

(a) 实物外形　　　　　　　　　　　　　　　　(b) 电路符号

图 10-14　声表面滤波器

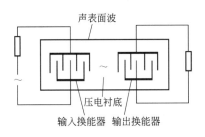

图 10-15　声表面滤波器的构成

在压电基片上产生声表面波信号。该信号经输出换能器转换为电信号并输出。因此，中频信号通过声表面滤波器对无用成分进行衰减或滤除，并将有用的成分选出。

 提示

彩电采用的声表面滤波器的标称频率有 37MHz、38MHz 等多种。

三、典型陶瓷元件的检测

1. 陶瓷滤波器的检测

陶瓷滤波器的检测可采用电阻法、电容法、模拟法、代换法进行检测。陶瓷陷波器、陶瓷鉴频器的检测方法与陶瓷滤波器相同，不再介绍。测量方法如图 10-16 所示。

(a) 输入端与接地端阻值　　　　　　　　(b) 输出端与接地端阻值

图 10-16　陶瓷滤波器示意图

首先，将万用表置于 200kΩ 挡，用两个表笔测量陶瓷滤波器输入端、输出端与接地端之间的正、反向阻值，阻值应为无穷大。否则，说明该陶瓷滤波器漏电。

2. 声表面滤波器的检测

声表面滤波器的检测可采用电阻法、电容法、模拟法、代换法进行检测。

（1）检测电阻法

参见图 10-17，用万用表 200kΩ 挡测量声表面滤波器各引脚之间的正反向电阻值，2 脚与 5 脚因相连，所以之间的阻值为 0，其余各引脚与 2 脚或 5 脚间的电阻值均应为无穷大。否则，说明该声表面滤波器已损坏。

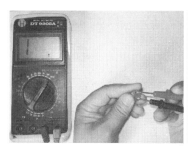  

图 10-17　电阻测量法测量声表面滤波器示意图

（2）检测电容法

由于声背面滤波器引脚间呈容性，所以用数字万用表电容挡测量彩色电视机用 38MHz 声表面滤波器信号输入、输出端与接地之间的容量值如图 10-18 所示。

(a) 红笔接信号输入端、黑笔接地　　　　　　　　(b) 黑笔接信号输入端、红笔接地

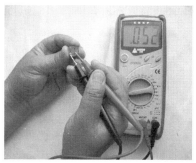 

(c) 红笔接信号输出端、黑笔接地　　　　　　　　(d) 黑笔接信号输出端、红笔接地

图 10-18　电容测量法测量声表面滤波器示意图

提示

由于两个信号输出端对地的容量值基本相同，所以图 10-18 仅测出一个输出端对地的容量值。

电子元器件识别与检测 完全掌握

显示器件的识别与检测

第十一章

目前，应用的显示器件种类较多，本章主要介绍 LED 数码管、彩色显像管、示波管、电致发光板、液晶显示屏、等离子显示屏的识别与检测。

第一节 LED 数码管的识别与检测

LED 数码管是由发光二极管构成的数字、图形显示器件。主要用于数字仪器仪表、数控装置、家用电器、计算机的功能或数字显示。常见的 LED 数码管如图 11-1 所示。

(a) 一位　　(b) 双位　　(c) 普通显示屏　　　　　　(d) 多功能显示屏

图 11-1　LED 数码显示器件实物示意图

一、LED 数码管的分类

1. 按显示位数分类

LED 数码管按显示位数可分为一位、双位、多位。一位就是人们常说的数码管，双位就是由两个一位数码管构成。而三位以上的数码管多称为数码显示屏。为了降低功耗和减少引脚数量，数码显示屏通常采用动态扫描显示方式。其特点是将各位同一笔段的电极短接后作为一个引出端，并且各位数码管按一定顺序轮流发光显示，只要位扫描频率足够高，就可以避免闪烁等异常现象。

2. 按显示功能分类

按显示功能可分为普通显示型和多功能显示型两种。所谓的普通显示型仅能够显示 0～9 的数字和简单的＋、－、×、÷等运算字符，见图 11-1(a)～(c)；多功能显示型不仅可显示数字，而且显示字母、符号和图形，见图 11-1(d)。

二、LED 数码管的特点

LED 数码管的主要特点如下：

① 在低电压、小电流的驱动下能发光，能与 CMOS、TTL 电路兼容；

② 亮度高，发光响应时间短（<0.1μs），高频特性好，单色性能好；

③ 体积小，重量轻，抗冲击性能好；

④ 寿命长，使用寿命在 10 万小时以上，甚至可达 100 万小时；

⑤ 成本低。

三、LED 数码管的构成与原理

1. LED 数码管的构成

LED 数码管有共阳极、共阴极两种，如图 11-2 所示。所谓的共阳极就是 7 个发光二极管的正极连接在一起，如图 11-2(b) 所示；所谓的共阴极就是将 7 个发光二极管的负极连接在一起，如图 11-2(c) 所示。

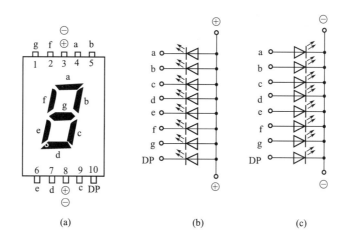

图 11-2　LED 数码管构成示意图

a~g 脚是 7 个笔段的驱动信号输入端，DP 脚是小数点驱动信号输入端，③、⑧脚的内部相接，是公共阳极或公共阴极。

2. LED 数码管的工作原理

对于共阳极数码管，它的③、⑧脚是供电端，接电源；它的 a~g 脚是激励信号输入端，接在激励电路输出端上。当 a~g 脚内的哪个脚或多个脚输入低电平信号，则相应笔段的发光二极管发光。

对于共阴极数码管，它的③、⑧脚是接地端，直接接地；它的 a~g 脚也是激励信号输入端，接在激励电路输出端上，当 a~g 脚内的哪个脚或多个脚输入高电平信号，则相应笔段的发光二极管发光，该笔段被点亮。

四、LED 数码管的检测

参见图 11-3，将数字万用表置于"二极管"挡，把红表笔接在发光二极管正极一端，黑表笔接在负极的一端，若万用表的显示屏显示 1.588 左右的数值，并且数码管相应的笔段发光，说明被测数码管笔段内的发光二极管正常，否则该笔段内的发光二极管已损坏。

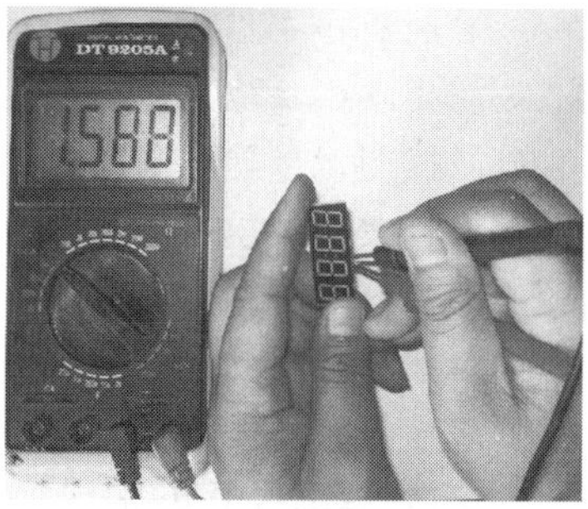

图 11-3　LED 数码管检测示意图

第二节 彩色显像管的识别与检测

彩色显像管属于阴极射线管，用 CRT 表示。主要应用在彩色电视机、彩色显示器中，用来显示彩色画面。

一、彩色显像管的识别

1. 显像管的分类

（1）按结构分类

彩色显像管按结构可分为三枪三束彩色显像管、单枪三束彩色显像管和自会聚彩色显像管等多种。由于自会聚管不仅性能较完善，而且简化了会聚调整，所以自会聚显像管是目前的主流产品。

（2）按用途分类

显像管按用途可分为电视机显像管、监视器显像管、显示器显像管。

（3）按荧光屏尺寸分类

彩电用显像管按荧光屏尺寸可分为 14in（37cm）、18in（47cm）、20in（51cm）、21in（53cm）、22in（56cm）、25in（64cm）、28in（71cm）、29in（74cm）、32in（81cm）、34in（86cm）和 38in（97cm）等多种规格。其中 28in 和 33in 显像管的宽高比为 16：9，其他规格显像的宽高比多为 4：3。

显示器用显像管按荧光屏尺寸可分为 14in、15in、17in、19in、21in、25in 和 29in 等规格。

 提示

显像管荧光屏尺寸是指荧光屏玻壳对角线的有效尺寸，并非可视尺寸。

（4）按曲率半径的大小分类

显像管按曲率半径的大小可分球面显像管（ρ 为 0.9～1.2）、平面直角显像管（ρ 为 1.5～2.5）、超平显像管（ρ 为 3.5～3.8）和纯平显像管（ρ 为 4）。

提示

由于显像管屏幕玻璃通常为球面形状，所以显像管通常用球面体曲率半径（ρ）的大小来描述屏幕玻璃向外鼓出的程度（球度）。曲率半径越小，屏幕越向外鼓；内率半径越大，屏幕越平坦。

（5）按图像重现控制方式分类

显像管按图像重视控制方式可分为荫罩式、聚焦栅式、束指引式和穿透式四类。目前，荫罩式彩色显像管是主流产品。

（6）按管径粗细分类

彩色显像管的按管颈粗细可分为粗管径显像管和细管径显像管两种。

2. 自会聚显像管的构成

自会聚显像管主要由电子枪、荫罩板、玻璃外壳和荧光屏三部分构成，如图 11-4 所示。

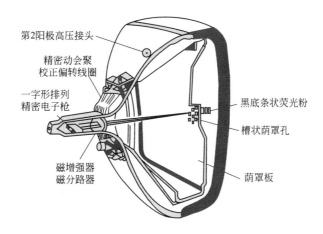

第2阳极高压接头

精密动会聚
校正偏转线圈

一字形排列
精密电子枪

黑底条状荧光粉

槽状荫罩孔

磁增强器
磁分路器

荫罩板

图 11-4　自会聚显像管结构

（1）电子枪

它由三个灯丝控制栅极、加速极、聚焦极、阳极（又称第二阳极）、三个阴极组成。因三个灯丝并联，所以显像管灯丝只有两个引出管脚，栅极、加速极、聚焦极是三个电子束公用的，所以这三个极都只有一个引出脚，不过现在显示器和高清彩电采用的显像管具有水平、垂直两个聚焦极。而有的显像管还具有三个控制栅极。典型的自会聚显像管的电子枪如图 11-5 所示。

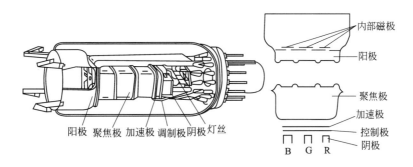

内部磁极

阳极

聚焦极

加速极

控制极

阴极

阳极　聚焦极　加速极　调制极　阴极灯丝

B　G　R

图 11-5　典型自会聚显像管电子枪结构示意图

① 灯丝　灯丝的作用是为阴极加热的，它在电路中通常用 H、HT 或 F 表示。彩电显像管的灯丝多采用 27VPP 左右的行逆程脉冲（有效值为交流 6.3V）供电方式，而彩显显像管的灯丝多采用 6V 直流供电方式。

② 阴极　阴极的作用就是发射电子，它在电路中通常用 K 表示。彩电显像管的阴极的供电范围多为 90～150V，而彩显显像管的阴极供电范围多为 50～70V，个别的为 90～150V。

提示

由于彩色显像管有 R、G、B 三个阴极，所以在电路通常用 KR、KG、KB 或 RK、GK、BK 表示。

③ 栅极　它的作用就是控制阴极发射电流的大小，它在电路中用 G1 表示。栅极电压越高，阴极发射电流越小。彩电显像管的栅极多接地，而彩显显像管的栅极多接亮度控制电压

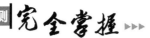
（负压），这也是彩显显像管阴极电压较低的原因。

 提示

　　许多资料上将栅极称为控制极，它在电路中用 M 表示。

　　④ 加速极　加速极又称为第一阳极，它的作用就是为阴极发射的电子初步加速，它在电路中用 G1 表示。加速极电压的范围多为 $200\sim450\mathrm{V}$，部分为 $450\sim600\mathrm{V}$。加速极电压越高，轰击荧光屏的电流越大，屏幕越亮。

　　⑤ 聚集极　聚集极又称第三阳极，它的作用就是将阴极发射的电子会聚到一点，它在电路中用 G3 表示。彩电显像管聚集极电压的范围多为 $5\sim8\mathrm{kV}$。聚集极电压过低或过高，都会引起散焦的现象。

　　⑥ 高压阳极　高压阳极又称为第二阳极或第四阳极，它的作用就是给电子实行最终加速，使之轰击荧光粉，让荧光粉发光，它在电路中用 H.V 表示。

注意

　　彩色显像管高压阳极电压超过 23kV，有的高达 35kV 左右。因此，测量高压或从显像管上拆下高压阳极的引线要注意安装，不要发生电击伤人事故。

　　（2）荧光屏

　　荧光屏玻璃内壁涂有红绿蓝三基色荧光粉小点，它们有规则的排列，相邻的三种颜色荧光小点组成一个色点组，称为像素，它们是产生各种颜色的基本单元，根据三基色的混色原理，三色发光的亮度比例适当，就可呈现为白光，适当调整发光比例，则可重现出不同的颜色，比如红、蓝混合发出的光为紫色，红、绿混合后发出的光为黄色，绿、蓝混合出的光为青色等。

　　（3）荫罩板

　　荫罩板安装在与荧光屏内壁距离很近的地方，并与阳极相连，它由很薄的金属片制成，上面开了很多的小圆孔，自会聚管条状方孔其数目约为荧光点数的三分之一，小孔按正三角形排列，与荧光点组一一对应，制造精度要求很高，要保证电子束打中与它相应的荧光粉小点上。

　　（4）玻璃外壳

　　玻璃外壳的作用就是将电子枪、荫罩板等器件密封起来，它的内部抽成真空，它的外形呈漏斗状。

二、彩色显像管的检测

注意

　　由于彩色显像管的管颈易碎，所以测量时不要让它受到外力的冲击，以免造成管颈漏气或断裂而导致显像管报废。

1. 灯丝通断的测量

　　参见图 11-6，用万用表 200Ω 挡测量灯丝两引脚的直流电阻值，阻值应为 $1\sim10\Omega$ 左右，若测得阻值偏离较大，甚至为无穷大，说明显像管灯丝断路。

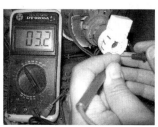

(a) 彩电显像管灯丝的测量　　　　　　(b) 彩显显像管灯丝的测量

图 11-6　检测显像管灯丝的示意图

注意

由于彩电的显像管灯丝供电几乎都是由行输出变压器提供的，所以显像管灯丝是与行输出变压器的灯丝供电绕组并联的，若不拔下管座测量灯丝的阻值是无法判断是否开路的。而图 11-6 中的显像管管座是后安装的，实际测量时也可以不安装。

提示

由于新型彩显的显像管灯丝供电几乎都是采用直流供电方式，所以测量显像管灯丝的阻值时不需要拔下管座，直接在电路板上测量就可以的。但若阻值较大，则需要拔下管座进行测量，以免管座损坏引起误判。不过，这种情况是很少见的。

2. 阴极发射能力的检测

阴极发射能力的检测对于显像管是极为重要的，当显像管的阴极发射能力下降后，会出现刚开机时亮度偏暗、图像暗淡，增大亮度时聚焦变差，热机后会有所好转的故障。若是某一个阴极或某两个阴极衰老时，则会造成开机后偏色、失去白平衡，而热机后恢复正常的现象。

（1）彩电显像管阴极发射能力的测量

参见图 11-7，拔掉显像管管座，为显像管安装一个新管座，再将一只 6.3V 变压器的次级绕组接在该管座的灯丝供电引脚上，单独为显像管灯丝提供 6.3V 工作电压，使显像管的灯丝进入预热状态。在预热状态下，将万用表置于 R×1kΩ 挡，用黑表笔接栅极、红表笔接某一阴极，正常时电阻值应为 1～5kΩ。若测得某阴极与栅极之间的电阻值在 5～10kΩ 之间，则说明显像管有不同程度衰老，但仍可以继续使用；若测得该电阻值大于 10kΩ，则说明显像管已严重衰老，需要进行激活处理或更换。

提示

若手头有相同的显像管管座，最好将稳压器或变压器输出的 6.3V 交流电压通过导线加到管座上的灯丝供电脚上，这样可以避免短路等现象发生。另外，若采用数字万用表 20kΩ 电阻挡测量时，数值会低于指针万用表测量的数值。

(a) 指针万用表测量　　　　　　　(b) 数字万用表测量

图 11-7　显像管阴极发射能力检测示意图

（2）彩显显像管阴极发射能力的测量

彩显显像管的阴极发射能力的检测和彩电显像管基本一样，不同的是，在测量时彩显显像管的灯丝加 6V 直流电压。

3. 显像管是否断极的测量

当彩显出现亮度失控且伴有严重回扫线故障时，在亮度控制等电路正常的情况下，应检查显像管的栅极是否开路。若拔下管座，在灯丝预热状态下测量栅极与各阴极之间的电阻值均为无穷大，则说明显像管的栅极已开路，需要更换显像管。而加速极断极后，会出现无光栅故障。检查时可拔下管座，将阴极与栅极之间短路，给灯丝加 6.3V 交流电压后，用万用表 R×10kΩ 挡测量阴极与加速极之间的电阻值，正常值应为 400kΩ 左右。若阻值为无穷大，则说明加速极已开路。

> **提示**
>
> 三枪三束显像管的某一个栅极开路后，会出现亮度失控、有回扫线，光栅底色比断极栅极所对应的电子枪的颜色重。若显像管某个阴极内部开路，则会出现图像缺少该阴极所对应的基色。检查时也可通过测量阴、栅极之间的电阻值来判断。

4. 极间漏电或碰极的测量

显像管阴极与灯丝或与栅极之间较易出现漏电或碰极，阴极与加速极之间或栅极与加速极之间很少出现漏电或碰极。阴极与灯丝之间漏电，会出现刚开机工作正常，工作一段时间后，屏幕上显示单色光，比如绿阴极与灯丝之间漏电，严重时还会出现光栅为绿色，亮度失控且满屏回扫亮线的现象，也就是哪个阴极和灯丝之间漏电，屏幕上就会显示该阴极所代表的颜色。因此，通过屏幕的颜色也就可以确认哪个阴极与灯丝漏电或短路。检测时，拔下管座，用万用表 R×1kΩ 挡测量灯丝与阴极之间的电阻值，正常时应为无穷大。若测出阻值，则说明栅极与该阴极之间漏电；若阻值接近 0，则是栅极与阴极之间碰极。

> **提示**
>
> 有的显像管灯丝与某个阴极之间在冷态（不开机）时不漏电，灯丝与阴极之间阻值为无穷大，而热机后（指电视机工作一段时间或灯丝通电预热后）灯丝与阴极之间发生漏电或短路现象。

方法与技巧

　　若显像管的某一个阴极与灯丝短路或漏电，可用壁纸刀将显像管管座上的两个灯丝供电脚与原电路断开，再用导线在行输出变压器的磁芯上绕2～3匝。线圈的两端与 $0.68\Omega/2W$ 左右的电阻R串联后，焊接到管座上灯丝的引脚上。这样，因线圈没有接地，所以它产生的脉冲电压通电阻R限流后，单独为显像管灯丝供电，即悬浮供电，就可以排除单一栅极与灯丝短路或漏电的故障。电路如图11-8所示。

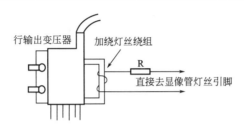

图11-8　显像管灯丝悬浮供电电路示意图

第三节　示波管的识别与检测

　　示波管是电子示波器的心脏。它虽然也是利用电子束扫描实现显示功能的，但它的外形上却和显像管有很大的区别。

一、示波管的识别

1. 显像管的构成与工作原理

示波管的主要由电子枪、偏转电极、加速级、荧光屏等构成，如图11-9所示。

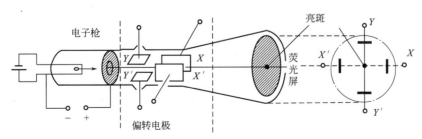

图11-9　示波管构成和工作原理示意图

电子枪产生了一个聚集很细的电子束，并把它加速到很高的速度。这个电子束以足够的能量撞击荧光屏上的一个小点，并使该点发光。当电子束离开电子枪，就在两副静电偏转板间通过。偏转板上的电压控制电子束偏转，一副偏转板的电压使电子束上下运动；另一副偏转板的电压使电子左右运动。而这些运动都是彼此无关的。因此，在水平输入端和垂直输入端加上适当的电压，就可以把电子束定位到荧光屏的任何地方。

2. 主要部件简述

（1）电子枪

电子枪由灯丝 F、阴极 K、栅极 G_1、第二栅极 G_2（或称加速极）、第一阳极 A_1 和第二阳极 A_2 组成。它的作用是发射电子并形成很细的高速电子束。灯丝通电后为阴极加热，阴极受热发射电子。栅极是一个顶部有小孔的金属圆筒，套在阴极外面。由于栅极电位比阴极低，对阴极发射的电子起控制作用，一般只有运动初速度大的少量电子，在阳极电压的作用下能穿过栅极小孔，奔向荧光屏。初速度小的电子仍返回阴极。如果栅极电位过低，则全部电子返回阴极，即管子截止。调节电路中的 W_1 电位器，可以改变栅极电位，控制射向荧光屏的电子流密度，从而达到调节亮点的辉度。第一阳极、第二阳极和加速极都是与阴极在同一条轴线上的三个金属圆筒。加速极 G_2 与 A_2 相连，所加电位比 A_1 高。G_2 的正电位对阴极电子奔向荧光屏起加速作用。

电子束从阴极射向荧光屏的过程中，经过两次聚焦过程。第一次聚焦由 K、G_1、G_2 完成，所以 K、G_1、G_2 叫做示波管的第一电子透镜。第二次聚焦发生在 G_2、A_1、A_2 区域，调节第二阳极 A_2 的电位，能使电子束正好会聚于荧光屏上的一点，这是第二次聚焦。A_1 上的电压叫做聚焦电压，所以 A_1 又叫聚焦极。有时调节 A_1 电压仍不能满足良好聚焦，需微调第二阳极 A_2 的电压，所以 A_2 又叫辅助聚焦极。

（2）荧光屏

现在的示波管屏面通常是矩形平面，内表面沉积一层磷光材料构成荧光膜。在荧光膜上常又增加一层蒸发铝膜。高速电子穿过铝膜，撞击荧光粉而发光形成亮点。铝膜具有内反射作用，有利于提高亮点的辉度。铝膜还有散热等其他作用。

由于所用磷光材料不同，荧光屏上能发出不同颜色的光。目前的示波器多采用发绿光的示波管，以降低对工作人员眼睛的伤害。

提示

当电子停止轰击后，亮点不能立即消失，而要停留一段时间。亮点辉度下降到原始值的 10% 所经过的时间叫做"余辉时间"。余辉时间短于 $10\mu s$ 为极短余辉，$10\mu s \sim 1ms$ 为短余辉，$1ms \sim 0.1s$ 为中余辉，$0.1 \sim 1s$ 为长余辉，大于 $1s$ 为极长余辉。一般的示波器配备中余辉示波管，高频示波器选用短余辉示波管，低频示波器选用长余辉示波管。

（3）偏转电极

偏转电极控制电子射线方向，使荧光屏上的光点随外加信号的变化描绘出被测信号的波形。图 11-9 中，X、Y 两对互相垂直的偏转板组成偏转系统。Y 轴偏转板在前，X 轴偏转板在后，因此 Y 轴灵敏度高（被测信号经处理后加到 Y 轴）。两对偏转板分别加上电压，使两对偏转板间各自形成电场，分别控制电子束在垂直方向和水平方向偏转。

（4）示波管的供电

为使示波管正常工作，对电源供给有一定要求。规定第二阳极与偏转板之间电位相近，偏转板的平均电位为零或接近零。阴极的供电必须是负电压。栅极 G_1 相对于阴极为负电位（-100～$-30V$），而且可调，以实现辉度调节。第一阳极为正电位（约 $+100$～$+600V$），也应可调，用作聚焦调节。第二阳极与前加速极相连，对阴极为正高压（约 $+1000V$），相对于对地电位的可调范围为 $\pm 50V$。由于示波管各电极电流很小，可以用公共高压经电阻分压器供电。

二、示波管的检测

示波管的检测方法和显像管基本相同，不再介绍。

第四节 真空荧光显示屏的识别与检测

真空荧光显示屏 VFD（Vacuum Fluorescent Display）是从真空电子管发展而来的显示器件，它不仅可以做多色彩显示，并且亮度高，又可以用低电压来驱动，易与集成电路配套，所以被广泛应用在家用电器、办公自动化设备、工业仪器仪表、交通等各种领域中。

一、VFD 的识别

1. VFD 的构成

VFD 由发射电子的阴极（直热式，统称灯丝）、加速控制电子流的栅极、玻璃基板上印上电极和荧光粉的阳极及栅网和玻盖构成。它是利用电子撞击荧光粉，使荧光粉发光，是一种自身发光显示器件。

2. VFD 的分类

VFD 根据结构可分为二极管和三极管两种；根据显示内容可分为数字显示、字符显示、图案显示、点阵显示等多种；根据驱动方式可分为静态驱动（直流）和动态驱动（脉冲）两种。

3. VFD 的工作原理

下面以应用最广泛的三极管式真空荧光显示屏介绍此类显示器件的工作原理。此类显示器件的外壳是由玻盖和基板构成的真空容器，外壳内由阴极（灯丝）、栅极及阳极和吸气剂（消气剂）GETTER 等构成，如图 11-10 所示。

阴极 CATHODE（灯丝 FILAMENT）是由碱土和金属氧化物粉末制成的极细钨丝。阴极能够发

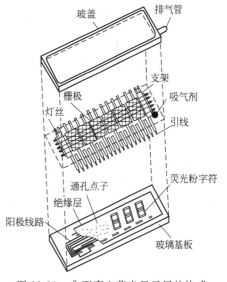

图 11-10 典型真空荧光显示屏的构成

射电子，金属氧化物粉末的功能是要降低灯丝的温度，提高寿命。栅极 GRID 是由金属栅网薄膜制成的，起到控制和分散阳极发射的电子的作用。

通过灯丝的引脚为灯丝供电后，使灯丝为阴极加热，当阴极的温度达到 600℃ 左右时开始发射电子。为栅极提供正的工作电压后，可加速并扩散从灯丝发射出来的电子，将之快速射向阳极，并激发阳极上的荧光粉发光。通过改变荧光粉种类，可以获得自红橙色到蓝色的各种不同颜色。这个电压可以低至 10V 直流电压。反之，为栅极加负电压，则能拦阻射向阳极的电子，使荧光屏熄灭。

另外，吸气剂是真空荧光显示屏维持真空的重要零件。在排气工程的最后阶段，可利用高频产生的涡流损耗对吸气剂加热，在玻璃盖的内表面形成钡的蒸发膜，可用来进一步吸收管内的残留气体（GAS）。

二、VFD 的检测

如果要检测 VFD，只要将 3V 直流电压加到灯丝的引脚上，然后将 14V 左右的直流电压加到栅极的引脚上，负极接到灯丝上。同时，将 14V 电压加到段的引脚上，正常时整个显示器就会点亮；若不能点亮，则说明显示屏异常。

注意

测试过程中，14V 电压不能误加到灯丝的引脚上，也不能碰到灯丝的引脚，否则会将灯丝烧断。

第五节 液晶显示器的识别与检测

液晶显示器（LCD）用于数字型钟表和许多便携式计算机的一种显示器类型。

一、LCD 的识别

1. LCD 的构成

LCD 显示使用了两片极化材料，在它们之间是液体水晶溶液。电流通过该液体时会使水晶重新排列，以使光线无法透过它们。因此，每个水晶就像百叶窗，既能允许光线穿过又能挡住光线。

由于液晶显示器（LCD）具有直角显示、低耗电量、体积小、重量轻、零辐射等优点，将逐步取代 CRT 显示器件成为电视机、显示器等设备的显示器件。

2. 液晶的分类

液晶显示器 LCD（Liquid Crystal Display）是属于平面显示器的一种，依驱动方式来分类可分为静态驱动（Static）、单纯矩阵驱动（Simple Matrix）以及主动矩阵驱动（Active Matrix）三种。其中，被动矩阵型又可分为扭转式向列型 TN（Twisted Nematic）、超扭转式向列型 STN（Super Twisted Nematic）及其他被动矩阵驱动液晶显示器；而主动矩阵型大致可区分为薄膜式晶体管型 TFT（Thin Film Transistor）及二端子二极管型 MTM（Metal/Insulator/Metal）两种方式。TN、STN 及 TFT 型液晶显示器因其利用液晶分子扭转原理之不同，在视角、彩色、对比及动画显示品质上有高低程次之差别，使其在产品的应用范围分类亦有明显区隔。以目前液晶显示技术所应用的范围以及层次而言，主动式矩阵驱动技术是以薄膜式晶体管型（TFT）为主流，多应用于笔记型计算机及动画、影像处理产品。而单纯矩阵驱动技术目前则以扭转向列（TN）以及超扭转向列（STN）为主，目前的应用多以文书处理器以及消费性产品为主。在这之中，TFT 液晶显示器所需的资金投入以及技术需求较高，而 TN 及 STN 所需的技术及资金需求则相对较低。

3. 典型 LCD 构成和显示原理

目前液晶显示技术大多以 TN、STN、TFT 三种技术为主轴，下面分析它们的工作原理。TN 型的液晶显示技术是液晶显示器中最基本的，而 STN、TFT 型的液晶显示器是在 TN 型为基础发展。TN 型液晶显示器的构成如图 11-11 所示，显示原理如图 11-12 所示。

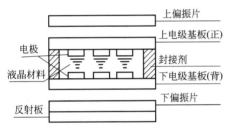

图 11-11　TN 型液晶显示器的基本构成

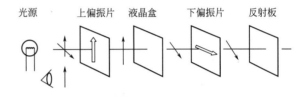

图 11-12　TN 型液晶显示工作原理示意图

首先，将液晶材料置于两片贴附光轴垂直偏光板之透明导电玻璃间，液晶分子会依配向膜的细沟槽方向依序旋转排列，如果电场未形成，光线会顺利地从偏光板射入，依液晶分子旋转其行进方向，然后从另一边射出。如果在两片导电玻璃通电之后，两片玻璃间会造成电场，进而影响其间液晶分子的排列，使其分子棒进行扭转，光线便无法穿透，进而遮住光源。这样所得到光暗对比的现象，叫做扭转式向列场效应，简称 TNFE（twisted nematic field effect）。在电子产品中所用的液晶显示器，几乎都是用扭转式向列场效应原理所制成。STN 型的显示原理也似类似，不同的是 TN 扭转式向列场效应的液晶分子是将入射光旋转 90°，而 STN 超扭转式向列场效应是将入射光旋转 180°～270°。TN 液晶显示器本身只有明暗（或称黑白）两种显示方式，无法实现色彩的变化。而 STN 液晶显示器显示的色调都以淡绿色与橘色为主。不过，若在 STN 液晶显示器加上一彩色滤光片（colorfilter），并将单色显示矩阵之任一像素（pixel）分成三个子像素（sub-pixel），分别透过彩色滤光片显示红、绿、蓝三原色，再经三基色混色，就可以显示出全彩模式的色彩。因此，TFT 型的液晶显示器较为复杂，主要由荧光管、导光板、偏光板、滤光板、玻璃基板、配向膜、液晶材料、薄模式晶体管等构成。首先液晶显示器必须先利用背光源，也就是荧光灯管投射出光源，这些光源会先经过一个偏光板然后再经过液晶，这时液晶分子的排列方式进而改变穿透液晶的光线角度。然后这些光线接下来还必须经过前方的彩色的滤光膜与另一块偏光板。因此我们只要改变刺激液晶的电压值就可以控制最后出现的光线强度与色彩，并进而能在液晶面板上变化出有不同深浅的颜色组合了。

二、LCD 的检测

下面以常见的三位半静态显示液晶屏为例介绍液晶屏的检测方法。该液晶屏的管脚位置与功能如图 11-13 所示。

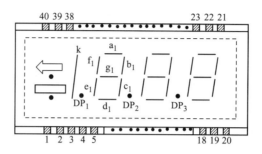

1	2	3	4	5	6	7	8	9	10	11	12	13	14	15	16	17	18	19	20
COM	—	K					DP_1	E_1	D_1	C_1	BP_2	Q_2	D_2	C_2	DP_3	E_3	D_3	C_3	B_3
40	39	38	37	36	35	34	33	32	31	30	29	28	27	26	25	24	23	22	21
COM		←						g_1	f_1	a_1	b_1	L	g_2	f_2	a_2	b_2	g_3	f_3	a_3

图 11-13　TN 型液晶屏引脚位置与功能

参见图 11-14，将万用表置于二极管挡，一根表笔接显示屏的背极上（标注 BP 的管脚，背极一般都设在靠近半位一边的最边上的管脚），另一根表笔分别碰触其他各管脚，除图 11-15 图中没有标注的管脚外，被碰触管脚对应的笔画都应该明显地发亮（黑色笔画），否则说明这段笔画显示异常。

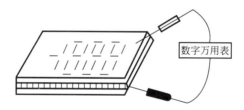

图 11-14　数字万用表检测显示屏示意图

 **显像管管座的识别与检测**

显像管管座的作用就是将显像管与电路连接在一起的器件。

一、显像管管座的识别

显像管管座主要由引脚、管座架、放电电极、放电盒、外壳等组成。显像管的外形如图 11-15 所示。它在电路板上的安装位置如图 11-16 所示。

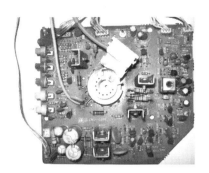

图 11-15　显像管管座实物　　　　　　　　图 11-16　显像管管座的安装位置

二、显像管管座的检测

1. 聚焦极管脚的检测

参见图 11-17(a)，用数字万用表的 $200M\Omega$ 挡测它的聚焦极管脚和接地脚间的阻值，正常时阻值应为无穷大；若有阻值，说明管座内部漏电。

提示

若采用指针万用表，测量时应采用 $R \times 10k\Omega$ 挡。管座内部聚集极对地漏电是由于潮湿引起的，漏电后轻则会产生显像管散焦的故障，重则还会产生无光栅等故障。

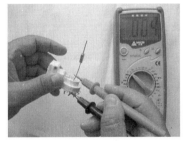

(a) 聚集极对地阻值的检测　　　　　　(b) 其他电极是否通断的检测

图 11-17　显像管管座的检测示意图

2. 其他管脚通断的判断

参见图 11-17(b)，用万用表的二极管挡检测其他电极的引脚与插座引脚间的阻值应为 0，并且蜂鸣器鸣叫，指示灯发光，否则说明出现接触不良等异常现象。

电子元器件识别与检测 *完全掌握*

集成电路的识别与检测

第十二章

集成电路也称为集成块、芯片，在港台地区称为积体电路，它的英文全称是 integrated circuit，缩写为 IC，集成电路采用一定的工艺，把一个电路中所需的晶体管、二极管、电阻、电容、电感等元件及布线互连一起，制作在一小块或几小块陶瓷、玻璃或半导体晶片上，然后封装在一起，成为一个能够一定电路功能的微型电子器件或部件。集成电路有直插双列、单列和贴面焊接等多种封装结构，如图 12-1 所示。它在电路中多用字母 IC 表示，也有用字母 N、Q 等表示。

| (a) 单列直插 | (b) 双列直插 | (c) 双列贴面 | (d) 四列贴面 |

图 12-1　常见的集成电路外形示意图

提示

集成电路的引脚顺序有一定的规律，在引脚附近有小圆坑、色点或缺角，则这个引脚是①脚。而有的集成电路商标向上，左侧有一个缺口，那缺口左下的第一个引脚就是①脚。

第一节　集成电路的特点、分类和主要技术参数

一、集成电路的特点

集成电路具有体积小、重量轻、引脚少、寿命长、可靠性高、成本低、性能好等优点，同时还便于大规模生产。因此，它不但广泛应用在工业、农业、家用电器等领域，而且广泛应用在军事、科学、教育、通讯、交通、金融等领域。用集成电路装配的电子设备，不仅装配密度比晶体管装配的电子设备提高了几十倍至几千倍，而且延长了设备的使用寿命。

二、集成电路的分类

1. 按功能分类

集成电路按结构的不同可分为模拟集成电路和数字集成电路两大类。

（1）模拟集成电路

模拟集成电路主要是用来产生、放大和处理各种模拟信号。所谓的模拟信号是指幅度随时间连续变化的信号。例如，复读机重放的录音信号就是模拟信号，收音机、电视机接收的

音频信号也是模拟信号。模拟集成电路根据功能又分为运算放大器、电压比较器、稳压器、功率放大器等多种。

（2）数字集成电路

数字集成电路主要是用来产生、放大和处理各种数字信号。所谓的数字信号是指在时间上和幅度上离散取值的信号，如 VCD、DVD 视盘机重放的音频信号和视频信号。数字集成电路又分为 TTL 集成电路、HTL 集成电路、STTL 集成电路、ECL 集成电路、CMOS 集成电路等多种。

2. 按制作工艺分类

按制作工艺可分为半导体集成电路和膜集成电路两类。膜集成电路又分为厚膜集成电路（膜的厚度为 $1\sim10\mu m$）和薄膜集成电路（膜的厚度不到 $1\mu m$）两种。

3. 按集成度高低分类

集成电路按集成度高低的不同可分为小规模集成电路、中规模集成电路、大规模集成电路和超大规模集成电路四类。

4. 按导电类型不同分类

集成电路按导电类型可分为双极型集成电路和单极型集成电路两类。其中，双极型集成电路不仅制作工艺复杂，而且功耗较大，大部分模拟集成电路和 TTL、ECL、HTL、LST-TL、STTL 类型的数字集成电路都属于双极型集成电路。单极型集成电路不仅制作工艺简单，而且功耗也较低，易于实现超大规模化，常见的 CMOS、NMOS、PMOS 等类型的数字集成电路就属于单极型集成电路。

5. 按用途分类

按用途可分为电视机用、音响用、影碟机用、计算机用、打印机用、复印机用、电子琴用、通信用、照相机用、遥控用、语音用、报警器用及各种专用。

6. 按封装结构分类

集成电路按封装结构分为直插式集成电路和贴面式集成电路两大类。

（1）直插式集成电路

直插式集成电路又分为双列（双排引脚）集成电路和单列（单排引脚）集成电路两类。其中，小功率直插式集成电路多采用双列方式，而功率较大的集成电路多采用单列方式。

（2）贴面式集成电路

贴面式集成电路又分为双列贴面式和四列贴面式两大类。中、小规模贴面式集成电路多采用双列贴面焊接方式，而大规模贴面式集成电路多采用四列贴面焊接方式。

三、集成电路的主要技术参数

集成电路的主要参数对于电路的故障分析与检修工作有一定的帮助。

1. 集成电路的电气参数

不同功能的集成电路，其电参数的项目也各不相同，但多数集成电路均有最基本的几项参数（通常在典型直流工作电压下测量）。

（1）静态工作电流

静态工作电流是指集成电路的信号输入脚无信号输入的情况下，电源脚回路中的直流电流。该参数对确认集成电路是否正常十分重要。集成电路的静态工作电流包括典型值、最小

值、最大值三个指标。若集成电路的静态工作电流超出最大值和最小值范围时，而它的供电脚输入的直流工作电压正常，并且接地端子也正常，就可确认被测集成电路异常。

（2）增益

增益是指集成电路内部放大器的放大能力。增益又分开环增益和闭环增益两项，并且也包括典型值、最小值、最大值三个指标。

万用表无法测出集成电路的增益，需要使用专门仪器来测量。

（3）最大输出功率

最大输出功率是指输出信号的失真度为额定值（通常为10％）时，集成电路输出脚所输出的电信号功率，一般也分别给出典型值、最小值、最大值三项指标。该参数主要用于功率放大型集成电路。

2. 集成电路的极限参数

（1）最大电源电压

最大电源电压是指可以加在集成电路供电脚与接地脚之间直流工作电压的极限值，使用中不允许超过此值，否则将会导致集成电路过压损坏。

（2）允许功耗

允许功耗是指集成电路所能承受的最大耗散功率，主要用于功率放大型集成电路（简称功放）。

（3）工作环境温度

工作环境温度是指集成电路能维持正常工作的最低和最高环境温度。

（4）储存温度

储存温度是指集成电路在储存状态下的最低和最高温度。

四、集成电路的检测与代换

1. 集成电路的检测

判断集成电路是否正常通常采用直观检测法、电压检测法、电阻检测法、波形检测法、代换法。

（1）直观检测法

部分电源控制芯片、驱动块损坏时表面会出现裂痕，所以通过查看就可判断它已损坏。

（2）电压检测法

电压检测法就通过检测被怀疑芯片的各脚对地电压的数据，和正常的电压数据比较后，就可判断该芯片是否正常。

注意

测量集成电路引脚电压时需要注意以下几项：

一是由于集成电路的引脚间距较小，所以测量时表笔不要将引脚短路，以免导致集成电路损坏。

二是不能采用内阻低的万用表测量。若采用内阻低的万用表测量集成电路的振荡器端子电压，会导致振荡器的产生的振荡脉冲的地盘频率发生变化，可能会导致集成电路不能正常工作，甚至会发生故障，比如，测量行、场扫描集成电路的行振荡器端子电压时，可能会导致行输出管损坏。

三是测量过程中，表笔要与引脚接触良好，否则不仅会导致所测的数据不准确，而且可能会导致集成电路工作失常，甚至会发生故障。

四是测量的数据与资料上介绍的数据有差别时，不要轻易判断集成电路损坏。这是因为使用的万用表不同，测量数据会有所不同，并且进行信号处理的集成电路在有无信号时数据也会有所不同。因此，要经过仔细分析后，并且确认它外接的元件正常后，才能判断该集成电路损坏。

（3）电阻检测法

电阻检测法就通过检测被怀疑芯片的各脚对地电阻的数据，和正常的数据比较后，就可判断该芯片是否正常。电阻测量法有在路测量和非在路测量两种。

注意

在路测量时若数据有误差，也不能不要轻易判断集成电路损坏。这是因为使用的万用表不同，或使用的电阻挡位不同，都会导致测量数据不同，并且应用该集成电路的电路结构不同，也会导致测量的数据不同。

（4）代换检测法

代换法就是采用正常的芯片代换所怀疑的芯片，若故障消失，说明怀疑的芯片损坏；若故障依旧，说明芯片正常。注意在代换时首先要确认它的供电是否正常，以免再次损坏。

提示

采用代换法判断集成电路时，最好安装集成电路插座，这样在确认原集成电路无故障时，可将判断用的集成电路退货，而焊锡后是不能退货的。另外，必须要保证代换的集成电路是正常的，否则会产生误判的现象，甚至会扩大故障范围的故障。

2. 集成电路的更换

维修中，集成电路的代换应选用相同品牌、相同型号的集成电路，仅部分集成电路可采用其他型号的仿制品更换。

注意

拆卸更换集成电路的时候不要急躁，不能乱拔、乱撬，以免损坏引脚。而安装时要注意集成电路的引脚顺序，不要将集成电路安反了，否则可能会导致集成电路损坏。

第二节 三端稳压器的识别与检测

三端集成稳压器简称为三端稳压器，是目前应用最广泛的稳压器。

一、三端稳压器的识别

1. 三端稳压器的特点

（1）体积小

由于三端稳压器所有的元件都集成在一块很小的芯片上，不仅就设置了三个引脚，而且体积较小，和三极管体积相似。

（2）稳压性能好

由于三端稳压器采用了先进的半导体技术，所以它的增益高、漂移小、失调小，稳压性能好。

（3）保护功能完善

三端稳压器内部设置了芯片过热保护，功率管过流保护等保护功能，这是普通电源所不具备的。

2. 三端稳压器的分类

（1）按输出电压方式分类

三端集成稳压器按输出电压方式分为电压不可调三端稳压器（简称三端不可调稳压器）和电压可调三端稳压器（三端可调稳压器）。

（2）按输出电流分类

三端稳压器按输出电流分为小输出电流、大输出电流两大类。

（3）按封装结构分类

三端稳压器按封装结构可分为金属封装和塑料封装两大类。

（4）按焊接方式分类

三端稳压器按焊接方式可分为直插式和贴面式焊接两大类。

3. 三端稳压器的主要参数

（1）输出电压 U_o

输出电压 U_o 是指稳压器的各项工作参数符合规定时的输出电压值。对于三端不可调稳压器，它是常数；对于三端可调稳压器，它是输出电压范围。

（2）输出电压偏差

对于不可调稳压器，实际输出的电压值和规定的输出电压 U_o 之间往往有一定的偏差。这个偏差值一般用百分比表示，也可以用电压值表示。

（3）最大输出电压 I_{CM}

最大输出电流指稳压器能够保持输出电压时的电流为最大电流。

（4）最小输入电压 U_{imin}

输入电压值在低于最小输入电压值时，稳压器将不能正常工作。

（5）最大输入电压 U_{imax}

最大输入电压是指稳压器安全工作时允许外加的最大电压值。

（6）最小输入、输出电压差（$U_i - U_o$）

它是指稳压器能正常工作时的输入电压 U_i 与输出电压 U_o 是最小电压差值。通常要求该压差不能低于 2.5V。

（7）电压调整率 SU

电压调整率是指，当稳压器负载不变而输入的直流电压变化时，所引起的输出电压的相对变化量。电压调整率是用来表示稳压器维持输出电压不变的能力。

 提示

电压调整率有时也用某一输入电压变化范围内的输出电压变化量表示。

（8）电流调整率 SI

电流调整率是指当输入电压保持不变而输出电流在规定范围内变化时，稳压器输出电压相对变化的百分比。

 提示

电流调整率有时也用负载电流变化时输出电压的变化量来表示。

（9）输出电压温漂 ST

输出电压温漂也叫输出电压的温度系数。在规定的温度范围内，当输入电压和输出电流不变时，单位温度变化引起的输出电压变化量就是输出电压温漂。

（10）输出阻抗 Z

输出阻抗是指在规定的输入电压和输出电流的条件下，在输出端上所测得的交流电压与交流电流之比。输出阻抗反映了在动态负载状态下，稳压器的电流调整率。

（11）输出噪声电压 U_N

它是指当稳压器输入端无噪声电压进入时，在其输出端所测得的噪声电压值。输出噪声电压是由稳压器内部产生的，它会给有的负载的正常工作带来一定的影响。

二、三端不可调稳压器

三端不可调稳压器是目前应用最广泛的稳压器。常见的三端不可调稳压器实物外形与引脚功能如图 12-2 所示。

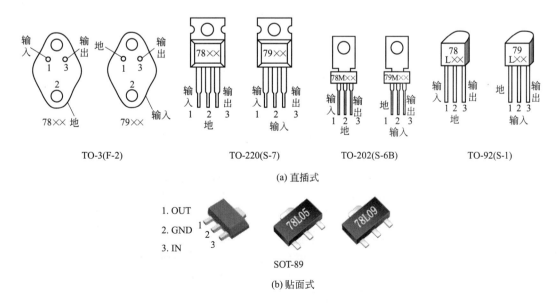

图 12-2　三端不可调稳压器的实物外形

三端不可调稳压器主要有78××系列和79××系列两大类。其中，78××系列稳压器输出的正电压，而79××系列稳压器输出的是负电压。三端不可调稳压器主要的产品有美国NC公司的LM78××/79××、美国摩托罗拉公司的MC78××/79××、美国仙童公司的μA78××/79××、东芝公司的TA78××/79××、日立公司的HA78××/79××、日电公司的μPC78××/79××，韩国三星公司的KA78××/79××，以及意法联合生产的L78××/79××等。其中，××代表的是电压数值，比如，7812代表的是输出电压为12V的稳压器，7905代表的是输出电压为−5V的稳压器。

1. 三端不可调稳压器的分类

（1）按输出电压分类

三端不可调稳压器按输出电压可分为10种，以78××系列稳压器为例介绍，包括7805（5V）、7806（6V）、7808（8V）、7809（9V）、7810（10V）、7812（12V）、7815（15V）、7818（18V）、7820（20V）、7824（24V）。

（2）按输出电流分类

三端不可调稳压器按输出电流可分为多种，电流大小由型号内的字母有关，稳压器最大输出电流与字母的关系如表12-1所示。

表12-1　稳压器最大输出电流与字母的关系

字母	L	N	M	无字母	T	H	P
最大电流/A	0.1	0.3	0.5	1.5	3	5	10

参见表12-1，常见的L78M05就是最大电流为500mA的5V稳压器；而常见的KA7812就是最大电流为1.5A的12V稳压器。

2. 78××系列稳压器

（1）78××系列三端稳压器的构成

78××系列三端稳压器由启动电路（恒流源）、取样电路、基准电路、误差放大器、调整管、保护电路等构成，如图12-3所示。

（2）78××系列三端稳压器的原理

参见图12-3，当78××系列三端稳压器输入端U_i有正常的供电电压输入后，该电压不仅加到调整管的c极，而且通过启动电路为基准电路供电，由基准电路产生基准电压。基准电压加到误差放大器后，误差放大器为调整管的基极提供基准电压，使调整管的发射极输出电压，该电压R1限流，再通过三端稳压器的输出端子输出后，为负载供电。

当输入电压降低或负载变重，引起三端稳压器输出电压U_o下降时，通过取样电阻RP、R2取样后的电压减小。该电压加到误差放大器的反相输入端，与同相输入端输入的参考电压比较后，输出的电压增大，调整管因基极输入电压增大而导通程度加强，使U_o升高到规定值，实现稳压控制。当输出电

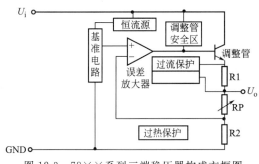

图12-3　78××系列三端稳压器构成方框图

压升高时，稳压控制过程相反。

当负载异常引起调整管过流，被过流保护电路检测后，使调整管停止工作，避免调整管过流损坏，实现了过流保护。另外，调整管过流时，温度会大幅度升高，被芯片的内的过热保护电路检测后，也会使调整管停止工作，避免了调整管过热损坏，实现了过热保护。

图 12-4　79××系列三端稳压器构成方框图

3. 79××系列稳压器

（1）79××系列三端稳压器的构成

79××系列三端稳压器的构成和 78×× 系列稳压器基本相同，如图 12-4 所示。

（2）79××系列三端稳压器的原理

参见图 12-4，79××系列三端稳压器的工作原理和 78×× 系列稳压器一样，区别就是它采用的负压供电和负压输出方式。

三、三端不可调稳压器的测量

检测三端不可调稳压器时，可采用电阻测量法和电压测量法两种方法。而实际测量中，一般都采用电压测量法。下面以 5V 电源电路为例进行介绍，测量过程如图 12-5 所示。

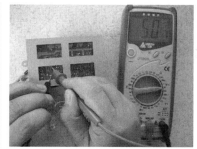

(a) 输入端电压　　　　　　　　　　　　(b) 输出端电压

图 12-5　三端稳压器 78L05 的测量

为空调器通用板电路供电后，用 20V 直流电压挡测 78L05 的输入端对地电压为 14.93V，测输出端与接地端间的电压为 5.01V，说明该稳压器及相关电路正常。若输入端电压正常，而输出端电压异常，则为稳压器异常。

提示

若稳压器空载电压正常，而接上负载时，输出电压下降，说明负载过流或稳压器带载能力差，这种情况对于缺乏经验的人员最好采用代换法进行判断，以免误判。

四、三端可调稳压器

三端可调稳压器是在三端不可调稳压器的基础上发展的，它最大的优点就是输出电压在

图 12-6 三端
可调稳压器的
实物外形
示意图

一定范围内可以连续调整。它和三端不可调稳压器一样，也有正电压输出和负电压输出两种。常见的三端可调稳压器如图 12-6 所示。

1. 三端可调稳压器的分类

（1）按输出电压分类

三端可调稳压器按输出电压可分为四种：第一种是输出电压为 1.2～15V 的，如 LM196/LM396；第二种是输出电压为 1.2～32V 的，如 LM138/238/338；第三种是输出电压为 1.2～33V 的，如 LM150/250/350；第四种是输出电压为 1.2～37V 的，如 LM117/217/337。

（2）按输出电流分类

三端输出可调稳压器按其输出电流分为 0.1A、0.5A、1.5A、3A、5A、10A 等多种。在稳压器型号后面加 L 字母的稳压器的输出电流为 0.1A，如 LM317L 就是最大电流为 0.1A 的稳压器；在稳压器型号后面加 M 字母的稳压器的输出电流为 0.5A，如 LM317M 就是最大电流为 0.5A 的稳压器；在稳压器型号后面不加字母的稳压器的输出电流为 1.5A，如 LM317 就是最大电流为 1.5A 的稳压器。而 LM138/238/338 是 5A 的稳压器，LM196/396 是 10A 的稳压器。

2. 三端可调稳压器的工作原理

三端可调稳压器由恒流源（启动电路）、基准电压形成电路、调整器（调整管）、误差放大器、保护电路等构成，如图 12-7 所示。

当稳压器 LM317 的输入端 U_i 有正常的供电电压输入后，该电压不仅为调整器（调整管）供电，而且通过恒流源为基准电压放大器供电，由它产生基准电压。基准电压加到误差放大器的同相输入端后，误差放大器为调整器提供导通电压，使调整器开始输出电压，该电压通过输出端子输出后，为负载供电。

当输入电压减小或负载变重，引起 LM317 输出电压下降时，使误差放大器反相输入端输入的电压减小，误差放大器为调整器提供的电压增大，调整器输出电压增大，最终使输出电压升高到规定值，实现稳压控制。输出电压升高时，稳压控制过程相反。

LM317 内的 1.25V 基准电压输出电压受调整端 ADJ 输入电压的控制，当 ADJ 端子输入电压升高后，基准电压发生器输出的电压就会升高，误差放大器输出的电压因同相输入端电压升高而升高，使调整器输出电压升高。反之，控制过程相反。这样，通过调整 ADJ 端子的电压，也就可改变 LM317 输出电压的大小。

另外，LM317 内的保护电路和 LM7812 内的保护电路工作原理相同，不再介绍。

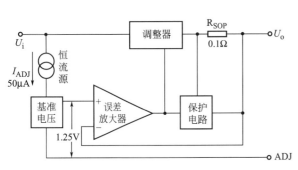

图 12-7 三端可调稳压器 LM317 的构成方框图

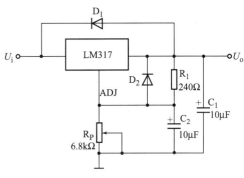

图 12-8 三端稳压器 LM317 的检测电路

3. 三端可调稳压器的检测

三端不可调稳压器的检测可采用电阻测量法和电压测量法两种方法。而实际测量中，一般都采用电压测量法。下面以三端稳压器 LM317 为例进行介绍，测量电路如图 12-8 所示。

将可调电阻 R_P 左旋到头，使 ADJ 端子电压为 0 时，用数字万用表或指针万用表的电压挡测量滤波电容 C_1 两端电压应低于 1.25V，随后慢慢向右旋转 R_P，使 C_2 两端电压逐渐升高时，C_1 两端电压也应逐渐升高，最高电压能够达到 37V。否则，说明 LM317 异常。

第三节　四端、五端稳压器的识别与检测

一、四端稳压器

四端稳压器是由夏普（SHARP）公司生产的一种新型稳压器，它实际上就是在三端不可调稳压器的基础上发展而来的，与三端不可调稳压器的相比，最大的区别是具有输出电压控制功能，所以该稳压器加设了控制端子，但其稳压值与普通三端稳压器相同，后面"××"代表稳压值，如 PQ05RD21 就是 5V 稳压器。常见的 PQ 系列四端稳压器实物外形如图 12-9 所示。

图 12-9　PQ 系列四端稳压器实物

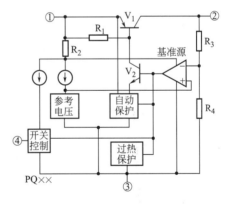

图 12-10　PQ 系列四端稳压器的构成方框图

1. 四端稳压器的基本原理

（1）构成

三端可调稳压器由基准源、调整器 V_1、放大管 V_2、开关控制电路、参考电压形成电路、自动保护电路、取样电阻等构成，如图 12-10 所示。

（2）工作过程

当稳压器的①脚有正常的供电电压输入后，该电压第一路加到调整管 V_1 的 c 极，为它供电；第二路经 R_1 加到放大管 V_2 的 c 极，为 V_2 供电；第三路通过 R_2 限流，不仅为基准源（误差放大器）和开关控制电路供电，而且通过参考电压发生器产生参考电压，为基准源的同相输入端提供参考电压。基准源开始为放大管 V_2 的 b 极提供导通电压，使 V_2 导通，致使调整管 V_1 导通，由它 c 极输出电压，该电压通过②脚输出后，为负载供电。

（3）稳压控制

当输入电压升高或负载变轻，引起稳压器的②脚输出电压升高时，经 R_2、R_3 取样后使基准源反相输入端输入的电压增大，基准源为 V_2 提供的电压减小，V_2 导通程度减弱，使 V_1 的导通程度减弱，于是 V_1 的 c 极输出的电压减小，最终使②脚输出的电压下降到规定值，实现稳压控制。②脚输出的电压下降时，稳压控制过程相反。

（4）保护

当负载异常引起调整管 V_1 过流时，被自动保护电路检测后，输出低电平保护信号，使放大管 V_2 截止，调整管 V_1 因 b 极电位为高电平而截止，避免 V_1 过流损坏，实现了过流保护。另外，调整管 V_1 过流时，温度会大幅度升高，被芯片的内的过热保护电路检测后，也会输出低电平保护信号，使 V_2 和 V_1 相继截止，避免了 V_1 等元件过热损坏，实现了过热保护。

（5）开关控制

该稳压器的②脚能否输出电压，不仅取决于①脚能否输入正常的工作电压，而且还取决于④脚能否输入控制信号（开关信号）。当④脚有高电平的控制信号输入后，开关控制电路变为高阻状态，不影响放大管 V_2 的 b 极电位，此时 V_2 和 V_1 能正常工作，稳压器的②脚开始输出电压。当④脚输入低电平信号后，开关电路输出低电平信号，使 V_2 截止，致使 V_1 截止，稳压器的②脚无电压输出，实现开关控制。

2. 四端稳压器的检测

四端稳压器的检测可采用电阻测量法和电压测量法两种方法。而实际测量中，通常采用电压测量法。

参见图 12-11，将 PQ05NF 的供电端①脚和接地端③脚通过导线接在稳压电源的正、负电压输出端子上，再将一只 $10k\Omega$ 电阻接在①脚和控制端④脚上，为④脚提供高电平控制信号。随后，将稳压电源调在 10V 直流电压输出挡上，测 PQ05NF 的①脚与③脚之间的电压为9.81V，测它的④脚、③脚间电压为 5.08V，测它的输出端②脚与③脚间电压也为 5.08V，说明 PQ05NF 正常。若②脚无电压输出，在确认①脚和④脚电压正常后，则说明它损坏。

  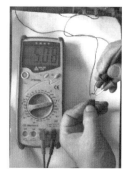

(a) 1脚电压　　　　　　　(b) 4脚电压　　　　　　　(c) 2脚电压

图 12-11　四端稳压器 PQ05NF 的检测示意图

二、五端稳压器

五端稳压器主要有具有复位功能的五端稳压器和五端可控稳压器两种。

1. 具有复位功能的五端稳压器

五端可控稳压器广泛应用在彩电、计算机等电子产品中，下面以常用的五端稳压器 L78MR05FA 为例进行介绍。L78MR05FA 的内部由启动电路、基准电压发生器、调整管 V_1、放大管 V_2、误差放大器、复位电路、保护器、取样电阻等构成，如图 12-12 所示。它的引脚功能与检测参考数据如表 12-2 所示。

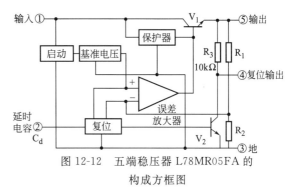

图 12-12　五端稳压器 L78MR05FA 的构成方框图

表 12-2　五端稳压器 L78MR05FA 的引脚功能和检测参考数据

脚　位	脚　　名	功　　能	电压/V	在路阻值/kΩ	
				黑表笔测量	红表笔测量
1	IN	供电	7.6	187	37
2	Cd	外接延时电容	4.6	∞	6.4
3	GND	接地	0	0	0
4	RESET	复位信号输出	4.8	22	5.2
5	OUT	5V 电压输出	5	7.3	3.8

2. 五端可控稳压器

五端可控稳压器广泛应用在彩电、录像机、彩色显示器等电子产品中，下面以常见的 BA×× 系列五端可控稳压器为例进行介绍。

（1）分类

该系列稳压器根据输出电压的不同，可分为 3.3V、5V、6V、9V 等多种。在 BA 后面的数字就代表稳压器的输出电压值，如 BA033ST 就是输出电压为 3.3V 的稳压器，BA12ST 就是输出电压为 12V 的稳压器。

该系列稳压器根据有无电压取样功能可分为两种：一种是内置电压取样电路，⑤脚外无须设置取样电阻，此类稳压器通过加 AST/ASFP 字符进行表示；另一种是内部无电压取样电路，外部需要设置取样电阻，此类稳压器通过加 ST/SFP 字符进行表示。

（2）构成和引脚功能

BA×× 系列五端可控稳压器的内部由基准电压发生器、调整管、控制开关、误差放大器、保护电路等构成，如图 12-13 所示。它的引脚功能与检测参考数据如表 12-3 所示。

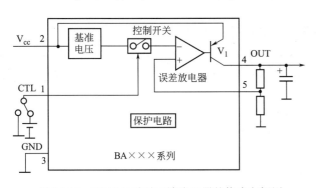

图 12-13　BA×× 系列五端稳压器的构成方框图

（3）工作过程

当稳压器的②脚有正常的供电电压输入后，该电压第一路加到调整管 V_1 的 e 极，为它供电；第二路经基准参考电压发生器产生基准电压。该电压加到误差放大器的反相输入端后，误差放大器输出低电平信号，使

V₁ 导通，由它 c 极输出电压，该电压通过④脚输出后，为负载供电。

表 12-3　BA××系列五端稳压器的引脚功能

脚位	脚名	功能	脚位	脚名	功能
1	CTL	控制信号输入端	4	OUT	电压输出
2	Ucc	供电	5	NC	空脚
3	GND	接地		C	输出电压取样信号输入

（4）稳压控制

当输入电压降低或负载变重，引起稳压器的④脚输出电压下降时，经外接的取样电阻取样后的电压减小，该电压通过稳压器的⑤脚输入到误差放大器的同相输入端后，使误差放大器输出电压减小，使调整管 V₁ 的导通程度加强，于是 V₁ 的 c 极输出的电压升高，最终使④脚输出的电压升高到规定值，实现稳压控制。④脚输出的电压下降时，稳压控制过程相反。

（5）保护

当负载异常引起调整管 V₁ 过流时，温度会大幅度升高。当芯片温度达到 25℃时，被过热保护电路检测后，控制误差放大器输出的电压随温度升高而最大，使调整管 V₁ 导通逐渐减弱，致使稳压器输出的电压随温度升高而减小；当温度超过 125℃时，过热保护电路控制信号使误差放大器始终输出高电平电压，使 V₁ 截止，避免了 V₁ 等元件过热损坏，实现了过热保护。

（6）开关控制

该稳压器的④脚能否输出电压，不仅取决于②脚能否输入正常的工作电压，而且还取决于①脚能否输入控制信号（开关信号）。当①脚输入高电平的控制信号，经开关电路处理后，不影响误差放大器反相输入端的电位，调整管 V₁ 导通，稳压器的④脚输出电压。当①脚输入低电平信号后，控制开关电路输出低电平信号，使误差放大器输出高电平控制信号，致使 V₁ 截止，稳压器的④脚无电压输出，实现开关控制。

3. 五端稳压器的检测

（1）具有复位功能的五端稳压器

检测具有复位功能的五端稳压器时，首先测①脚和②脚电压是否正常，若不正常，检查它们的外接元件，若正常，⑤脚、④脚没有电压输出，说明该稳压器损坏。

（2）五端可控稳压器

对于内置取样电路的五端可控稳压器的检测可参考前面介绍的四端稳压器的检测方法。对于未设置的取样电路的五端可控稳压器，应外接取样电阻或在路测量。

第四节　电源控制芯片（电源模块）识别与检测

一、UC/KA3842、UC/KA3843 的识别与检测

1. UC/KA3842、UC/KA3842 的识别

UC/KA3842、UC/KA3843 属于单端输出脉宽控制芯片，它是一种高性能的固定频率

电流型控制电路，采用它构成的开关电源广泛应用在彩电、彩显、VCD、DVD、电动车充电器、卫星接收机等电子设备中。它主要的优点是外接元件少、结构简单、成本低。它内部电路包括如下性能：

Minidip　　　　SO8

图 12-14　UC/KA3842、
UC/KA3843 的实物

一是可调整的充放电振荡器，可精确地控制占空比；二是采用电流型控制，并可在 500kHz 高频状态下工作；三是误差放大器具有自动补偿功能；四是带锁定的 PWM 控制电路，可进行逐个脉冲的电流控制；五是具有内部可调整参考电压，具有欠压保护锁定功能；六是采用图腾柱输出电路，提供大电流输出，输出电流可达到 ±1A；七是可直接驱动场效应管或双极晶体管。

UC/KA3842、UC/KA3843 有双列直插 Minidip（DIP）式和双列贴片 SO8 式两种封装结构，如图 12-14 所示，它的内部构成如图 12-15 所示，它的引脚功能和引脚参考电压数据如表 12-4 所示。

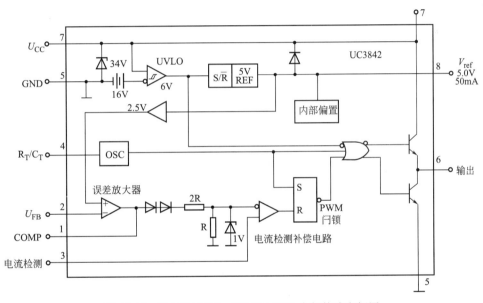

图 12-15　UC/KA3842、UC/KA3843 内部构成方框图

表 12-4　UC/KA3842、UC/KA3843 引脚功能和参考数据

脚位	功　能	电压/V
1	误差放大器输出，与②脚间接有 RC 补偿网络,缩短放大器响应时间	2.96
2	误差信号输入,该脚输入的电压与开关电源输出的电压成反比	2.48
3	开关管电流检测信号输入	0.33
4	振荡器外接 R、C 定时元件端/外触发信号输入	0.66
5	接地	0
6	开关管激励脉冲输出	2.07
7	供电/欠压检测	19.22
8	5V 基准电压输出端	5

说明：电压数据是在 LGFB775FT 型彩显主电源上测得。

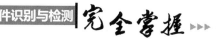

UC3842～UC3845/UC2842～UC2845 属于一个系列产品，仅供电端⑦脚的启动电压、关闭电压和激励脉冲输出端⑥脚输出的激励信号的最大占空比不同，如表 12-5 所示。

表 12-5　UC3842～UC3845/UC2842～UC2845 主要参数

型号	启动电压/V	关闭电压/V	输出激励电压占空比最大值/%
UC3842/UC2842	16	10	100
UC3843/UC2843	8.5	7.6	100
UC3844/UC2844	16	10	50～70 可调
UC3845/UC2845	8.5	7.6	50～70 可调

2. UC3842、UC3843 的检测

下面以 UC3842 为例介绍检测方法。

（1）电阻法检测

使用数字万用表检测 UC3842 时应使用二极管挡，如图 12-16 所示。黑表笔接⑤脚，红表笔接其他引脚时的数值如图 12-16(a)～(g)所示，红表笔接⑤脚，黑表笔接其他引脚时的数值如图 12-16(h)～(n)所示。

（2）电压法检测

由于电源控制芯片 UC/KA3842 在获得供电便能够工作，所以不安装开关管时单独为其供电后，通过测 UC/KA3842 关键脚电压数据便可快速判断它和相关元件是否正常。

⑦脚电压在 12.5～14.4V 之间跳变，④脚电压在 -0.65～0.1V 之间跳变，①脚电压在 0.2～1.8V 之间跳变，①脚电压在 0.2～1.8V 之间跳变，⑥脚电压在 0.3～3.2V 之间跳变。数据是由数字型万用表测得，不同电路所测的数据可能会有所区别，但也应符合此规律。

维修时，若⑦脚电压能够在 12.5～14.4V 之间跳变，说明 UC/KA3842 能够启动，只是因没有自馈电电压而工作在重复启动与停止状态，若⑥脚没有电压，说明启动电路或 UC/KA3842 的⑥脚内部电路异常；⑥脚电压在 0.3～3.2V 之间跳变，说明 UC/KA3842 能够输出开关管激励脉冲，若⑥脚没有电压，说明其内部的开关管激励电路异常；若④脚电压异常，说明④脚外接的振荡器及外接元件异常；若⑤脚无电压输出，说明内部的 5V 基准电压发生器异常。

二、TDA4605 的识别与检测

1. TDA4605 的识别

TDA4605（TDA4605-2、TDA4605-3）是德国西门子公司生产的新型开关电源控制芯片，它和大功率场效应管及相关元件构成性能优异、稳定性高的他激式开关电源，采用 TDA4605-2、TDA4605-3 构成的开关电源广泛应用在彩电、彩显、VCD、DVD、电动车充电器、卫星接收机等电子设备中。TDA4605 的实物外形和内部构成如图 12-17 所示，它的引脚功能和维修数据如表 12-6 所示。

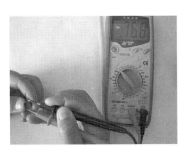

(a) 红表笔接①脚

(b) 红表笔接②脚

(c) 红表笔接③脚

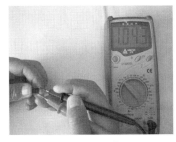

(d) 红表笔接④脚

(e) 红表笔接⑥脚

(f) 红表笔接⑦脚

(g) 红表笔接⑧脚

(h) 黑表笔接①脚

(i) 黑表笔接②脚

(j) 黑表笔接③脚

(k) 黑表笔接④脚

(l) 黑表笔接⑥脚

(m) 黑表笔接②脚

(n) 黑表笔接⑧脚

图 12-16 UC3842 的检测示意图

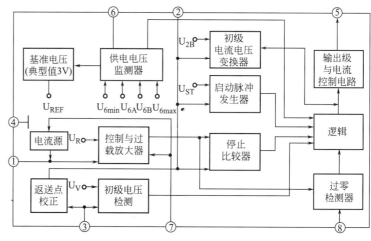

(a) 实物外形   (b) 内部构成方框图

图 12-17 电源控制芯片 TDA4605

表 12-6 **TDA4605 的引脚功能和电压参考数据**

脚位	功 能	电压/V	脚位	功 能	电压/V
1	稳压控制信号输入	0.4	5	开关管激励脉冲输出	3.2
2	初始电流检测信号输入	1.1	6	供电	12.65
3	初级电流检测信号输入	3.3	7	软启动控制	1.34
4	接地	0	8	过零信号检测	0.39

2. TDA4605 的检测

由于电源控制芯片 TDA4605 在获得供电便能够工作，所以不安装开关管时单独为其供电后，通过测 TDA4605 关键脚电压数据便可快速判断它和相关元件是否正常，以免产生屡损开关管等元件的故障。

⑥脚电压在 7.8～11V 之间跳变，⑤脚电压在 0～0.15V 之间跳变，③脚电压在 1.1～2.2V 之间跳变，②脚电压在 1.2～7.1V 之间跳变。数据是由数字型万用表测得，不同设备应用的开关电源所测的数据可能会有所不同，但也应符合此规律。

维修时，若⑥脚电压能够在 7.8～11V 之间跳变，说明 TDA4605 能够启动，只是因没有自馈电电压而工作在重复启动与停止状态，若⑥脚没有电压，说明启动电路异常；⑤脚电压在 0～0.15V 之间跳变，说明 TDA4605 能够输出开关管激励脉冲，若⑤脚没有电压，说明其内部的振荡器、开关管激励电路异常；若③脚电压异常，说明③脚外接的元件异常。

三、STR-F6654/F6656 的识别

1. STR-F6654/F6656 的识别

STR-F6456/F6656（与它构成相同的还有 STR-F6454、F6456、F6653、F6658B）是日本三肯公司生产的新型电源厚膜电路。由于 STR-F6456/F6656 仅有 5 个引脚，它和较少的外围元件便可构成性能优异的开关电源，所以由它们构成的开关电源具有稳定性高、电路结构简单等优点。因此，它们构成的开关电源广泛应用在国内外许多电子产品中。

STR-F6654/F6656 由控制芯片和绝缘栅型大功率场效应管两部分构成。其中控制芯片部分集成了启动电路、振荡器、保护电路、开关管激励等电路。STR-F6654/F6656 的实物外形和内部构成如图 12-18 所示。它的引脚功能和维修数据如表 12-7 所示。

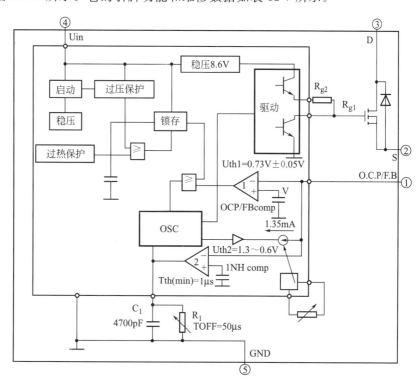

(a) 实物   (b) 内部构成

图 12-18   STR-F6654/F6656

表 12-7   STR-F6654/F6656 的引脚功能和维修数据

脚位	脚名	功　能	电压/V
1	OCP/FB	过流保护信号输入/开关管截止控制信号输入/稳压控制信号输入	2.1
2	S	开关管源极	0
3	D	开关管漏极	308
4	U_{in}	内部控制电路供电	18
5	GND	接地	0

2. STR-F6454 的检测

由于 STR-F6454/F6653/F6654/F6658B 内设独立的启动和振荡电路，所以通过开机瞬间测 STR-F6454/F6653/F6654/F6658B 的④脚的供电电压，便可初步判断故障部位，从而避免了屡损 STR-F6454 的故障。不同的彩电的所测数据可能会有所区别，但也应符合以下规律。

（1）电压未达到 16V

开机瞬间电压不能达到 16V，说明启动电路异常。

（2）电压达到 16V 但随即下降到 10V 以内

开机瞬间达到 16V 随即下降到 10V 以内，说明控制电路启动后，但稳压控制电路或自馈电电路异常，使其进入欠压保护状态。

（3）电压超过 20V 随后在 10～16V 之间摆动

开机瞬间超过 22.5V，随后在 10～16V 之间摆动，说明稳压控制电路异常，引起过压保护电路。为了更好地判断故障原因，也可在开机瞬间测＋B 电压，若电压超过正常值后随即下降，也可说明稳压控制电路异常。

（4）电压未超过 22.5V 随后在 10～16V 之间摆动

开机瞬间未超过 22.5V，但随即 10～16V 之间摆动，应检查负载电路是否有短路或过流现象。

四、STR-S6709 的识别

1. STR-S6709 的识别

STR-S6709（与它构成相同的还有 STR-S6707、S6708）是日本三肯公司生产的一种大功率电源厚膜电路。采用它构成的开关电源广泛应用在彩电、彩显等电子设备中。它们均由控制芯片和双极型大功率三极管构成，控制芯片部分集成了启动电路、振荡器、保护电路、开关管激励等电路。STR-S6709 的实物外形和内部构成如图 12-19 所示，它们的引脚功能和参考数据如表 12-8 所示。

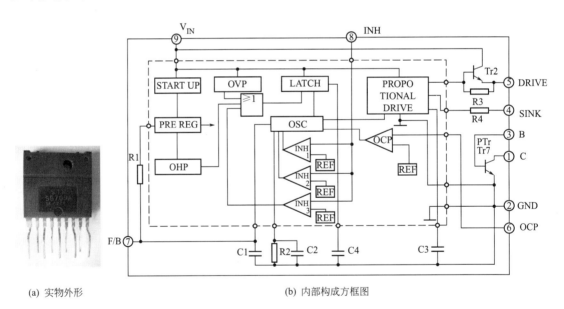

(a) 实物外形　　　　　　　　　　　　　(b) 内部构成方框图

图 12-19　STR-S6707/S6708/S6709

> **注意**
>
> STRS6707/S6708/S6709 虽然内部构成相同，但它们的输出功率不同。因此，维修时 STRS6709 可代换 STRS6707、STRS6708，但最好不要反向代换。

2. STR-S6709 的检测

由于电源厚膜电路 STR-S6709 内部由小信号的控制电路和开关管两部分构成，所以它的检测可采用在路测量电压和非在路测量电阻的两种检测方法。

表 12-8　STR-S6707/S6708/S6709 引脚功能和参考数据

脚位	脚名	功　　能	电压/V	在路电阻/kΩ	
				黑笔接地	红笔接地
1	C	开关管的集电极	307	12	500
2	GND	内部控制电路接地、开关管发射极	0	0	0
3	B	开关管的基极	−0.2	12	5
4	SINK	开关管激励脉冲耦合电容放电控制	0.9	5.5	100
5	DRIVE	开关管激励脉冲输出	1.5	5.5	100
6	OCP	过流保护检测信号输入	0.05	0.1	0.1
7	F/B	稳压控制信号输入	0.45	6	7.5
8	INH	开关电源工作模式控制	0.9	1	1
9	U_{IN}	供电/供电异常检测	8.1	4.2	1

（1）非在路电阻测量

STR-S6709 的非在路测量主要是测量①、②、③脚内开关管的正、反向电阻，以及控制电路供电端⑨脚对②脚的正、反向电阻的阻值，如图 12-20 所示。

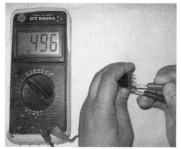
(a) 红笔接③脚、黑笔接②脚

(b) 红笔接③脚、黑笔接①脚

(c) 黑笔接③脚、红笔接①脚

(d) 红笔接②脚、黑笔接③脚

(e) 红笔接②脚、黑笔接③脚

(f) ②、⑨脚间反向电阻

(g) ②、⑨脚间正向电阻

图 12-20　测量 STR-S6709 的非在路电阻示意图

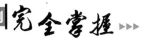

（2）电压的测量

由于电源厚膜电路 STR-S6707/S6708/S6709 内设独立的启动和振荡电路，STR-S6707/S6708/S6709 的⑨脚后获得供电后，便能够进入启动和工作状态，所以解除 STR-S6707/S6708/S6709 的①脚供电后，测关键脚电压数据是否正常，便可快速判断 STR-S6707/S6708/S6709 和相关元件是否正常，以免 STR-S6707/S6708/S6709 和相关元件再次损坏。数据由数字万用表 DT9205 测得，不同的电路的所测数据可能会有所区别，但也应符合以下规律。

第一步，断开它的①脚，⑨脚电压在 6.4～7.5V 之间跳变，⑦脚电压在 0V，⑤脚电压为 0.91V，④脚电压为 0.88V，③脚电压为 −0.78V。

> **提示**
>
> ⑨脚电压能够在 6.4～7.5V 之间跳变，说明开关电源能够启动，只是因没有自馈电电压而工作在重复启动与停止状态；③脚电压为 −0.78V，说明开关管已输入激励脉冲电压。若⑨脚没有电压，说明启动电路异常；若⑤脚没有电压输出，说明其内部的振荡器、开关管激励电路异常；若③脚电压异常，③脚外接元件或开关管异常。

第二步，断开它的①脚且断开③脚外接的耦合电容，⑨脚电压在 6.2～7.62V 之间跳变，⑤脚电压在 0.33～0.75V 之间摆动，④脚电压在 0.33～0.75V 之间跳变。

> **提示**
>
> 由于断开③脚外接的耦合电容后，开关管没有激励电压输入，所以控制芯片处于空载状态，其关键脚电压变化范围要大于断开该电容前所测的电压数据。

第三步，断开它的①脚且短接光电耦合器的③、④脚，⑨脚电压为 4.11V，⑤脚电压为 0.33V，⑦脚电压为 1.03V。

> **提示**
>
> 对于④脚光电耦合器是短接③、④脚，而对于⑥脚光电耦合器应短接④、⑤脚。短接光电耦合器的③、④脚后，⑦脚电压为 1.03，说明稳压电路提供的误差信号达到最大；⑤脚电压为 0.33V，说明 STR-S6709 内的控制电路使⑤脚输出的开关管激励电压消失；⑨脚电压为 4.11V，说明 STR-S6709 进入欠压保护状态。

3. STR-S6709 的局部修理技巧

STR-S6707/S6708/S6709 由开关管和控制电路再次集成的厚膜电路，所以在检修时确认它们的外观正常后，仅开关管击穿故障时，可脱开其①脚、③脚后，测其⑨、⑤、⑦脚电压来判断 STR-S6707/S6708/S6709 内的控制电路是否正常，若正常，将其①脚和③脚剪断后安回，再将一只 2SD1887 或 2SC4706 大功率开关管的 b、c、e 极三个引脚通过引线焊在电路板的③、①、②脚位置后便可实现局部修理。通过该方法不但可保质保量地修复故障机，还可大大减小维修成本，而且便于以后的维修工作。

> **注意**
>
> 因 STR-S6707/S6708/S6709 的②脚不但接开关管发射极，而且是内部控制电路的接地端，所以不能剪断②脚。

五、电源模块 VIPer12A

1. VIPer12A 的识别

VIPer12A 是意法半导体公司（ST）开发的低功耗离线式电源 IC，采用 8 脚双列直插式封装结构。内部由控制芯片和场效应管二次集成为电源厚膜电路，控制芯片内含电流型 PWM 控制电路，60kHz 振荡器、误差放大器、保护电路等构成，如图 12-21 所示，VIPer12A 的引脚功能如表 12-9 所示。

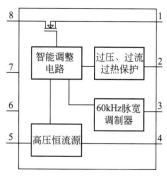

(a) VIPer12A实物示意图　　　　(b) VIPer12A的内部构成方框图

图 12-21　电源块 VIPer12A

表 12-9　电源模块 VIPer12 的引脚功能

脚号	脚名	功　　能	电压/V
1、2	SOURCE	场效应型开关管的 S 极	0
3	FB	误差放大信号输入	0.5
4	U_{DD}	供电/供电异常检测	16.3
5～8	DRAIN	开关管漏极和高压恒流源供电	309
说明	该数据是在采用它构成的并联型开关电源上测得，若采用它构成的串联型开关电源时①、②脚电压为 18V，这样它的④脚电压为 40V 左右		

2. VIPer12A 的检测

使用数字万用表检测 VIPer12A 时应使用二极管挡，如图 12-22 所示。

六、电源模块 FSD200

1. FSD200 的识别

FSD200 和 VIPer12A 一样，也是低功耗离线式电源 IC，采用 8 脚双列直插式封装结构。内部由控制芯片和场效应管二次集成为电源厚膜电路，控制芯片内含电流型 PWM 控制电路，134kHz 振荡器、误差放大器、保护电路等构成，如图 12-23 所示，它的引脚功能如表 12-10 所示。

2. FSD200 的检测

使用数字万用表检测 FSD200 时应使用二极管挡，如图 12-24 所示。

(a) 黑表笔接①脚、红表笔接③脚

(b) 黑表笔接①脚、红表笔接④脚

(c) 黑表笔接①脚、红表笔接⑤脚

(d) 红表笔接①脚、黑表笔接③脚

(e) 红表笔接①脚、黑表笔接④脚

(f) 红表笔接①脚、黑表笔接⑤脚

图 12-22　VIPer12A 的检测示意图

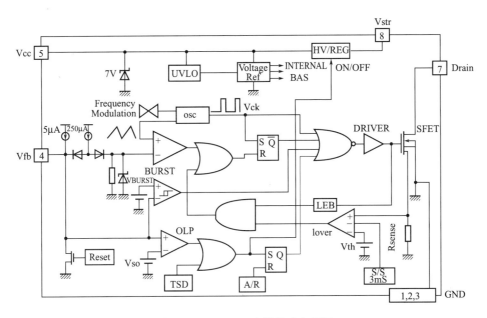

图 12-23　FSD200 内部构成方框图

表 12-10　电源模块 FSD200 的引脚功能

脚号	脚名	功　能	脚号	脚名	功　能
1～3	gnd	接地（场效应型开关管的 S 极）	7	Drain	开关管漏极和高压恒流源供电
4	vfb	误差放大信号输入	8	Vstr	启动电压输入（接 300V 供电）
5	U_{CC}	供电/供电异常检测			

(a) 黑表笔接①脚、红表笔接④脚

(b) 黑表笔接①脚、红表笔接⑤脚

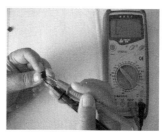
(c) 黑表笔接①脚、红表笔接⑦脚

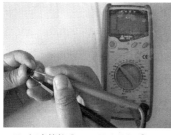
(d) 红表笔接①脚、黑表笔接⑧脚

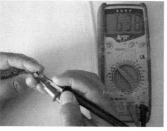
(e) 红表笔接①脚、黑表笔接④脚

(f) 黑表笔接①脚、红表笔接⑤脚

(g) 黑表笔接①脚、红表笔接⑦脚

(h) 红表笔接①脚、黑表笔接⑧脚

图 12-24　FSD200 的检测示意图

七、电源模块 FSDM311

FSD200 和 VIPer12A 一样，也是低功耗离线式电源 IC，采用 8 脚双列直插式封装结构。它的内部构成与 FSD200 基本相同，它的引脚功能如表 12-11 所示。

表 12-11　电源模块 FSDM311 的引脚功能

脚号	脚名	功　　能	脚号	脚名	功　　能
1	gnd	接地(场效应型开关管的 S 极)	4	Jpk	悬空
2	U_{CC}	供电/供电异常检测	5	Vstr	启动电压输入(接 300V 供电)
3	vfb	误差放大信号输入	6~8	Drain	开关管漏极和高压恒流源供电

八、三端误差放大器 TL431

1. TL431 的识别

三端误差放大器 TL431（或 KIA431、KA431、LM431、HA17431）在电源电路中应用得较多。TL431 属于精密型误差放大器，它有 8 脚直插式和 3 脚直插两种封装形式，如图 12-25 所示。

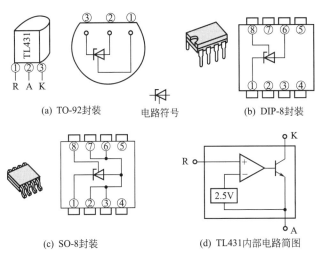

(a) TO-92封装　　　电路符号　　　(b) DIP-8封装

(c) SO-8封装　　　　(d) TL431内部电路简图

图 12-25　误差放大器 TL431

目前，常用的是 3 脚封装的（外形类似 2SC1815），它有三个引脚，分别是误差信号输入端 R（有时也标注为 G），接地端 A，控制信号输出端 K。

当 R 脚输入的误差取样电压超过 2.5V 后，TL431 内的比较器输出的电压升高，使三极管导通加强，使得 TL431 的 K 极电位下降；若 R 脚输入的电压低于 2.5V 时，K 脚电位升高。

2. TL431 的检测

TL431 可采用非在路测量电阻和在路测量电压的两种检测方法。

（1）非在路电阻测量

使用数字万用表非在路测量 TL431 时，应采用二极管挡，R、A、K 脚间的正、反向电阻如图 12-26 所示。

(a) 黑表笔接A、红表笔接K

(b) 红表笔接A、黑表笔接K

(c) 黑表笔接R、红表笔接K

(d) 红表笔接R、黑表笔接K

(e) 黑表笔接A、红表笔接R

(f) 红表笔接A、黑表笔接R

图 12-26　TL431 的非在路电阻测量示意图

（2）电压法检测

TL431 的电压检测电路由 R_1（10kΩ）、R_2（10kΩ）、R_3（10kΩ）、R_P（2.2kΩ）和 TL431 构成，如图 12-27 所示。

由稳压电源为检测电路提供 6V 左右的供电电压 U_{CC}，将可调电阻 R_P 左选到头，使 TL431 的 R 端电压低于 2.5V 时，测 TL431 的 A 端电压应接近 U_{cc}，随后右旋 R_P 使 TL431 的 R 端输入的电压增大，此时它的 A 端电压应随 R 端电压增大而减小。否则，说明被测的 TL431 异常。

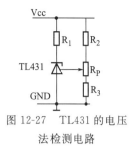

图 12-27　TL431 的电压法检测电路

第五节 其他常用的集成电路的识别与检测

一、四运算放大器 LM324

1. LM324 的识别

LM324 内设 4 个完全相同的运算放大器及运算补偿电路，采用差分输入方式。该芯片工作电压范围在 3～32V，它有 DIP-14 双列直插 14 脚和 SOP-14（SMP）两种封装形式。它的实物外形和内部构成如图 12-28 所示，它的引脚功能如表 12-12 所示。

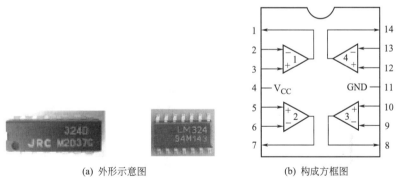

(a) 外形示意图　　　　　　　　(b) 构成方框图

图 12-28　LM324

2. LM324 的检测

（1）LM324 内运算放大器的检测

由于 LM324 是由 4 个相同的运算放大器构成的，所以 4 个运算放大器的相同功能引脚的对地正、反向阻值基本相同，下面以⑧、⑨、⑪脚内的运算放大器为例介绍测试方法，其他放大器的测试方法与它相同，如图 12-29 所示。

（2）LM324 的供电端子对地阻值的检测

LM324 的供电端④脚和接地端⑪脚间的正、反向电阻的阻值如图 12-30 所示。

表 12-12　LM324 的引脚功能

脚位	脚名	功　　能	脚位	脚名	功　　能
1	OUT1	运算放大器 1 输出	8	OUT3	运算放大器 3 输出
2	Inputs1（－）	运算放大器 1 反相输入端	9	Inputs3（－）	运算放大器 3 反相输入端
3	Inputs1（＋）	运算放大器 1 同相输入端	10	Inputs3（＋）	运算放大器 3 同相输入端
4	U_CC	供电	11	GND	接地或负电源供电
5	Inputs2（＋）	运算放大器 2 同相输入端	12	Inputs4（＋）	运算放大器 4 同相输入端
6	Inputs2（－）	运算放大器 2 反相输入端	13	Inputs4（－）	运算放大器 4 反相输入端
7	OUT2	运算放大器 2 输出	14	OUT4	运算放大器 4 输出

(a) 黑表笔接⑪脚、红表笔接⑧脚

(b) 黑表笔接⑧脚、红表笔接⑪脚

(c) 黑表笔接⑨脚、红表笔接⑪脚

(d) 黑表笔接⑪脚、红表笔接⑨脚

(e) 黑表笔接⑩脚、红表笔接⑪脚

(f) 黑表笔接⑪脚、红表笔接⑩脚

图 12-29　LM324 的运算放大器测量示意图

(a) 黑表笔接④脚、红表笔接⑪脚

(b) 黑表笔接⑪脚、红表笔接④脚

图 12-30　测量 LM324 的供电端子对地阻值示意图

二、四电压比较器 LM339

1. LM339 的识别

LM339 内设 4 个完全相同的电压比较器，采用差分输入方式。它有 DIP-14 双列直插 14 脚和 SOP-14（SMP）两种封装形式，它的外形和内部构成如图 12-31 所示，它的引脚功能

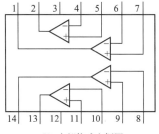

(a) 外形示意图

(b) 内部构成方框图

图 12-31　LM339

如表 12-13 所示。

表 12-13　LM339 的引脚功能

脚号	脚名	功　　能	脚号	脚名	功　　能
1	OUT2	电压比较器 2 输出	8	IN3−	电压比较器 3 反相输入端
2	OUT1	电压比较器 1 输出	9	IN3+	电压比较器 3 同相输入端
3	U_{CC}	供电	10	IN4−	电压比较器 4 反相输入端
4	IN1−	电压比较器 1 反相输入端	11	IN4+	电压比较器 4 同相输入端
5	IN1+	电压比较器 1 同相输入端	12	GND	接地
6	IN2−	电压比较器 2 反相输入端	13	OUT4	电压比较器 4 输出
7	IN2+	电压比较器 2 同相输入端	14	OUT3	电压比较器 3 输出

2. LM339 的检测

（1）LM339 内电压比较器的检测

由于 LM339 是由 4 个相同的电压比较器构成的，所以它的四个电压比较器的相同功能引脚对地正、反向阻值基本相同，下面以⑧、⑨、⑭脚内的电压比较器为例介绍测试方法，其他电压比较器的测试方法相同，如图 12-32 所示。

(a) 黑表笔接⑫脚、红表笔接⑭脚

(b) 黑表笔接⑭脚、红表笔接⑫脚

(c) 黑表笔接⑧脚、红表笔接⑫脚

(d) 黑表笔接⑫脚、红表笔接⑧脚

(e) 黑表笔接⑨脚、红表笔接⑫脚

(f) 黑表笔接⑫脚、红表笔接⑨脚

图 12-32　LM339 内的电压比较器测量示意图

（2）LM339 的供电端子对地阻值的检测

LM339 的供电端③脚和接地端⑫脚间的正、反向电阻的阻值如图 12-33 所示。

(a) 黑表笔接③脚、红表笔接⑫脚　　　(b) 黑表笔接⑫脚、红表笔接③脚

图 12-33　LM339 的供电端子对地阻值测量示意图

三、双运算放大器 LM358

1. LM358 的识别

LM358 内设 2 个完全相同的运算放大器及运算补偿电路，采用差分输入方式。它有 DIP-8 双列直插 8 脚和 SOP-8（SMP）两种封装形式。它的外形和内部构成如图 12-34 所示，它的引脚功能如表 12-14 所示。

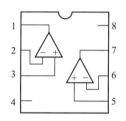

(a) 外形示意图　　　　　　(b) 构成方框图

图 12-34　LM358

表 12-14　LM358 的引脚功能

脚号	脚名	功　　能	脚号	脚名	功　　能
1	OUT1	运算放大器 1 输出	5	Inputs2（＋）	运算放大器 2 同相输入端
2	Inputs1（－）	运算放大器 1 反相输入端	6	Inputs2（－）	运算放大器 2 反相输入端
3	Inputs1（＋）	运算放大器 1 同相输入端	7	OUT2	运算放大器 2 输出
4	GND	接地	8	U_{CC}	供电

2. LM358 的检测

（1）运算放大器的检测

由于 LM358 是由 2 个相同的运算放大器构成的，所以它的两个运行放大器的相同功能引脚对地正、反向导通压降值基本相同，下面以①、②、③脚内的运算放大器为例介绍放大器的测试方法，如图 12-35 所示。

（2）供电端子对地导通压降值的检测

LM358 的供电端⑧脚和接地端④脚间的正、反向导通压降值如图 12-36 所示。

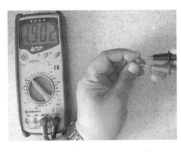

(a) 红表笔接①脚、黑表笔接④脚

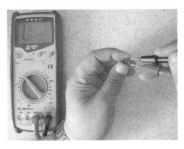

(b) 红表笔接②脚、黑表笔接④脚

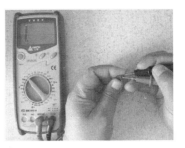

(c) 红表笔接③脚、黑表笔接④脚

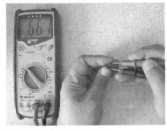

(d) 黑表笔接①脚、红表笔接④脚

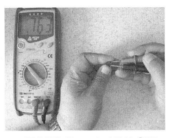

(e) 黑表笔接②脚、红表笔接④脚

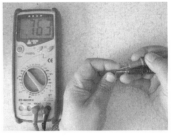

(f) 黑表笔接③脚、红表笔接④脚

图 12-35　万用表二极管挡测量 LM358 的运算放大器

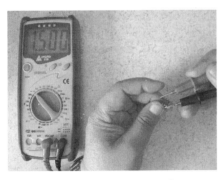

(a) 黑表笔接④脚、红表笔接⑧脚

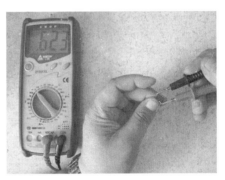

(b) 黑表笔接⑧脚、红表笔接④脚

图 12-36　LM358 的供电端子对地测量

四、双电压比较器 LM393

1. LM393 的识别

LM393 内设 2 个完全相同的电压比较器，采用差分输入方式。它的工作电压范围达到 2～36V，它有 DIP-8 双列直插 8 脚和 SOP-8（SMP）两种封装形式。它的实物外形和内部构成如图 12-37 所示，它的引脚功能如表 12-15 所示。

2. LM393 的检测

（1）LM393 内电压比较器的检测

由于 LM393 是由 2 个相同的电压比较器构成的，所以它的两个电压比较器的相同功能引脚对地正、反向阻值基本相同，下面以①、②、③脚内的电压比较器为例介绍测试方法，另一个电压比较器的测试方法相同，如图 12-38 所示。

(a) 外形示意图   (b) 构成方框图

图 12-37   LM393

表 12-15   LM393 的引脚功能

脚号	脚名	功 能	脚号	脚名	功 能
1	OUTA	电压比较器 A 输出	5	INB+	电压比较器 B 同相输入端
2	INA−	电压比较器 A 反相输入端	6	INB−	电压比较器 B 反相输入端
3	INA+	电压比较器 A 同相输入端	7	OUTB	电压比较器 B 输出
4	GND	接地	8	U_{CC}	供电

(a) 黑表笔接①脚、红表笔接④脚   (b) 黑表笔接②脚、红表笔接④脚

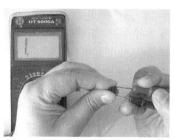

(c) 黑表笔接③脚、红表笔接④脚   (d) 红表笔接①脚、黑表笔接④脚

(e) 红表笔接②脚、黑表笔接④脚   (f) 红表笔接③脚、黑表笔接④脚

图 12-38   测量 LM393 的电压比较器示意图

（2）LM393 的供电端子对地阻值的检测

LM393 的供电端⑧脚和接地端④脚间的正、反向电阻的阻值如图 12-39 所示。

 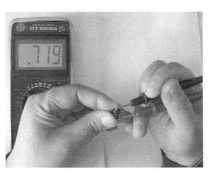

(a) 黑表笔接④脚、红表笔接⑧脚　　　　(b) 黑表笔接⑧脚、红表笔接④脚

图 12-39　测量 LM393 的供电端子对地阻值示意图

五、驱动器 ULN2003 / μPA2003 / MC1413 / TD62003AP / KID65004

1. ULN2003 / μPA2003 / MC1413 / TD62003AP / KID65004 的识别

ULN2003/μPA2003/MC1413/TD62003AP/KID65004 是由 7 个非门电路构成的，它的输出电流为 200mA（最大可达 350mA），放大器采用集电极开路输出，饱和压降 U_{CE} 约 1V，耐压 BU_{CEO} 约为 36V，可用来驱动继电器，也可直接驱动白炽灯等器件。它内部还集成了一个消线圈反电动势的钳位二极管，以免放大器截止瞬间过压损坏。ULN2003/μPA2003/MC1413/TD62003AP/KID65004 的实物与内部构成见图 12-40 所示。在图 12-40(b) 内接三角形底部的引脚是输入端，接小圆圈的引脚是输出端。

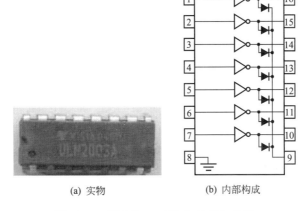

(a) 实物　　　　　　(b) 内部构成

图 12-40　ULN2003 实物与构成示意图

2. ULN2003 / μPA81C / μPA2003 / /MC1413 / TD62003AP / KID65004 检测

由于 ULN2003/μPA81C/μPA2003//MC1413/TD62003AP/KID65004 是由 7 个非门电路构成的，所以它们的 7 个非门的输入端、输出端对接地端⑧脚、对电源供电端⑨脚的导通压降值基本相同的，下面以①、⑯脚内的非门为例介绍该电路的检测方法，如图 12-41 所示。

六、驱动器 ULN2083 /TD62083AP

空调器、电冰箱、打印机还采用一种 8 个非门电路构成的驱动器 ULN2083/TD62083AP。它与 ULN2003 工作原理和检测方法相同，仅多一路非门，所以它有 18 个引脚，如图 12-42 所示。

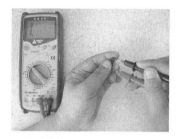
(a) 黑表笔接⑧脚、红表笔接①脚

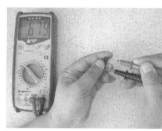
(b) 黑表笔接①脚、红表笔接⑧脚

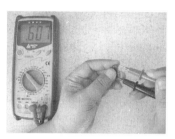
(c) 黑表笔接⑯脚、红表笔接⑧脚

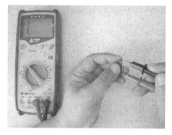
(d) 黑表笔接⑧脚、红表笔接⑯脚

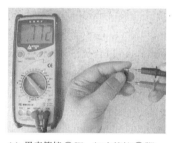
(e) 黑表笔接⑨脚、红表笔接⑯脚

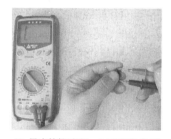
(f) 黑表笔接⑯脚、红表笔接⑨脚

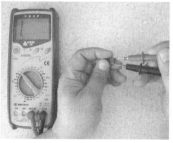
(g) 黑表笔接⑧脚、红表笔接⑨脚

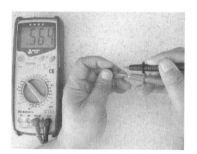
(h) 黑表笔接⑨脚、红表笔接⑧脚

图 12-41　ULN2003 内的非门测量示意图

图 12-42　TD62083AP 实物示意图